农业生态环境交叉学科研究生试用教材

农业生态环境概论

NONGYE SHENGTAI HUANJING GAILUN

李博文　赵邦宏　主编

中国农业出版社

北　京

农业生态环境概论

NONGYE SHENGTAI HUANJING GAILUN

编 委 会

主　　　任：赵邦宏

副　主　任：李博文　张建恒

编委会成员：赵邦宏　李博文　张建恒　李宪松　董　兵
　　　　　　田洪涛　贾　青

主　　　编：李博文　赵邦宏

副　主　编：王　红　张爱军　王鑫鑫　张瑞芳　杨晓楠
　　　　　　赵　斌

编 写 人 员（以姓名笔画为序）：
　　　　　　弓运泽　王　红　王鑫鑫　李博文　李宪松
　　　　　　张爱军　张瑞芳　张建恒　杨晓楠　赵邦宏
　　　　　　赵　斌　董　兵

序

众所周知，当前全球资源与环境问题日益突出。特别是在农业领域，水资源短缺、土壤退化、过量施用化肥农药导致面源污染，温室气体排放引起全球气候变暖，生物多样性不断减少，生态环境脆弱恶化，直接威胁人类的生存与发展，已成为具有国际性、挑战性、前瞻性的问题。中国是农业大国，农业生态环境问题尤为突出。随着对农产品数量与质量需求的日益提升，农业水土资源贫瘠、光温水肥利用效率低、水土大气污染凸现，已严重危及国家粮食安全、食品安全和生态安全。大力推进农业资源与环境、林业生态、农林经济管理等学科的深度融合，构建农业生态环境交叉学科，专门培养高层次的创新创业人才，应对农业生态环境严峻挑战，突破人类生存与发展的"瓶颈"，攻克农业可持续发展的共性关键难题，将是我们的重要历史使命。

自 2010 年，本人与河北农业大学李博文教授创新团队合作，共建"邱洪杰土壤与环境实验室"，共同培养了一批博士生，联合承担了国家重点研发计划项目"华北麦玉两熟区生物障碍消减与健康土壤培育技术模式及应用"（2022YFD1901300）、国家自然科学基金项目"巨大芽孢杆菌活化土壤镉的机理研究"（编号：31272253）、国际科技合作项目"华北温室菜田施氮 N_2O 排放和氮淋失的生化控制技术引进与研发"（编号：2012-Z36）、国家科技支撑课题"设施蔬菜养分管理与高效施肥技术研究与示范"（编号：2015BAD23B01）等一系列研究任务，在农田污染防控与培肥改良领域取得了重要科研进展，推进了耕地质量的可持续提升。

编辑出版《农业生态环境概论》，是该学科领域一批专家学者辛勤工作的结晶，体现了他们脚踏实地、锐意进取的工作态度和坚持与时俱进、团结协作的团队精神，集成了农业生态环境领域的创新成果，形成了 3 个鲜明特色：一是注重学科交叉融合。主动迎接全球生态环境挑战，面向农业可持续发展，重点介绍农田生态环境养护、生态环境修复治理、生态环境调控管理等多学科领域的新观点、新进展、新成果；二是注重面向学科前沿。基于现代生态环境科学理论，充分利用生物技术、信息技术、新材料、新能源等高新技术，着力提升人才培养、科学研究和社会服务"三位一体"的创新创业能力；三是注重理论实践结合。既重视农业生态环境理论基础，又关注相关的技术发展，既有科学的理论依据，又有成熟的技术方法，突出了技术的实用性和可操作性，切合现代农业发展的战略需要。

国际顶级土壤环境科学家

新西兰皇家科学院　院士

2023 年 7 月 2 日

前　言

　　近年来，教育部、农业农村部等四部门启动新农科建设，面向新农业、新乡村、新农民、新生态，优化涉农学科专业结构，支持有条件的高校增设粮食安全、生态文明、智慧农业等重点领域的紧缺专业，布局建设服务绿色低碳、多功能农业等新产业新业态发展的新兴涉农专业。河北农业大学面向新时代，担当新使命，坚持以立德树人为根本，强农兴农为己任，围绕农业绿色高质量发展，服务实施乡村振兴战略，自 2020 年依托国家北方山区农业工程技术研究中心，集成农业资源与环境、林学、农林经济管理等学科的交叉优势，组建自主设置农业生态环境交叉学科博士点，2021 年经教育部学位与研究生发展中心受理、国务院学位委员会备案，2022 年 9 月在农业生态环境交叉学科正式招收博士研究生。

　　进入 21 世纪，迫于全球资源危机和人口增长的压力，气候变暖、耕地退化、生态脆弱、环境污染加剧，农业生态环境面临严峻形势，农业生态环境保护已成为全人类所关注的热点问题。本学科学位点的组建，以新农科建设为契机，针对破解农业生态环境保护的"瓶颈"，认真践行"绿水青山就是金山银山"，基于现代生态环境科学理论，充分利用生物技术、信息技术等现代科技手段，通过多学科交叉融合，面向乡村振兴实现农业农村现代化，大幅度提升人才培养、科学研究和社会服务"三位一体"的创新实力，为农业生态环境建设创立示范样板，重点研究农田生态环境养护、生态环境修复治理、生态环境调控管理的关键技术与理论，为推动农业可持续发展奠定科学基础，提供技术支撑和人才储备。

　　农业生态环境学科属新兴交叉学科，符合国家发展战略需要，顺应国际学术潮流。根据该交叉学科发展建设的需要，组织相关学科的专家教授，编写了《农业生态环境概论》，全书共分七章，包括绪论、农业生态系统循环、农业生态系统平衡、农田土壤养护、农业生态环境治理、农业生态环境调控管理以及生物动力农业。本书面向国际科技前沿，注重学科间的交叉融合；既重视农业生态环境理论知识，又关注相关的技术发展；以自然科学的研究为主，同时兼顾管理科学的研究。将本书作为该交叉学科博士研究生培养的试用教材，旨在农田生态环境养护、生态环境调控管理、生态环境修复治理等主要领域，重点培养研究生的系统观念、分析问题和解决问题的创新实践能力。

在编写过程中，参考了相关学者的大量文献，在此表示衷心感谢！由于交叉学科涉及知识面广，编者视野、水平有限，书中疏漏、缺陷在所难免，不妥之处，敬请读者批评指正！

编　者

2022 年 12 月

目　录

第一章　绪　　论

农业生态环境是农业生态系统的重要组成部分，是农业可持续发展的科学基础。农业生态环境涉及多学科交叉融合，主要由农业生态学、农业生态环境学以及农业生态环境保护等核心学科构成。

党的十八大将生态文明写入"五位一体"总体布局建设之列，生态环境问题得到了越来越多的关注。近年来，随着现代农业产业基础地位进一步提升，系统工程技术、现代生物技术、信息技术等新技术的应用，农业的可持续发展成为越来越重要的问题。农业生态环境是以农业生产和发展为特定主体的生态环境研究领域，与其他以保护为主体的生态环境研究方向内容有所不同，更强调生态环境与农业高效生产和发展协调一致。农业生态环境已扩展到多学科交叉领域，基于环境科学、生态学研究方法，现代生物技术、大数据、遥感、人工智能等信息技术也越来越多地融入其中；研究方法不仅有实验科学，也包括软科学。它涉及农林生态学、农业环境学、农业资源与环境、农林经济管理等多学科的交叉融合。

第一节　农业生态系统

农业生态系统是在一定时间和地区内，人类从事农业生产，利用农业生物与非生物环境之间以及与生物种群之间的关系，在人工调节和控制下，建立起来的各种形式和不同发展水平的农业生产体系。农业生态系统也是由农业环境因素、绿色植物、各种动物和各种微生物四大基本要素构成的物质循环和能量转化系统，具备生产力、稳定性和持续性三大特性。

一、农业生态系统的基本组成

（一）生物组分

农业生态系统的生物组分包括以绿色植物为主的生产者、以动物为主的消费者和以微生物为主的分解者。

生产者主要是绿色植物和化能营养细菌等。绿色植物具有通过光合作用固定太阳能的能力，并从环境中摄取无机物质合成有机物质，如糖类、脂肪、蛋白质等，同时将吸收的太阳能转化为生物化学能，储藏在有机物中。化能营养细菌则能够从化学物质的氧化中获得能量。这类微生物能氧化特定的无机物并利用所产生的化学能还原二氧化碳或碳酸盐，生成有机化合物，例如土壤中的亚硝酸细菌、硝酸细菌、硫细菌、氢细菌、铁细菌等。

消费者是指直接依赖初级生产者或其他动物为食物来源的各种大型异养生物，主要包括各种动物。根据食性的不同，可分为草食性动物、肉食性动物、寄生动物、腐生动物和杂食动物等类型。

分解者主要是指以动植物残体为主要营养来源的异养生物，主要包括各种微生物，如真菌、细菌、放线菌等；也包括一些原生动物和腐食性动物，如甲虫、蠕虫、白蚁、蚯蚓等。分解者又被称为还原者，能使构成有机成分的元素和储备的能量通过分解作用释放归还到周围环境中去，在物质循环、废物消除和土壤肥力形成中发挥巨大的作用。

农业生态系统受到人类的参与和调控，占据主要地位的生物是经过人工驯养的农业生物，包括各种大田作物、果树、蔬菜、家畜、家禽、养殖水产类、林木等，也包括与这些农业生物关系密切的生物类群，包括杂草、病虫害等有害生物。人类作为农业生态系统的调控者和主要消费者，在农业生态系统中占有一席之地。由于人类有目的的选择和调控，农业生态系统中的生物多样性往往低于同类地区的自然生态系统。

（二）环境组分

农业生态系统的环境组分包括自然环境组分和人工环境组分。

自然环境组分是从自然生态系统继承下来，受到人类不同程度调控和影响，包括太阳辐射、气体、水体、土体等。太阳辐射是生态系统的主要能源，为生态系统中的生物提供生存所需的温热条件。气体的状态、分布和变化直接影响农业生物的活动与生存，对生物的分布、生长和繁衍也起重要作用。土壤作为一个农业生态系统的特殊环境组分，不仅是无机物和有机物的储藏库，也是支持陆生植物最重要的基质和众多微生物、动物的栖息地。水分作为生命代谢过程的反应物质与介质，水的形态、数量、质量以及持续时间对农业生物的生长、发育以及生理生化活动产生着极其重要的作用。

农业生态系统的人工环境组分包括各种生产、加工、储藏设备和生产设施，例如温室、大棚、防护林带、禽舍、畜棚、渠道、加工厂、仓库等。人工环境组分是自然生态系统中不存在的组分，在许多研究中常常会部分或者全部地被划分到农业生态系统边界外，但其对生物的生存环境影响有时是巨大的。

二、农业生态系统的基本结构

农业生态系统的基本结构可以从生物结构、营养结构、空间结构和时间结构来理解。生态系统的结构是功能的基础,只有合理的农业生态系统结构,才能产生较好的系统功能。

(一) 生物结构

农业生态系统的生物结构是指农、林、牧、副、渔等农业生态系统内各业之间的组成、数量及其量比关系。生物是生态系统物质生产的主体,生物种群是构成生态系统的基本单元,不同的物种以及它们之间不同的量比关系,构成生态系统的基本特征。选择合适的物种组合,协调各种生物之间的关系,是农业生态系统生物结构研究的基础。农业生态系统的生物结构受自然条件和社会条件的双重影响。生物环境的改变影响农业生态系统中生物种类的栖息和繁衍。农业生物种群结构调整与品种更换、农艺措施变更,例如使用农药、兽药等,可以影响农业生态系统的生物种类组成和数量;遗传育种和引入新品种,可以改变生物基因构成。毁林造田、城建占地、造防护林、修建水库和排灌系统、土地整理、建造温室等人为干扰,能显著改变农业生态环境,从而改变农业生态系统的生物结构。

在农业生态系统的生物结构中,可形成种植业、畜牧业、渔业的单一结构,也可将农林牧副渔各业联系起来,合理布局,充分利用资源,形成多种多样的农业生态系统复合结构。理想的物种结构(组分结构)应能最大限度地适应和利用自然资源和社会资源,在同等物质和能量输入的情况下,借助结构内部的协调,达到最高的生产效率和最佳的经济效益。

(二) 营养结构

生态系统中生物个体之间,通过取食与被取食的关系,建立起来的链状结构称为生态系统的食物链。生物个体之间的取食和被取食对象往往不止一个,食物链之间发生交叉,就形成了网状的营养关系,成为食物网。食物网是生态系统中物质循环、能量流动和信息传递的主要途径。农业生态系统的营养结构是指农业生态系统中由生产者、消费者和分解者三大生物功能群所组成的食物链与食物网结构。

农业生态系统的营养结构受到人类的控制。农业生态系统不但具有与自然生态系统类同的输入、输出途径,可以通过降雨、固氮等形式进行输入,通过地表径流和下渗等进行输出,而且人类有意识地增加了输入,如灌溉水、化学肥料、畜禽和鱼虾的饲料,同时人类也强化了输出,如各类农林牧渔的产品输出。有时,人类为了扩大农业生态系统的生产力和经济效益,常采用食物链"加环"来改造营养结构。为了防止有害物质沿食物链富集而危害人类的健康与生存，也会采用食物链"解列"中断食物链与人类的连接，从而减少对人类健康的危害。

（三）空间结构

农业生态系统的空间结构通常分为水平结构和垂直结构。

1. 水平结构　农业生态系统的水平结构是指一定生态区域内，各种农业生物种群在水平空间上的组合与分布，即其占据的位置、面积、形状、镶嵌形式等水平方向的特征。在水平方向上，常因为地理原因形成自然环境因子纬度方向上的梯度或者经度方向上的梯度，例如，温度的纬向梯度、湿度的经向梯度，农业生物会因为自然和社会条件在水平方向的差异而形成带状分布、同心圆式分布或块状镶嵌式分布。

自然环境条件差异对农业生态系统水平结构的影响，主要包括气候条件差异对农业生态系统水平结构的影响；地貌类型差异对农业生态系统水平结构的影响。

在农业生态系统中，农业区位差异对农业生态系统水平结构的影响，主要表现在3个方面：一是自然区位与农业生态系统水平结构。自然区位是物种遗传变异长期自然选择与人工选择的结果，即形成了物种的生态适应性。作物的生态适应性是作物布局的基础。将生物安排在不适宜区和次适宜区投入大，农业生产风险大，生产成本高，因此在最适宜区生产最合适的农产品，形成自然区域的农业特色尤为重要。二是农业经济区位理论与农业生态系统水平结构。德国农业经济学家约翰·海因里希·冯·杜能在其《孤立国同农业和国民经济的关系》一书中提出农业经济区位理论，即在商品经济发展初期，农产品的收益受到不够发达的运输、加工、储藏、保鲜等条件的制约，即使在同样的自然条件下，也能够出现农业的空间分异，农业布局不仅取决于自然条件，也取决于离城市的距离。杜能据此阐述了两个商品经济发展初期的理论：首先是生产集约度理论，即越靠近中心城镇，生产集约程度越高。在劳力仍是农业主要投入的时期，越靠近中心城镇，单位土地投入的劳动力越多。其次是生产结构理论，也就是越易腐烂变质、不耐储藏和单位重量价格低的农产品，越会在靠近城市的区域生产。三是生态经济区位与农业生态系统水平结构。随着运输、交通、储藏、保鲜、加工能力的迅速增强，销售网络逐步健全，运费下降，农业不同地块与中心城镇的相对位置对农业布局的影响逐渐降低，自然资源条件对农业的生产结构格局影响能力上升，在有利的自然环境条件下，逐步形成了按市场需求形成的规模化、专业化生产区域。

2. 垂直结构　农业生态系统的垂直结构又称为立体结构，是指农业生物之间在空间垂直方向上的配置组合，即在一定区域单位面积土地上，根据自然资源的特点和不同农业生物的特征、特性，在垂直方向上建立起来的由多物种共存、多层次配置、多级物质循环利用的立体种植、养殖等的生态系统。农业生态系统的立体结构大体可以分为农田立体模式、水体立体模式、坡地立体模式、养殖业立体模式等。农业生态系统的这种立体模式，是一种优化的人工生物群落。

不同的地理位置条件，由于受气候、地形、土壤、水分、植被等生态因子的综合影响，农业生态系统的垂直结构呈现出一系列的变化。

农业生态系统从一个流域环境的上游到下游，海拔高度、水土环境等均存在较大的差异，从而对作物的种植结构和产量产生很大影响。例如河北海河流域，自西至东，按其自然景观分为山地丘陵区、山麓平原区和低平原区。山地丘陵区坡度陡，土壤水分和养分向低处迁移，形成了较为干旱贫瘠的生态环境，因而农田生产力较低。山麓平原区坡度较缓，是水分、物质向低平原区运动的过渡地带，生态环境较好，农田生产力较高。低平原区坡度最小，地下水排水不畅，土壤水分、养分和盐分容易产生积累，土壤易发生盐渍化，从而对作物生产产生不利影响。

农业生态系统在受到水平农业气候带影响的基础上，还受海拔、坡度、坡向等地形因素的影响，在农业生态系统内部形成农业的垂直地形气候，进而影响农业生态系统的垂直组分。例如，在丘陵或一些低海拔山地，由于地貌复杂多变，从山顶、半山到山脚，生态条件不同，农业生态系统的垂直结构也表现出不同的变化。

运用生态学原理，将各种不同的生物种群组成合理的复合生产系统，可以实现充分、合理地利用环境资源的目的。农业生态系统的垂直结构有立体种植模式、立体养殖模式和立体种养模式，这些优化的农业生态系统人工生物群落形成了我国独具特色的立体农业模式。

（四）时间结构

农业生态系统的时间结构是指农业生物类群在时间上的分布与发展演替。随着地球自转和公转，环境因子呈现昼夜和季节变化，农业生态系统中农业生物经过长期适应和人工选择，表现出明显的时相差异和季节适应性。如农业生物类群有不同的生长发育阶段、生育类型和季节分布类型，适应不同季节的作物按人类需求可以实行复种、套作或轮作，占据不同的生长季节。

根据各种生物的生长发育时期及其对环境条件的要求，选择搭配适当的物种，实现周年生产。搭配的方法有长短生育期搭配，早、中、晚品种搭配，喜光作物与耐阴作物时序交错，籽粒作物与叶类、块根类作物交错，绿色生物与非绿色生物交错，通过增设大棚温室等措施延长生长季节，通过化学催熟、假植移栽等减少农田占用时间。

1. 时间结构设计 农业生态系统的时间结构设计是指根据生态区域内各

种农业自然资源的时间节律和各种群生长发育及生物量积累的时间节律，尽量使其匹配吻合，以便获得与高效利用农业资源的生产格局。在农业生产中，调节农业生物群落时间结构的方式有复种、轮作、轮养、套养等，而且农业生产模式的演进、退化生态系统的恢复等也遵循一定的时间顺序。

2. 退化生态恢复　生态系统受到破坏后，其结构和功能就会发生变化。生态恢复就是恢复生态系统合理的结构、高效的功能和协调的关系。其目标是把受损的生态系统恢复到先前的或类似的或更好的状态，最终使受损的生态系统明显融合到周围的景观中。利用生态学原理，在退化生态系统上重建复合农林业生态系统，可以充分发挥这些地区的资源优势，并能提高区域生产力，改善生态环境和促进经济持续发展。例如在退化土地恢复与重建生态系统过程中，可以采用以下几个阶段：第一阶段，重建先锋群落阶段。第二阶段，配置多层多种适宜的混交林。最后，在侵蚀地环境条件得到改善后，发展经济作物和果树。

三、农业生态系统的基本功能

农业生态系统通过由生物与环境构成的有序结构，可以把环境中的物质、能量、信息和价值资源，转变成人类需要的产品。农业生态系统具有物质转换功能、能量转换功能、信息转换功能和价值转换功能，在这种转换之中形成相应的能量流、物质流、信息流和价值流。

农业生态系统物质流中的物质不但有天然元素和化合物，还有大量人工合成的化合物。即使是天然元素和天然化合物，由于受人为过程影响，其集中和浓缩程度也与自然状态有很大差异。

农业生态系统不但像自然生态系统那样利用太阳能，通过植物、草食动物和肉食动物在生物之间传递，形成能量流，而且为提高生物的生产力还以煤炭、石油、天然气、风力、水力、人力和畜力为动力形成以农机生产、农药生产、化肥生产、田间排灌、栽培操作、加工运输等形式出现的辅助能量流。

农业生态系统不但保留了自然生态系统的自然信息网，而且还利用了人类社会的信息网，利用电话、电视、广播、报纸、杂志、教育、推广、邮电、计算机网络等方式高效地传送信息。

价值可在农业生态系统中转换成不同的形式，并且可以在不同的组分间转移。以实物形态存在的农业生产资料的价值，在人类劳动的参与下，转变成生产形态的价值，最后以增值了的产品价值形态出现。价格是价值的表现形式，以价格计算的资金流是价值流的外在表现。

农业生态系统的物质流、能量流、信息流和价值流之间相互交织。能量、信息和价值依附于一定的物质形态。物质流、信息流和价值流都依赖能量的驱动。信息流在较高的层次调节着物质流、能量流和价值流。与人类利益或需求发生关系的物质流、能量流和信息流都与价值变化和转移相联系。

第二节 农业生态环境问题

农业生态环境问题是我国"三农"问题的重中之重，农业的健康发展关乎人类社会的持续发展，日趋紧张的人地关系和严重的农业生态问题逐渐成为农业科研工作者、各级政府、广大人民群众关注的焦点。空气污染、水污染、土壤污染、土地沙漠化等生态环境问题使我国农业发展面临严峻挑战，化肥、地膜、农药的大量使用已使农业生态环境逐渐不堪重负，农业生态系统调控失衡，农产品质量问题、农业生态环境问题已经成为制约可持续发展的关键因素之一。

一、农业资源约束趋紧

长期以来，我国农业高投入、高消耗、资源透支、过度开发现象普遍存在，随着工业化、城镇化的加快推进，导致的耕地数量减少、质量下降，水资源总量不足，且分配不均等农业资源问题逐渐凸显。

（一）水土流失

水土流失是指在水力、重力、风力等外力或者人为因素的综合作用下，造成的水土资源和土地生产力的破坏和损失，包括土地表层的侵蚀和水力侵蚀。根据引起的原因不同，分布最广泛的水土流失分为水力侵蚀、风力侵蚀、重力侵蚀3种。

我国水土流失比较严重。受水土流失影响的国土面积较大，灾害规模较大。近年来水土流失灾害已不单单存在于我国的矿区和农村，城市水土流失问题的发生频率也直线上升，基本每一个行政区都会有水土流失灾害的存在，受水土流失灾害影响的土地面积已达到国土面积的1/3。北方的水土流失多发生于山坡地形，顺坡耕作加重了水土流失风险，其中黄土高原是水土流失最严重的地区之一。南方地区红壤的水土流失一般发生在雨季，以及降水集中且降水量较大的时期。水土流失会引发诸多次生灾害，如滑坡、泥石流等。

（二）土壤盐碱化

土壤盐碱化是指土壤下部的水携带盐分不断进入到地表中，在地表蒸发作用下水分散失，而水中盐分在地表不断积聚的现象。盐渍土壤中包含了大量的重碳酸根、氯离子、硫酸根、碳酸根以及钠离子、钙离子、镁离子等，在土壤盐碱化过程中，会显著抑制作物生长，当含盐量高到一定程度时，容易使植物根系吸水困难，影响植物生长。在部分离子含量过高的情况下，影响土壤

pH，阻碍植物发育，抑制根系对于土壤营养物质的吸收，严重的盐碱化地区会极大地破坏植物的覆盖率，对生态环境造成非常大的破坏，进而产生沙漠化，对人类的生存和发展造成巨大威胁。

我国的盐碱化土地近 $1.0 \times 10^8 \mathrm{hm}^2$，主要分布在华北、东北和西北地区，且尤以西部为重。在西部大开发中，区域生态环境改造和农业结构调整，首先涉及的就是改造盐碱化和荒漠化土壤。近几十年来，由于受人类开发建设影响，许多地区出现了次生土地盐碱化现象，且有日益加重的趋势。日益加重的土地盐碱化造成了农作物减产甚至绝收，地表植被逐年减少甚至消失，恶化了生态环境。

引起土地盐碱化的因素较多，其中包括温湿度、降水量、蒸发量等气候因素，还包括区域地理、地质及水文地质条件，如地形地貌、地层结构和表层岩性、地下水的储存和循环条件及其水化学条件等，是引起盐碱化的主要内因；而工程或管理措施失效、过度开发利用等人为因素，是引起盐碱化的主要外因。

（三）土地荒漠化

土地荒漠化是指在干旱、半干旱和湿润、半湿润地区，由于气候变化和人为活动等各种因素所造成的土地退化，它使土地生物和经济生产潜力减少，甚至基本丧失。

中国的土地荒漠化主要是人口总量超出脆弱环境的承受能力所造成的。根据全国第六次荒漠化监测结果显示，截至 2019 年年底，中国荒漠化土地总面积 $2.6 \times 10^6 \mathrm{km}^2$，占国土总面积的 26.9%，5 年间全国荒漠化土地面积年均减少 $3.8 \times 10^4 \mathrm{km}^2$。监测表明，我国土地荒漠化整体得到初步遏制，荒漠化土地持续净减少，但局部地区仍在扩展。在地域上主要分布在中国北方，东起黑龙江，西至新疆，断续分布延伸长达 $5.5 \times 10^3 \mathrm{km}^2$，涉及黑龙江、吉林、辽宁、内蒙古、河北、山西、陕西、宁夏、甘肃、青海和新疆等省份，共 212 个区、县。另外，中国南方的部分湿润地区也出现了土地荒漠化的问题。

气候干旱是荒漠化的基本条件，地表物质疏松是荒漠化的物质基础，大风吹扬或暴雨冲刷是荒漠化的动力来源。人口增长对土地造成的压力是土地荒漠化的直接原因和主要原因。

（四）土壤退化

土壤退化是指在各种自然尤其是人为因素影响下，所发生的不同强度侵蚀而导致土壤质量及农林牧业生产力下降，乃至土壤环境全面恶化的现象。在侵蚀影响下，土壤退化可分为物理退化、化学退化和生物退化。土壤物理退化主要包括土层变薄、土壤沙化或砾石化、土壤板结紧实及土壤有效水下降等。土壤化学退化包括土壤有效养分含量降低、养分不平衡、可溶性盐分含量过高、土壤酸化碱化等。土壤生物退化主要指土壤微生物多样性减少、群落结构改变、有害生物增加、生物过程紊乱等。防治土壤退化是一个系统工程，重点在于防治土壤水蚀和土壤风蚀，对已严重退化的土壤加强改土培肥等。

二、农业生态环境污染

（一）大气污染问题

随着中国经济社会的高速发展，以煤炭、石油为主的能源消耗大幅度上升。我国每年煤炭燃烧排入烟尘量为 1.2×10^7 t，二氧化硫排放量达 1.8×10^7 t，占排入大气污染物总含量的 60%～80%。据 2021 年的数据统计，全国 600 多个城市中仅有 4 个城市空气质量达到国家一级标准，空气质量达到国家一级标准的城市仅占 0.7%，三级及以下标准的占近 36.3%。目前每年有 800 多万 t 石油进入环境，油气污染大气环境，表现为油气挥发物与其他有害气体被太阳紫外线照射后，发生理化反应污染，或燃烧生成化学烟雾，产生致癌物和温室效应，破坏臭氧层等。

近年来被称为"空中死神"的酸雨不断蔓延。20 世纪 80 年代初，全国只有以重庆和贵州为中心的两个酸雨区。2021 年，酸雨区面积约 3.7×10^5 m^2，占国土面积的 3.8%；465 个监测降水的城市（区、县）酸雨频率平均为 8.5%，出现酸雨的城市比例为 30.8%；酸雨的频率在 25% 及以上、50% 及以上和 75% 及以上的城市比例分别为 12.5%、5.8% 和 2.6%。此外，随着城市机动车数量的迅速增加，汽车尾气污染呈发展趋势，城市大气中的氮氧化物浓度逐年递增。

大气污染源可分为天然源和人为源。天然源是指自然界向大气排放污染物的地点或地区，如排放灰尘、二氧化硫、硫化氢等污染物的活火山，自然逸出瓦斯气以及发生森林火灾、地震等自然灾害的地方。人为源是指人类的生产和生活活动所形成的污染源。大气污染主要是人类活动引起的，其中工业污染源排放的大气污染物，占到总污染物的 90% 以上。

大气污染物有 100 种左右，其中影响范围广、对人类环境威胁较大、具有普遍性的污染物有颗粒物、二氧化硫、氮氧化物、一氧化碳、碳氢化合物及光化学氧化剂等。按大气污染物来源一般分为一次污染物（原发性污染物）和二次污染物（继发性污染物）。一次污染物是指直接由污染源排放的污染物。二次污染物是进入大气的一次污染物之间相互作用或一次污染物与正常大气组分发生化学反应，以及在太阳辐射线的参与下引起光化学反应而产生的新的污染物，它常比一次污染物对环境和人体的危害更为严重。

当大气污染物达到一定浓度时，会危害农业生产，如二氧化硫、臭氧、过氧乙酰基硝酸酯、氟化物、酸雨等对植物生长危害较大，会损害植物酶的功能，影响植物新陈代谢的功能，破坏原生质的完整性和细胞膜，损伤植物根系及其功能，减弱输送作用，导致生物产量降低。

（二）水体污染问题

水体污染主要是由于人类活动排放的污染物进入河流、湖泊、海洋或地下水等水体，使水体的物理性质、化学性质或生物群落组成发生变化，从而降低了水体的使用价值。

水体污染源主要有工业废水、生活污水和农业废水三大类。工业废水是在工业生产过程中产生的废水。工业废水排放量大，成分复杂，污染物含量高，其中有机物和重金属是常见的污染物质。生活污水是居民在日常生活中产生的废水。生活污水一般无有毒物质，主要含有细菌、寄生虫卵、有机物以及各种洗涤剂等。农业废水是指从农田流出的水。农业上喷洒的农药，一般只有 $10\%\sim20\%$ 附着在作物上。农业上施用的化肥，直接被作物吸收的只有 40% 左右。那些未被作物吸收利用的化肥、农药，除了在土壤中残留外，还有相当大的一部分会随灌溉后的农业废水或径流流入水体，对水体造成一定程度的污染。

（三）土壤污染问题

土壤对污染物有一定的自净能力，即通过物理、化学、物理化学、生物化学等一系列过程，促使土壤污染物逐渐分解和消失。当人类活动产生的污染物进入土壤并积累到一定程度，超过土壤的自净能力时就会引起土壤环境的恶化，即土壤污染。

1. 土壤污染的特点　土壤污染有 5 个主要特点：一是隐蔽性和滞后性。土壤污染一般通过对土壤样品和农作物残留检测进行分析化验才能确定，从受到污染到出现问题通常会滞后较长的时间。特别是许多低浓度有毒污染物的影响是慢性的和长期的，可能长达数十年乃至数代人。二是累积性。污染物质在土壤中的移动性小，因此使得污染物容易在土壤中不断积累并达到很高的浓度，同时它具有很强的地域性。三是不可逆转性。如重金属对土壤的污染基本上是一个不可逆转的过程，可能要 $100\sim200$ 年才能够恢复。许多有机化学物质的污染也需要较长的时间才能降解。四是危害性。土壤污染直接影响土壤生态系统的结构和功能。据估算，全国每年因重金属污染的粮食达 1.2×10^7 t，造成的直接经济损失超过 200 亿元。有害物质通过食物链富集而危害动物和人类健康，最终将对生态安全构成威胁。五是难治理性。土壤污染一旦发生，仅仅依靠切断污染源的方法往往很难自我恢复，必须依靠大量人力、财力、物力的投入，通常成本较高，治理周期较长。

目前全国受污染的耕地约占耕地总面积的 10% 以上，其中多数集中在经济较发达的地区。鉴于土壤污染形势严峻，对生态环境、食品安全和农业可持续发展构成威胁，我国近年来每年都在进行土壤监测、耕地质量评价等工作，以便掌控土壤污染的现状，并为防治提供依据。

2. 土壤污染物对农作物的危害

①重金属和微量元素的危害。土壤受铜、镍、钴、锰、硼等元素的污染，能引起农作物的生长和发育受阻。土壤受镉、镍、铅等元素的污染，一般不引起植物生长发育障碍，但这些元素在植物的可食部位蓄积，通过食物链富集，危害家畜、家禽等农业动物，进而危害人类的健康。

②有机污染物的危害。利用未经处理的含油、酚等有机污染物的废水灌溉农田时，会使土壤污染、作物生长发育受阻。

③农药污染的危害。土壤的农药污染会使土壤中 90% 以上的蚯蚓等有益生物死亡，这样势必影响土壤结构，进而危害农作物生长。土壤中的残留农药，通过食物链富集而危害农用畜禽和人类。

④化肥污染的危害。长期过量、单纯施用化学肥料会使土壤酸化，土壤溶液中和土壤微团上有机、无机复合体的铵离子量增加，从而大量替换土壤胶体颗粒上的钙、镁离子，使土壤胶体分散，土壤结构破坏，土壤板结，最终影响作物产量。

⑤酸雨的危害。酸雨是大气污染的一种表现，但其对农业生态系统的危害主要是通过土壤而进行。

三、农业系统调控失衡

农业生态系统是一个靠人工调节和自然调节并存，两种调节相互补充开放的系统，调节对农业生态系统的生产和经营起到了积极的推动作用。但是，由于人们过多地或者说是过分地依赖人工调节，而忽视了自然调节这个基础调节手段，虽然在短时间内取得了一定的经济效益，但同时严重地破坏了生态环境效益。在农业生产上人们大量甚至是过量地使用化肥，造成了土壤结构和功能的破坏，土壤板结，持水、持肥性能下降；过量的化肥流失到环境中，造成水体的富营养化等一系列环境问题；同时长时间大量使用化肥，对土壤中的微生物也造成一定的影响，有可能导致致病微生物病害的爆发。在植物保护方面，大量使用化学农药，在杀死害虫和病原微生物的同时也杀死了天敌和有益微生物，致使病虫害连年持续爆发，这样又不得不连续大量使用农药，形成了恶性循环。毁林造田、退林耕作造成了土地的沙漠化。激素的使用给食品安全带来了严重隐患，影响了人们的身体健康。大量触目惊心的实例发人深省，使人们不得不将调节方式的重点调回到自然调控的方式上来。

近几年来自然调控机制的应用越来越得到人们的认可和提倡。例如国内外正在尝试和发展的生态农业、自然农业、有机农业、生物农业、生物动力学农业等，都在技术上加大了自然调控机制的运用。在传统继承和保留自然调节的基础上，加大了自然调控技术的开发和应用。通过光照、温度、水分、土壤、空气、声音等生态因子对动植物的影响进行自然调控，增加系统的生物多样性。利用系统功能组分冗余、反馈等机制调节农业生产。充分利用随动调控、程序调控、优化调控、稳定调控，往往投入少，成本低，既保证了农业生产经营的经济效益，又避免了资源浪费和环境污染，带来了生态效益和社会效益。

农业生态系统的调节与控制，兼备了自然生态系统的特点和人工生态系统的特点。熟悉有关调控机制，能够经济有效地协调系统的各种效益，促使系统向着持续高效的方向发展。

第三节　农业生态环境保护

一、农业可持续发展趋势

(一)面临严峻挑战

21世纪以来，我国农业农村经济发展成就显著，在我国农业农村经济取得巨大成就的同时，农业资源过度开发、农业投入品过量使用、地下水超采以及农业内外源污染相互叠加等带来的一系列问题日益凸显，农业可持续发展面临重大挑战。

资源硬约束日益加剧。人多地少水缺是我国基本国情，保障粮食等主要农产品供给的任务更加艰巨。全国新增建设用地占用耕地年均约$3.2 \times 10^3 km^2$，被占用耕地浪费严重，占补平衡补充耕地质量不高，守住18亿亩[①]耕地红线的压力越来越大。耕地质量下降，黑土层变薄、土壤酸化、耕作层变浅等问题凸显。农田灌溉水有效利用系数比发达国家平均水平低0.2，华北地下水超采严重。我国粮食等主要农产品需求刚性增长，水土资源越绷越紧，确保国家粮食安全和主要农产品有效供给与资源约束的矛盾日益尖锐。

环境污染问题突出，确保农产品质量安全的任务更加艰巨。工业"三废"和城市生活等外源污染向农业农村扩散，镉、汞、砷等重金属不断向农产品产地环境渗透。农业内源性污染严重，化肥、农药利用率不足、农膜回收率不足、畜禽粪污有效处理率不足等问题仍然存在。海洋富营养化问题，赤潮、绿潮仍时有发生。农业农村环境近年来虽得到不同程度的改善，但依然存在污染风险，并可直接影响农产品质量安全。

生态系统退化明显，建设生态保育型农业的任务十分艰巨。2021年全国水土流失面积为$2.6 \times 10^6 km^2$，水力侵蚀面积为$1.1 \times 10^6 km^2$；风力侵蚀面积

---

① 亩为非法定计量单位，1亩＝1/15hm²≈667m²。——编者注

为 $1.5 \times 10^6 \, \text{km}^2$，石漠化土地面积为 $7.2 \times 10^4 \, \text{km}^2$。高强度、粗放式生产方式导致农田生态系统结构失衡、功能退化，农林、农牧复合生态系统亟待建立。草原超载放牧问题依然突出，草原生态总体恶化局面尚未根本扭转。湖泊、湿地面积萎缩，生态服务功能弱化。生物多样性受到严重威胁，濒危物种增多。生态系统退化，生态保育型农业发展面临诸多挑战。

（二）抢抓发展机遇

当前和今后一个时期，推进农业可持续发展面临前所未有的历史机遇。一是农业可持续发展已经达成共识。党的十八大将生态文明建设纳入"五位一体"的总体布局，为农业可持续发展指明了方向。十九大报告提出构建以绿色生态为导向的政策支持体系，推动农业绿色发展。全社会对资源安全、生态安全和农产品质量安全高度关注，绿色发展、循环发展、低碳发展理念深入人心，为农业可持续发展集聚了社会共识。二是农业可持续发展的物质基础日益雄厚。我国综合国力和财政实力不断增强，强农惠农富农政策力度持续加大，粮食等主要农产品连年增产，利用"两种资源、两个市场"，弥补国内农业资源不足的能力不断提高，为农业转方式、调结构提供了战略空间和物质保障。三是农业可持续发展的科技支撑日益坚实。传统农业技术精华广泛传承，现代生物技术、信息技术、新材料和先进装备等日新月异、广泛应用，生态农业、循环农业、生物动力农业等技术模式不断集成创新，为农业可持续发展提供有力的技术支撑。四是农业可持续发展的制度保障日益完善。随着农村改革和生态文明体制改革稳步推进，法律法规体系不断健全，治理能力不断提升，将为农业可持续发展注入活力、提供保障。在党的二十大报告中，习近平总书记指出，"要加快建设农业强国，扎实推动乡村产业、人才、文化、生态、组织振兴"。如今，我国正在从一个传统农业大国迈向农业强国，我们坚持"绿水青山就是金山银山"的理念，在振兴的同时推进农业农村绿色发展。

二、农业生态系统调控

（一）农业生态系统的平衡特征

农业生态系统是一个人工管理的生态系统，既有自然生态系统的属性，又有人工管理系统的属性。农业生态系统一方面从自然界继承了自我调节能力，保持一定的稳定性；另一方面它在很大程度上受人类各种技术手段的调节。充分认识农业生态系统的调控机制及调控途径，有助于建立高效、稳定、整体功能良好的农业生态系统，有助于利用和保护农业资源，提高系统生产力。

1. 农业生态系统平衡的相对性 农业生态系统是一个典型的生态经济系统，农业生产的目的是为人类提供生活资料和生产资料。该系统同时受生态规律和经济规律两种规律的制约，追求生态效益和经济效益两者的平衡是农业生产持续发展的目标。随着人类的社会进步和经济发展，为实现不断提高系统生产力的目的，农业生态系统会不断打破旧的平衡，建立新的平衡，在相对平衡中求得不断发展。

2. 农业生态系统平衡的动态性　农业生态系统在相对平衡状态下，系统相对稳定，功能得以充分发挥。因此，农业生态环境调控应使农业生产在一定时间内维持生物种类、数量与自然环境和人工投入之间的相对平衡，既能够取得高产、优质、高效的生产目的，同时也可促进生态环境向良性化发展。

3. 农业生态系统平衡的可控性　农业生态系统是个开放的系统，不仅依赖于太阳辐射能，还依赖于人类向系统中输入的辅助能量和物质。人类通过输入物质能量，干预系统的功能，以求得更多的系统产出，建立新的更高层次的平衡，达到更合理的结构、更高效的功能和更好的生态效益。新的平衡表现为随着投入能量物质的种类、形式和数量的不同，所产出的农产品种类、结构等也不同。

（二）农业生态系统的调控原则

农业生态系统是一个人工管理的生态系统，既有自然生态系统的属性，又有人工管理系统的属性。它一方面从自然界继承了自我调节能力，保持一定的稳定性；另一方面又在很大程度上受人类各种技术手段的调节。充分认识农业生态系统的调控机制及调控途径，有助于建立高效、稳定、整体功能良好的农业生态系统，有助于利用和保护农业资源，提高系统生产力。

1. 维持平衡兼顾三大效益和多种功能　经济效益和生态效益反映人类对农业需求的不同层次和侧面。农业生产的最初和终极目的是解决人的温饱问题，因此农业生态系统的社会效益是直接的、快速的、常见的。农业的经济效益要经过一个农业生产周期才能表现出来，生态效益关系到大范围的资源与环境变化，因而影响是长远的，带有全局性和长期性。从整体来看，社会效益、经济效益和生态效益的关系，也是农业的近期利益、中期利益和长期利益的关系，是人类整体利益和局部利益的关系。

农业的社会效益、经济效益和生态效益既是相互依赖，又是相互矛盾的。片面追求社会效益可能导致不惜成本和不顾生态环境的破坏；片面追求经济效益同样可能忽视社会的基本需求，置生态环境于不顾，造成水土流失、化肥农药污染、养殖污水横流等，出现"要金山银山，不要绿水青山"的现象；片面追求生态环境的改善有可能忽视人们最迫切的生活需求，最终影响生态环境。

农业生态系统调控本着追求综合效益原则，是社会、经济和生态三方面的统一。在控制方案、运用调控技术时，不能顾此失彼，必须兼顾农业的综合效益。在时间维度上短期效益与长远效益平衡，在空间维度上兼顾局部效益与全局效益平衡，在质量维度上兼顾单一指标优先和生态服务多指标优化平衡，发展多功能农业、可持续农业，促进农业的协调可持续发展。

2. 促进人工调控与自然和谐 自然生态系统是以一种非中心式调控机制运行，尽管信息传输速度较慢，没有明确的系统预定目标，然而却相当有效地协调着整个生态系统的发展、演替和进化，使系统的有序性不断提高。人工控制系统的调节控制充分利用专用信息系统，按照人为设定的目标，迅速实现主要物质和能力的转换。

农业生态系统继承了自然生态系统的非中心式调控机制，又叠加了人工设置的中心式调控机制。调节控制农业生态系统，必须将中心式调控与非中心式调控有机结合起来，发挥两种机制的协同作用。然而在非中心式调控机制中由于很多受到人类干扰，自控能力减弱；在中心式调控机制中又由于受控的对象复杂，投入不足等原因，控制不够完善。如果两个机制都失灵，就会出现失控现象，如森林火灾、病虫爆发、旱涝灾害等。实现农业生态系统的复合调控，巧妙利用两套机制，既尊重自然规律，又尊重社会经济规律，取长补短，相互协调，就会事半功倍，相得益彰。

三、现代农业发展方向

现代农业是以保障农产品供给，增加农民收入，促进可持续发展为目标，以提高劳动生产率、资源产出率和商品率为途径，以现代科技和装备为支撑，在家庭经营基础上，在市场机制与政府调控的综合作用下，农工贸紧密衔接，产加销融为一体，形成多元化的产业形态和多功能的产业体系。

现代农业是以生物动力为核心，由生态农业、绿色农业、有机农业、循环农业等构成的可持续发展的农业生态系统。

（一）生态农业

20 世纪 80 年代叶谦吉教授提出："生态农业是一个有机统一整体，一个多目标、多功能、多成分、多层次，组合合理、结构有序、开放循环、内外交流、关系协调、协同发展，具有动态平衡的巨大生态系统，一个开放的、非平衡有序结构的生态经济系统，一个不同于传统农业而又有中国特点的现代生态经济系统。"

20 世纪 90 年代农业部颁布《生态农业示范区建设技术规范》，将我国生态农业定义为：因地制宜利用现代科学技术，并与传统农业精华相结合，充分发挥区域资源优势，依据经济发展水平及"整体、协调、循环、再生"的原则，运用系统工程方法，全面规划，合理组织农业生产，实现高产、优质、高效、可持续发展，达到生态与经济两个系统的良性循环和经济、生态、社会三大效益统一的农业。简单地说，生态农业是一种积极采用生态环境友好方法，全面提升农业生态系统服务功能的农业可持续发展方式。

（二）绿色农业

绿色农业是指一切有利于环境保护、有利于农产品数量与质量安全、有利于可持续发展的农业发展形态与模式。绿色农业在其循序高级化过程中会逐步采用高新绿色农业技术，形成现代化的产业体系。产业高级化的关键是规模、市场和技术，目标是实现农业可持续发展和推进农业现代化，确保整个国民经济的良性发展，满足新世纪城乡居民的生活需要。

（三）有机农业

"有机农业"一词最早出现在 1940 年出版的诺斯伯纳勋爵的著作 *Look to the Land* 中。有机农业是遵照一定的有机农业生产标准，在生产中不采用基因工程获得的生物及其产物，不使用化学合成的农药、化肥、生长调节剂、饲料添加剂等物质，遵循自然规律和生态学原理，协调种植业和养殖业的平衡，采用一系列可持续发展的农业技术，以维持持续稳定的农业生产体系的一种农业生产方式。事实上，有机农业就是最古老的农业形式。

有机农业的发展可以一定程度上帮助解决现代农业带来的部分问题，如农药和化肥大量使用对环境造成污染和能源的消耗，物种多样性的减少等。

（四）循环农业

循环农业是指在农作系统中推进各种农业资源往复多层与高效流动的活动，以此实现节能减排与增收的目的，促进现代农业和农村的可持续发展。

通俗地讲，循环农业就是运用物质循环再生原理和物质多层次利用技术，实现较少废弃物的生产和提高资源利用效率的农业生产方式。循环农业作为一种环境友好型农作方式，具有较好的社会效益、经济效益和生态效益。只有不断输入技术、信息、资金，使之成为充满活力的系统工程，才能更好地推进农村资源循环利用和现代农业的持续发展。其主要特点是减量化、再利用、再循环。

（五）生物动力农业

现代农业还强调资源节约、环境零损害的绿色性，是资源节约和可持续发展的绿色产业，担负着维护与改善人类生活质量和生存环境的使命。近年来，生物动力农业逐渐浮出水面，它被视为有机农业中最科学、最系统的农业耕种方法。讲求天、地、人的和谐关系，通过堆肥、液肥、绿肥、轮作、多样化种植及自然的病虫害防治方法来营造一个平衡和谐的生态系统。通过一些由天然材料制成的配方，为土地和作物提供顺势治疗，以增强土地和作物的活力。此外，生物动力农业还系统地研究太阳、月亮、行星等天体的运行规律及星座对动植物的影响，并制定出对应的耕种日历。依照耕种日历安排农事，顺应大自然的节律，并配合顺势疗法的运用，去获取较佳的收成。

第二章　农业生态系统循环

第一节　生态系统的物质循环

一、物质循环的基本类型

（一）地质大循环与生物小循环

各种化学元素包括生命有机体所必需的营养物质，在不同层次、不同大小的生态系统，乃至生物圈内，沿着特定的途径从环境到生物体，从生物体再到环境，不断地进行着流动和循环，构成了生物地球化学循环。生物地球化学循环依据其循环的范围和周期，可分为地质大循环和生物小循环，它们是密切联系、相辅相成的。生物地球化学循环是物质循环的基本形式，物质的不断循环是实现物流平衡的基础。生物小循环是维持生态系统的基本机制之一。

1. 地质大循环　地质大循环是指物质或元素经生物体的吸收作用，从环境进入生物有机体内，然后生物有机体以死体、残体或排泄物形式将物质或元素返回环境，进入五大圈层的循环。五大自然圈层是指大气圈、水圈、岩石圈、土壤圈和生物圈。地质大循环具有范围大、周期长、影响面广等特点。地质大循环几乎没有物质的输入与输出，是闭合式的循环。整个大气圈的 CO_2，通过生物圈中生物的光合作用和呼吸作用，约 300 年循环 1 次；通过生物代谢，约 2000 年循环 1 次。水圈（包括约占地球表面积 71% 的海洋）中的水，通过生物圈的吸收、排泄、蒸发、蒸腾，约 200 万年循环 1 次。至于由岩石土壤风化出来的矿物元素，循环 1 次则需要更长的时间，有的长达几亿年。

2. 生物小循环　生物小循环是指环境中各种营养元素经生物体吸收，在生态系统中被相继利用，然后经过分解者的作用回到环境中，再为生产者吸收、利用的循环过程。生物小循环具有范围小、时间短、速度快等特点，是开放式的循环。

（二）气相型循环和沉积型循环

根据物质的主要储藏库不同，可将物质循环分为气相型循环和沉积型循环。

1. 气相型循环　大气圈是气体循环必经的主要储藏库，参加这类循环的元素相对地具有扩散性强、流动性大和容易混合的特点。该类循环主要以气体形式进行扩散和传播，循环的周期相对较短，很少出现元素的过分聚集或短缺现象，具有明显的全球循环性质和比较完善的循环系统，属于气体循环的物质主要有 C、H、O、N、水等。

2. 沉积型循环　属于沉积型循环的营养元素主要有 Ps、I、K、Na、Ca 等矿物质元素。它们的主要储藏库是岩石圈和土壤圈。保存在沉积岩中的这些元素只有当地壳抬升变为陆地后，才有可能因岩石风化、侵蚀和人工采矿等方式释放出来被生产者（植物）所利用，参与生命物质的形成，并沿食物链转移，最终动植物残体或排泄物经微生物的分解作用，将元素返回环境。其中除一部分保留在土壤中供植物吸收利用外，另一部分以溶液或沉积物形态汇入江河湖海，后经沉降、淀积和沉岩作用变成岩石，当岩石因地壳运动或火山活动被抬升而露出地表并遭受风化剥蚀时，该循环才算完成。因此，循环周期很长，但是保留在土壤中的元素能较快地被吸收利用。

（三）物质循环的库与流

1. 物质循环库　物质在运动过程中被暂时固定、储存的场所称为库。生态系统中的各个组分都是物质循环的库，可分为植物库、动物库、大气库、土壤库和水体库。各库又可分为许多亚库，如植物库可分为作物、林木、牧草等亚库。在生物地球化学循环中，物质循环的库可归为两大类：一是储存库，其容积较大，物质交换活动缓慢，一般为非生物成分的环境库；二是交换库，其容积较小，与外界物质交换活跃，一般为生物成分，例如，在一个水生生态系统中，水体中含有磷，水体是磷的储存库；浮游生物体内含有磷，浮游生物是磷的交换库。另外，还有两个与物质储藏库有关的概念：源和汇。源是产生和释放物质的库，汇是吸收和固定物质的库，如化石燃料燃烧是温室气体 CO_2 的一个重要的源，海洋则是 CO_2 汇。

2. 物质循环流　物质在库与库之间的转移运行称为流。生态系统中的能流、物流和信息流使生态系统密切联系起来并使生态系统与外界环境联系起来。没有库，环境资源不能被吸收、固定、转化为各种产物；没有流，库与库之间就不能联系、沟通，则会使物质循环短路，生命无以维系，生态系统必将瓦解。

二、物质流动的主要特征

（一）生物量与现存量

在某一特定时刻，单位面积或体积内积存的有机物总量构成生物量。它是指全部植物、动物和微生物的生物量，生物量又可称为现存量。

（二）周转率与周转期

周转率和周转期是衡量物质流动（或交换）效率高低的两个重要指标。周转率（R）是指系统达到稳定状态后，某一组分（库）中的物质在单位时间内流出或流入的量（FI）占库存总量（S）的分数值。周转期（T）是周转率的倒数，表示该组分的物质全部更换平均需要的时间。

周转率（R）：FI/S，单位时间内进入（或流出）某组分的物质量（FI）除以该组分的物质储存量（S）

周转期（T）＝1/周转率＝$1/R$

物质在运动过程中，周转率越高，则周转 1 次所需的时间越短。物质的周转率用于生物的生长称为更新率。某段时间末期，生物的现存量相当于库存量（S）；在该段时间内，生物的生长量（P）相当于物质的输出量（FO）。不同生物的更新率相差悬殊，对于 1 年生植物当生育期结束时生物的最大现存量与年生长量大体相等，更新率接近 1，更新期为 1 年。森林的现存量是经过几十年甚至几百年积累起来的，所以比净生产量大得多，如某一森林的现存量为 324 t/hm^2，年净生产量为 28.6 t/hm^2，其更新率为 28.6/324＝0.088，更新期约需 11.3 年。至于浮游生物，由于代谢率高，现存量常常是很低的，但有着较高的年生产量。如某一水体中浮游生物的现存量为 0.07 t/hm^2，年净生产量为 4.1 t/hm^2，其更新率为 4.1/0.07＝59，更新期只有 6.23 d。

（三）循环效率

当生态系统中某一组分的库存物质，部分或全部流出该组分，但并未离开系统，并最终返回该组分时，系统内发生了物质循环。循环物质（FC）与输入物质（FI）的比例，称为循环效率（EC，$EC＝FC/FI$）。

（四）物质循环的调节

物质循环通常是在生物和环境间进行，生物在物质循环中占有特殊地位，没有生物，物质就难以进入循环。物质储存在环境中，移动很慢，一旦进入生物，则可能发生较快变化，加速物质循环速度，增加物质的形态结构。如果生态系统中的生物部分被削弱甚至消失，物质循环也将会被减弱甚至停止，最终导致生态系统的破坏。生态系统内部存在稳态机制，对物质循环有一定的调节能力。自然生态系统中的各种元素在岩石库、土壤库、水体库、大气库及生物库之间，保持着相对平衡的关系，其库容量和流动速度受到生物作用的负反馈调节，主要表现在物质循环与能量流动的相互调节与限制、非生物库对外来干扰的缓冲、各元素之间的相互制约等。循环中每一个库和流，因外来干扰引起的变化，都会引起有关生物的相应变化，产生负反馈调节使变化趋缓而恢复稳态，如大气中 CO_2 浓度增加，使植物光合作用增强，加强了对 CO_2 的吸收和消耗，使大气中 CO_2 量相对减少，此外，海洋也会加强对 CO_2 的溶解吸收，具有一定的调节能力。

三、物质循环的环境效应

在农业生产过程中，农药与化肥是两类被大量应用的化学物质，它们在促进作物增产、提高农产品质量方面发挥了巨大作用。当今世界上 55％以上的农产品是靠化肥而获取的，每年农药使用挽回的损失量达到总产的 1/3 以上。但是，随着农药和化肥的使用迅速增长以及工业的发展，它们对环境的影响和污染也愈来愈突出，已成为农业生态系统养分循环中导致环境问题产生的重要因素。

（一）化肥对环境的影响

化肥对粮食的增产起着重要的作用，但是化肥的施用给环境造成了严重的影响，特别是过量施用化肥，不但不能使其增产，而且还会造成危害。化肥对环境的污染可分为对土壤、水体、大气等的污染，同时化肥的施用还会影响作物对重金属元素的吸收。

1. 氮肥对环境的影响　目前，我国施用的氮肥主要有碳酸氢铵、尿素、硼酸铵、氯化铵、硫酸铵和氨水等，另外一些复合肥料通常也含有氮素。化肥施用以微施、面施、穴施为主，另外有少部分的条施、深施。化肥品种、施用方法不同，其利用率相差很大。

（1）氮肥淋失与地表水地下水的污染　化肥中氮施入土壤后，很快会发生转化，在适宜条件下，尿素在 2 d 左右可全部水解成为铵态氮，铵态氮在 10 d 左右就可以被转化为硝态氮。由于土壤胶体通常带负电荷，硝化作用将容易被土壤胶体吸附、保蓄的铵态氮转化成为活动性相对较大又不易被土壤胶体吸附的硝态氮，从而增加了肥料氮在土壤中的移动性，使其容易随雨水、灌溉水流动淋失。雨水冲刷、地表径流是肥料流失的一个重要途径。氮肥的淋溶损失不仅与气温高低、雨量大小与灌溉状况有关，还与氮肥的种类、施肥方法及土壤条件密切相关。据全国各地的测试结果估计，化肥施入土壤后，由于淋溶作用氮素平均损失约 10％，地表径流冲刷和随水流失的氮平均约占 15％，因而可以说有 25％左右的化肥氮被水淋失。这些流失的氮进入地下水和地表水体，污染水源，一方面促进湖泊等地表水发生富营养化，另一方面还使地下水氮素含量过高。

（2）氨挥发、反硝化脱氮与大气污染 含有铵态氮或者能转化形成铵态氮的各种氮肥施入土壤后，土壤中的 NH_3 会散到大气中，其挥发量与土壤的温度、酸碱度和施肥量有关。通常在碱性石灰性土壤中，氨的挥发损失要比酸性土壤多。在温度高、蒸发量大的地区氨的挥发损失也会增加。另外，施肥方法也会影响氨的挥发率。氮肥做基肥深施、混施时挥发损失小，施入土壤中则部分氮素转化成为氨气，会挥发到大气中去，被大气中的尘埃吸附，并经降雨又重新回到地面，其中部分进入地表水，增加了水体氮的负荷。

反硝化作用是陆地上氮素重新回到大气中的主要途径。硝态氮在嫌气条件下经过微生物的作用发生反硝化作用，形成氧化亚氮（N_2O）、一氧化氮（NO）和氮气（N_2），并释放到大气中。反硝化脱氮反应生成的 N_2O 进入大气后，能长久停留，成为一种"温室气体"，对全球气候的变暖有一定的促进作用。另外，N_2O 还会随风飘浮、上升，进入平流层，对臭氧层产生破坏作用。

2. 磷肥对环境的影响 磷素是作物营养三要素之一，它不仅能显著增加作物产量，又是水体富营养化的主要限制因子。因此对进入环境中的磷，人们较为关注。

（1）常用磷肥品种的利用率较低 虽然我国的氮肥施用量已居世界前列，但磷肥的用量却低于世界平均水平，而且磷肥的类型也比较少，主要类型为过磷酸钙、钙磷肥等，约占磷肥总量98％以上，还有少量的磷铵、硝酸磷肥等。磷肥不同于氮肥，利用率很低，大体在 $10\%\sim20\%$。由于磷容易被土壤吸持和固定，移动性小，大多残留在土壤中，很少被淋溶损失。

（2）磷在土壤中的去向及对环境的影响 过磷酸钙、钙镁磷肥等常用磷肥的主要含磷成分可以分别用磷酸一钙、磷酸二钙以及正磷酸钙代表，它们分别属于水溶性、微溶性和难溶性磷酸盐。磷肥进入土壤后，只有极小部分在土壤溶液中呈离子态的磷酸盐，能被作物吸收利用，其余大部分很快与土壤组分作用。另外，磷还会与土壤中有机物质结合成有机结合态磷，在一定程度上也会降低磷在土壤中的移动性。由于磷肥在土壤中有非常强烈的吸附固定作用，它对作物的有效性就比较低。同时，磷也因而不易被雨水、灌溉水淋溶迁移。

（3）水土流失与水体富营养化 虽然磷肥的淋溶损失不高，施肥后大雨或排水引起磷的流失量一般只有1％左右，但磷最主要的流失是水流失、土壤侵蚀引起。在水土流失、土壤侵蚀严重的地区，大暴雨就会引起农田耕层土壤的大量流失，带走含有丰富磷酸盐化合物的耕层表土，其归宿往往是湖泊、水库。这就是磷的非点源污染的主要来源。农业生产中输送给水体的磷几乎与水土流失分不开。因此，可以说，植被类型（即土壤利用类型）在很大程度上左右磷元素的流失量。磷在农业环境中的流失量虽然不太大，但大面积的农业土壤中流失磷汇集到相对小面积的承受水面里，这种流失会在水体底泥中逐年积累，从而对水体的富营养也会起着重要的促进作用。

（4）磷肥与重金属污染　制造化学磷肥的主要原料是磷灰石矿物，可分为原生矿物氟磷灰石和次生矿物羟基磷灰石。而自然界中纯粹以这种组成结构存在的矿石是少见的，常含有多种伴生矿物。因此，磷矿石中也同时存在许多其他元素，如镉、铬、砷、锌、铜等。

根据我国各地磷肥测定结果，重金属含量在几至几百 mg/kg 范围内，因此磷肥的使用会引起土壤——植物系统中重金属含量的增加，而且如果长期大量施用，这个问题可能会突出。所以，有关部门要限制或取缔含有大量重金属元素劣质磷肥的生产，保护农业环境免遭污染。在磷肥的生产和使用过程中氟和铬对环境的污染危害是人们关注的重点。

3. 硫元素的平衡与酸雨　硫是地球上的主要元素之一，是大气中的第八大元素和地球表面的第四大元素，是植物生长必需的大量营养元素之一。农业生态系统硫输入的主要途径有：土壤矿物的风化分解；大气的硫沉降作用，包括干沉降和湿沉降；施用含硫肥料，如硫酸、过磷酸钙和硫酸钾等；灌溉水中含硫化合物；在海滨地区，海水中的硫在风和潮汐的作用下，可通过空气进入土壤，也可通过地下水上升进入土壤。硫输出的主要途径有：土壤硫随水土的流失、硫的气态挥发、作物收获带走。从总体上讲，我国土壤中硫素的输入大于输出，SO_2 又是产生酸雨的主要原因。

酸雨的形成按理论计算，大气中的 CO_2 在蒸馏水中达到平衡时的酸度约为 5.6，因此把 pH 小于 5.6 的雨称为酸雨。90% 的雨水酸性是由工业生产和燃料燃烧时排放的二氧化硫和氮氧化物在大气或水滴中经光氧化、气相氧化、液相氧化和气——固界面化等途径转化为硫酸和硝酸所造成的。此外，还有氯、氟及钾、钠、钙、镁等离子的作用。

20 世纪 70 年代起，欧美等发达国家开始重视对酸雨的研究，而我国酸雨监测与研究起步较晚。1974 年从北京西郊开始，1979 年上海、南京、重庆、贵阳等城市相继开展。有关酸雨对农作物和蔬菜的影响已被报道，但酸雨对园林绿化植物的危害及抗性机理方面的报道较少。高绪评等对南京常见的 105 种花卉和园林树木、冯宗炜等对重庆的 30 种乔灌木树种、陈树元等对南京的 110 种绿化树种进行了模拟酸雨喷洒试验，结果表明，不同植物对酸雨的敏感性不同，有些树种只有在酸雨 pH 低于 2.5 时表现出伤害，而有些较敏感树种在 pH 为 3.5 时就表现出伤害症状。酸雨伤害机理的研究在国外有不少报道，研究表明酸雨腐蚀叶片的蜡质层，破坏叶表皮组织，干扰气体和水分的正常交换和代谢；酸雨淋失导致叶子中的钙、镁、钾等营养元素养分缺乏，从而引起光合作用下降，生长减慢；酸雨还淋失土壤中的钾、钙、镁，使植物生长必需的营养物亏缺，以至削弱其生长；酸雨能使土壤中的铝活化游离出来，使植物遭受铝毒害；酸雨还可降低丛枝菌根真菌的活性。植物对酸雨抗性机理方面的研究相对较少，抗酸雨树种的叶片往往具有叶面光滑、角质层厚等特点，而叶子质地柔软、蜡质层薄、表面粗糙的树种往往对酸雨较敏感。施用稀土元素可降低菠菜对酸雨的敏感性，从而增加了菠菜对酸雨 pH 的耐受范围。排放入大气中的硫氧化物和硫化物最终又以酸沉降的形式对农业生态系统产生影响。酸雨组分中的硫和氮是植物生命活动中必需的营养元素，短暂、间歇性的酸性降雨应该是无害的，特别是在有机质含量低的砂质贫瘠土地区，以及含硫比例低、无机硫淋溶剧烈的热带、亚热带酸性土壤地区。酸雨中硫、氮的输入有利于植物生长，起附加营养源的作用。然而过多的酸沉降则会导致生态环境的酸化，进而引起一系列的生态学问题。

酸雨的降落也会影响水体的组成成分，严重的水体酸化将导致水生态系统结构和功能发生改变，不利于水循环。对于一些酸敏感的水生生物，可能由于长期生活在酸性环境下，其生长繁殖受到损害，使得原有的生物链被破坏，导致一些水生生物消失，严重影响水生生物的物质循环等。同时，酸化的水体对于水生植物的影响也是不可忽略的，长期生长在酸性环境中，水生植物的细胞膜将受到严重的损伤，导致其生理代谢紊乱，使其光合色素的含量减少，影响水生植物的光合作用。经过大量的研究表明，水生生物如鱼类在水体呈中性情况下的生长繁殖是最好的。当 pH<6 时，水体对于鱼类的繁殖产生一定的影响，鱼类的孵化率将明显变小，鱼苗的数量也会大大减少；当 pH<5.5 时，水体中大部分的鱼类生存率将明显下降；当 pH<5 时，也就是酸雨程度达到较重时，各种水生生物以及两栖动物都将死亡。我国酸雨对于水生生态系统的危害还不明显，在北欧以及北美地区，水体酸化带来的环境危害已经成为最严峻的挑战。

酸雨的降落对陆生生态系统也存在一定的影响，主要体现在对土壤以及陆生植物的危害。对于土壤的影响，酸雨主要是通过对土壤成分的改变，使其理化性质发生变化，特别是土壤中营养物质的流失，使得土壤中阳离子交换量相应减少，植物缺少相应的营养物质而发育不良。同时，酸化的土壤中会释放出大量对植物有害的重金属，影响植物的生长，使其生长和繁殖偏离正常轨道，造成植物中毒甚至影响人类的身体健康。而对于以土壤为生存环境的微生物而言，酸雨会改变土壤的组成成分，使得土壤中的矿物质以及有机质都相应减少，而以这两种物质为生存条件的微生物就会受到影响，其中也包含参与土壤中氮素转化的微生物，大大地影响了土壤的生态平衡系统。

酸雨对于植物的影响有两个方面：一个是直接作用；另一个是间接作用。间接作用就是上述讨论的酸雨对土壤性质的改变，从而影响植物的生长繁殖。

直接作用是指酸雨降落到植物的各个部位，通过改变其细胞壁的组成结构，以及影响其光合作用的主要器官——叶绿体，导致植物内部细胞代谢受到影响，严重影响植物的生长繁殖。酸雨对于植物不同部位的损害程度不同，损害程度最大的是植物的根系部分，其次是叶片，同时叶片也是最先反映出植物受害程度的部位。而对于以植物为基础的森林而言，酸雨对于植物的危害将直接影响到经济损失。

（二）农药对环境的影响

化学农药是农业生产中大量应用的另一类化学物质，它对于防治病、虫、草害，保证农作物正常生长，提高农业产量起着重要作用。但是，随着农药生产和使用量的迅速增长，农药对环境的污染问题愈来愈突出。尤其是那些性质比较稳定、在环境中不易降解的农药及其代谢物，常引起对作物的污染，或者残存在土壤、水体，使农产品或食品及农用水中产生农药残留，对人、畜健康造成一定的威胁。农药的公害问题已引起了国内外的重视，如果我们能认识农药残留毒性的实质和规律，制订出必要的安全、合理的使用措施，将有效地控制农药对环境和农产品的污染。

要了解农药对环境的污染，必须先了解这种农药在环境中是否存在，以什么方式存在，存在多少、多久，转化成什么物质，也就是农药在环境中的行为和归宿问题。首先需从农药残留和残毒来叙述。

1975年联合国粮食及农业组织（FAO）、世界卫生组织（WHO）在农药残留与食品规格联席会上将农药残留一词的含义范围扩大到包括那些有毒理学意义的特殊衍生物。通俗地讲，农药残留就是指田间使用农药后，在动植物体、土壤和环境中农药原药及其有毒的代谢物、降解转化产物和反应杂质存在的现象。

农药的残留与残毒是密切相关的，但两者是有区别的。农药残留是施用农药以后必然存在的现象，尽管残留的时间有长有短，数量有大有小，但残留是不可避免的。家畜产品上的农药残留超过限量，人、畜食用后产生不良的影响甚至引起慢性中毒，就叫做农药的残毒或残留毒性。简单地说，农药残毒就是指农药残留对人、畜的毒性。有农药残留不等于有残毒。作物与食物中的残留农药，一是来自施药后农药对作物或食品的直接污染；二是来自作物从污染环境中吸收的农药；三是来自食物链与生物富集。农药对环境污染主要体现在以下3个方面：

1. 农药对土壤系统的影响　田间施药时大部分农药落入土中，同时附着在作物上的那部分农药，有些也因风吹雨淋落入土壤中，这就是造成土壤污染的主要原因。使用浸种、拌种、毒谷等施药方式，更是将农药直接撒至土壤中，造成污染的程度更大。

　　农药进入土壤后，一部分被植物和土壤动物很快地吸收，一部分通过物理化学及生物化学等作用逐渐从环境中消失、转化和钝化，还有一部分则以保留其生物学活性的形式残留在土壤中。通常将农药在土壤中的残留时间作为农药残留性的指标之一。

　　农药对土壤生态系统造成的不良影响首先表现为对土壤动物的危害。据报道，农药乙基对硫磷对几种步甲的影响比二嗪农、乙拌磷等都大得多，对跳虫的毒性超过六六六、滴滴涕，甚至超过呋喃丹和涕灭威，与甲拌磷同属毒性最高的一类。农药对蚯蚓的危害更应引起重视，其中西维因对蚯蚓的毒性最高，其他杀虫剂如氯丹、七氯、甲拌磷、呋喃丹对蚯蚓毒性也很高，杀菌剂如威百亩、溴甲烷也是对蚯蚓毒性高的药剂。除草剂对蚯蚓的毒性一般不高，常用剂量影响不大，但由于土壤植被减少，间接影响蚯蚓的种群。蚯蚓对维持土壤肥力和结构有重要作用，因此，影响蚯蚓数量的任何一种农药，最终都将影响到土壤的肥力和结构。其次，当施用农药后，土壤微生物都会受到不同程度的影响。农药，特别是杀菌剂，对土壤微生物区系产生影响，使土壤微生物的种群和数量发生变化，进而影响生态系统的物质循环，改变营养物质的转化效率，使土壤生态系统功能下降。

　　2. 农药对水体的影响　施入农田的农药，由于地表水的流动、降雨或浇灌，农药流入沟渠和江河，从而污染水域，危害水生生物，在水田地区这种污染最直接和最明显。此外工厂排放废水，在河边洗涤施药工具及倾倒剩余废弃药液等亦造成对水质的污染。农药对地面水的污染具有随季节变化的特征。如张立成等发现，湘江水体中六六六浓度存在明显季节性变化：丰水期浓度最低且变幅小；平水期浓度最高且变幅大；枯水期介于两者之间。另外，农药对地下水质的污染也不容忽视。这是由于渗漏以及地表、地下水的交换造成的。1986 年美国已有 23 个州发现了地下水农药污染。加利福尼亚州 2 000 多口水井中已发现 50 多种农药，最高浓度可达 700 μg/kg。我国湖北等地农村也曾发现不同程度的地下水农药污染。

　　3. 农药对大气的影响　大气中的农药主要来源于林业或卫生、农业上喷洒农药时产生的农药飘浮物，尤其是用气雾弹、烟剂或飞机施药时，可造成大量的农药飘浮。此外，农作物、土壤或水中残留农药的挥发也可造成大气污染。农药的飘尘在风的平流和湍流作用下，可越过高山，跨过海洋，到达环境的每个角落。如自 1974 年禁止在茶树上使用六六六、滴滴涕后，以后数年多数产区的茶叶中六六六含量仍超过国家允许的标准（0.2 mg/L），主要是茶区周围稻田使用的有机氯农药通过空气传递的结果。直到 1981 年全面禁用六六六、滴滴涕后，这些农药的残留量才明显下降。大气中农药污染的程度因地而异。在喷药地区上空的大气中，农药含量高于其他地区。大气中悬浮的农药粒子经雨水溶解和洗涤，最后降落在地表，因而雨水中农药的含量是调查大气污染情况的重要指标，同时还能用来表明大气污染在季节上的变迁动态。有机磷农药尚未出现像有机氯农药那样对大气造成严重污染的情况，但是在施药时或施药不久，大气中的含量肯定也是高的。

4. 农药对食物链的影响　在农药传播的过程中，生物富集使农药在动物体内的积累大大增加。生物富集也称生物浓缩，是指生物体从生活的环境中不断地吸收低剂量的农药并逐渐在其体内累积的能力。生物富集和食物链是农药污染的重要途径之一。农药在生物体的富集使污染中毒问题变得更为严重，由于生物富集，在食物链中处于高级位置的生物，如捕食性鱼类、鸟类和野生动物，因农药残留量的大量积累，直接引起死亡和繁殖率降低，以至种群减少；而处于低级位置的动物，因残留量较低或对化学农药具有抗性而得以继续生存，并且由于打破了自然界的相互制约作用，就可能得到大发展，从而破坏了生态系统的自然平衡。

（1）对植物的影响　在农作物、果树、牧草、蔬菜上使用农药，在植物体内外或所收获的农副产品中或多或少都有一定量的残留农药，这些农药经过一定时间后或经人为的清洗后，其残留农药有些会分解和逐渐消失，但不能认为会完全消除。若长期食用超过允许残留量的食物，会影响人体健康，乃至发生中毒。

（2）对昆虫的影响　农药对昆虫的主要影响是引起防治对象的再次猖獗和导致次要病虫害上升为主要病虫害。因为，农药在消灭害虫的同时也杀死食虫性益虫，打乱了存在于害虫和益虫之间的平衡，某些害虫在没有天敌的控制下，就可能造成虫害的再次发生，其危害程度可能超过防治以前。

（3）对水生生物的影响　水生生物中以鱼虾类最为重要，尤其是农药对鱼的毒性，已列为农药开发中需要重点研究审核的内容之一。全世界由于农药施用致使大量鱼类死亡的现象，几乎都是因用量过大或使用毒性强的农药造成的。

（4）对人的影响　农药残留对身体危害是比较大的，首先可能会造成慢性农药中毒，尤其是有机磷农药，长期在植物的根、茎中蓄积。人进食以后容易造成慢性有机磷农药中毒，可能会出现心率减慢、视物不清、呼吸困难等症状，而毒性比较大的农药残留，比如百草枯，长期应用会引起肺的纤维化，出现呼吸困难。农药残留对肝、肾还有一定的损害。

四、农田养分循环与管理

（一）农田养分循环特征

现代农业的兴起与发展，是以投入大量的化学肥料、农药为基础和保障而换取农副产品输出为特征的。在物质循环规模不断扩大、效益不断提高的同时，也出现了物质资源日趋短缺、能源大量消耗和农业环境污染等问题。研究营养物质在农业生态系统中的转移、循环和平衡状态及调节控制机制，是世界各国当前普遍关注的问题。

1976 年在荷兰首都阿姆斯特丹召开的"农业生态系统中的矿质营养元素循环"国际学术讨论会上，各国学者提供了 65 个农业生态系统养分循环的实例，从不同类型的农业生产全面分析了世界各国农业生态系统物质循环，在此基础上，Frissel 进行了综合分析，设计了农业生态系统养分循环模式。

养分循环通常是在植物、家畜、土壤和人这 4 个养分库之间进行的，同时，每个库都与外系统保持多条输入与输出流。根据研究目的，养分循环模型的边界可以是不同的，例如研究农田生态系统可以只包括土壤和植物两个库；研究农牧系统可以包括土壤、植物和畜禽 3 个库，而把人类库作为外系统对待；研究农村生态系统的养分循环，应把人类库作为循环的组成部分考虑，形成更为完整的库流网络体系，这个循环体系当然是更大范围的区域系统乃至全球系统养分循环的一个组成环节。

土壤是养分的主要储存库，土壤接纳、保持、供给和转化养分的能力，对整个系统的功能和持续发展至关重要。在养分循环中，昆虫、野生动物等群落因数量上不占主要地位而忽略不计，土壤中小动物、土壤微生物等则包括在土壤有机质库中。

养分在几个库之间的转移是沿着一定路径进行的。除库与库之间的养分转移外，还有系统对外的输出，如农产品作为目标产品的输出和挥发、流失、淋溶等非生产的输出；对系统内的输入，有肥料、饲料等的直接输入和灌溉、降水生物固氮以及沉淀物的间接输入等。从理论上讲，沿多条线路的养分流动都是存在的，但实际上有些只能测得它们的净结果，如土壤中的矿化与无效化过程是两个相反的方向，而又同时进行的过程，分别测定它们的转移是困难的，所以通常只测定它们作用的净结果。

各种养分元素在各库之间完成一次循环所需的时间长短不一，如微生物只需若干分钟，一年生植物需要几个月，大型动物需要几年的时间。通常人们选定一年为时间标准来计算养分循环的转移量。

要了解某种养分在各库中的平衡状态，必先求出养分的净沉入量和净流出量，当流入量与流出量相等时，说明该种养分处于平衡状态。

（二）农田养分平衡调节

1. 农业生态系统的养分平衡　农业生态系统的养分平衡是通过养分的净流入量和净流出量来测算的。若流入量与流出量相等，说明该养分处于平衡状态；若某养分的输出大于（或小于）输入量时，说明系统中该养分处于减少

（或积累）状态。农业生态系统是一个以满足人类社会需求为目的的生产系统，其开放程度高，大量的农产品作为商品输出，使养分脱离系统。为了维持农业生态系统的养分平衡，保证农业生态系统稳定高产并持续增产，必须在最大限度地提高农业生态系统归还率的同时，投入大量的化肥。

原始农业类似于自然生态系统，人类干预程度很低，系统输出量小，养分基本处于平衡状态；传统农业也是一种自给自足的农业形式，收获的经济产品供人类作粮食、供畜禽作饲料，非经济产品以及畜禽排泄物归还农田，经土壤微生物分解满足农作物生长需要，参与养分循环，这样使得从农田获取的物质和归还农田的物质基本平衡，但生产力较低下。随着人口的增长，一方面需要农业生态系统提供更多的农副产品，这样就需要更多的物质和能量的补给，以扩大系统的物质流通量；另一方面随着工业的发展，加上燃料稀缺，非经济产品也往往移除系统，从而造成农业生态系统严重的养分亏缺。

据研究，每生产 100 kg 粮食需消耗土壤中纯氮 1.5～2.0 kg，五氧化二磷 1.0～1.5 kg，氧化钾 2.0～3.0 kg。虽然有较多的化肥投入，但无机化肥流失、淋溶及挥发等损失较多，从而造成利用率低。农业生态系统的养分亏缺导致土壤有机质的消耗，土壤肥力下降。

农田养分的输入途径，一般包括施用化肥和有机肥、降水和灌溉水的流入、种子苗木的带入，以及落尘等自然飘入等。就氮素而言，还包括来自大气的生物固氮。

传统农业主要依赖于施用有机肥来补充农田养分。现代农业大量施用化肥，已成为农田养分的主要来源，而且化肥用量仍在不断增长。我国每公顷农田施用的化肥总量（折合有效成分 100%），在 1978 年为 91.6 kg，1988 年增长到 184.6 kg，10 年间平均每公顷农田每年递增 9.3 kg。截至 2021 年，我国农田的化肥使用量每公顷接近 600 kg，远超世界平均线，是美国、印度、巴西、法国的 2～3 倍。生物固氮是农业生态系统氮素的主要来源之一。据估算，降水和灌溉水的养分输入量，地区间差异较大，受水量的多少和水中营养元素含量的高低所影响。据美国统计，降水的氮输入量为每年 3.3～30 kg/hm²，灌溉水最高每年可达 126 kg/hm²。

农田养分的输出途径一般包括随收获物带走、随水流失和淋失、蒸散以及尘土飘失等，就氮素而言，还包括氨的挥发和反硝化作用。

随作物收获物的输出率，因作物种类和产量水平不同而异。通常产量越高，输出越多，地力消耗也就越大。养分的淋失量，包括渗漏至根系活动层以下的数量和侧向渗漏至系统边界以外的量。淋失速度则因气候、土壤、施肥量、灌溉管理等因素的影响而异，如江苏省太湖地区稻田土壤每年随水分渗漏带走的养分，氮为 10.5～20.3 kg/hm²，五氧化二磷为 0.4～1.4 kg/hm²，氧

化钾 $9\sim18.8$ kg/hm² 。养分随地表径流和侵蚀作用的流失速度与土壤管理状况有关，一般来说，流失小于淋失。氮素的输出还有反硝化作用和氨的挥发，日本资料表明，氮的反硝化与挥发损失，在稻田中为 69.8 kg/hm²，旱地中为 30 kg/hm²（均为纯氮）。

有机质在养分循环中的作用表现在：一是有机质是各种养分的载体，有机质经微生物分解，能释放出供植物吸收利用的有效氮、磷、钾等养分，增加土壤速效和缓效养分的含量；二是为土壤微生物提供生活物质，促进微生物的活动，增加土壤腐殖质的含量，改善土壤物理状态，提高土壤潜在肥力；三是具有和硅酸盐同样的吸附阳离子的能力，有助于土壤中阳离子交换量的增加，又能与磷酸形成螯合物而提高磷肥肥效，减少铁、铝对磷酸的固定。此外还能保蓄水分，提高土壤的抗旱能力，抑制有害线虫的繁殖，形成对作物生长有刺激作用的腐殖酸等。

土壤中有机质的来源主要是作物残体，以作物的根茬、落叶、落花留给土壤的有机物，每公顷干物质达 $75\sim300$ kg，还有以秸秆直接还田和做牲畜饲料后以畜类厩肥还田，都是土壤有机质的来源；土壤中各种生物残骸和排泄物也是土壤有机质的重要来源。土壤中的生物有土壤动物、原生动物和微生物，其中以微生物的数量最多。以旱地土壤为例，微生物的质量大约占土壤生物总质量的 78%，变形虫、原生动物等占 2%，土壤动物占 20%。土壤微生物的生命活动要求土壤有机质保持一定的碳氮比，这是因为微生物为了构成体细胞，每同化 $4\sim5$ 份碳，必需消耗 1 份氮；同时每合成 1 份体质碳，必需 4 份碳素做能源。因此，微生物的正常生长繁殖因缺氮而受到限制，有机质分解缓慢，没有无机氮在土壤中的积累，甚至会产生微生物与作物争氮的现象；当有机质的碳氮比小于 25：1，特别是在 15：1 以下时，有机质分解迅速，使土壤有机质大量消耗，同时引起氮的挥发损失。各种有机物的碳氮比不同，作为有机肥施用时，应注意肥料种类的合理搭配。

有机氮与无机氮的合理配比有利于保持土壤养分平衡和作物产量稳定。据研究，每季每公顷总用氮量为 $127.5\sim135$ kg 时，有机氮与无机氮的配比以 50：50 为宜。这样能保持土壤速效磷、钾原有水平，土壤有机质含量增加，保持作物稳产。单纯施用无机氮会加速有机质分解，并使土壤速效磷、钾含量下降。

2. 农业生态系统的养分调节　合理输入现代农业的特点是商品生产和系统开放，不从多种途径拓展系统外的养分来源，生产难以发展，也难以克服养分亏损、库存下降的局面。系统外养分来源是多方面的，就农田而言，既包括化肥，也包括农家肥、土杂肥，以及来自城镇与市场的各种有机的与无机的肥源。

建立养分再生机制。广义的再生应指生态系统固有的养分再循环与再投入机制，如生物固氮、利用动物聚积养分、利用深根作物吸收深层养分、促进土壤矿物风化释放等。这些养分来源是对人工途径输入养分的主要补充，在许多情况下占主要比例。

强调养分保蓄、供求同步，现代农业条件下养分随水流失和气态丢失成为主要的倾向，水分控制、施肥技术、作物状况是决定养分丢失的主要因素。自然生态系统植被与微生物活动受温度和水分变化的控制有较强的同步性，养分流失少，是农业生态系统管理可以借鉴的。

充实有机库存。土壤生物在养分保蓄、转化、再生和同步供应方面的作用，在现代农业条件下仍然得到肯定，有机质对保障良好的土壤生物环境和根系健康有着重要意义，在施用化肥条件下通过土壤有机库提供的养分仍然占有重要比例。这说明土壤有机库大小对养分状况有不可替代的作用。

提高投入效率。效率问题是农业技术进步、生物进化、农业持续性的基本问题。不注重效率是浪费资源、环境污染、生产萎缩的重要原因。依据最小养分律，抓住和克服限制因子，实行合理的投入组合，综合高产，是提高效率的关键。

整体优化养分循环是生态系统整体功能的表现，是系统各组成部分相互作用的结果。养分循环的调节与控制，只有考虑到全部库、流的协调和系统的持续性，才能取得良好的效果。

提高农田土壤有机质含量，维持各种营养物质的输入与输出平衡，是增进农业生态系统物质循环的关键。

（1）合理安排作物种类 作物所生产的全部有机物质中，因不能收获而归还农田的部分所占的比率，称为自然归还率，如根茬、落花、落叶等。除自然归还的部分外，还有可以归还但不一定能归还的部分，称为理论归还率，如作物的茎秆、荚壳等。归还率可以用干物质或养分来衡量。禾本科作物的自然归还率较低，油菜的自然归还率较高，为 $40\%\sim60\%$。不同作物氮、磷、钾的理论归还率不同，麦类分别为 $25\%\sim32\%$，$23\%\sim24\%$，$73\%\sim79\%$；油菜分别为 51%，65%，83%；水稻分别为 $39\%\sim63\%$，$32\sim52\%$，$83\%\sim85\%$；大豆分别为 24%，24%，37%。因此，在种植制度中合理安排自然归还率较高的作物，可减轻对地力的消耗。

（2）建立合理轮作制度 在我国水热资源丰富的地区，因地制宜地推广多熟种植，提高复种指数，是增产增收的主要措施之一。如果安排合理，还有可能提高地力；人多地少的地区，有充裕的劳动力资源，可以实行集约化栽培。提高复种指数，合理轮作，不仅能增产增收，也可以提高地力。作物生产中，水旱轮作可改善土壤的物质和化学性能，减轻病虫草害。多熟种植中合理轮作换茬，用地与养地相结合，可提高土壤有机质含量。

（3）农林牧结合循环利用　发展沼气实行农林牧结合，解决农业生态系统的燃料、饲料、肥料问题，可扩大农业生态系统的物质循环，有利于维持农田养分平衡。无论是丘陵山区还是平原地区，实行乔灌草结合，既可保护环境，减轻水土流失，又可提供燃料，促进秸秆还田。发展畜牧业生产，尤其是发展草食动物的养殖，既能增加农业生态系统的经济效益，同时，也能促进农业生态系统的养分实现良性循环。此外，沼气作为一种新兴能源，具有原料来源广泛、热效率高、使用方便等特点。利用农林牧的废弃物发展沼气，既可解决农村能源，又可使废弃物中的养分变为速效养分，作为优质肥料施用。

（4）废弃物肥料化利用　主要通过组配合理的生物链与加工链，充分利用当地（系统内）的农副产品和废弃物资源，实现就地加工、转化、增殖、输出产品、回收废物。各种农作物，如果以原材料的方式输出系统；农田养分也被带出系统；如果就地加工，再将残渣还田，可大大提高营养物质的归还率。如大豆、花生、油菜、芝麻等油料作物榨油后，随油脂输出氢氧化合物，若以油饼返回农田，其余绝大部分养分可返回农田；棉花等纤维作物，输出的纤维含氮均不足 1%，其余营养元素都保存在其茎、叶、铃壳、棉籽中，将棉籽榨油，棉籽壳养菇，棉籽饼及茎叶粉碎后作饲料，变为肥后还田，不仅增加系统的产出，还可促进农田养分的平衡。

（5）充分利用非耕地养分　利用非耕地上的各种饲用植物、草本植物或木本植物的叶子，直接刈割作肥料，或通过放牧利用，以畜粪移入农田；利用池塘、沟渠放养水花生、水浮莲、水葫芦等水生植物，富集水体中的养分，也可用作牲畜饲料，再以粪便移入农田，均可增加农田养分。水花生、水浮莲、水葫芦等含钾量都很高，一般为 5%～6%，高的可达 8%，对增加农田钾素营养尤其具有重要意义。城肥下乡、河泥上田等，也属于利用非耕地上的养分来源。

（三）测土配方施肥

测土配方施肥又称配方施肥，配方施肥是根据作物需肥规律、土壤供肥性能与肥料效应，在有机肥为基础的条件下，提出氮、磷、钾和微量元素的适宜用量和比例，以及相应的施肥技术的一项综合性科学施肥技术。在农作物播种前，通过各种手段确定达到一定目标产量和肥料用量，回答"生产多少农产品，该施用多少氮、磷、钾等养分"这一问题。施肥的任务是肥料配方在生产中的执行，保证目标产量的实现。根据配方确定的肥料用量、品种和土壤、作物、肥料的特性，合理安排基肥、种肥和追肥比例，以及施用追肥的次数、时期和用量等。同时在配方施肥中要特别注意必须坚持以"有机肥料为基础，有机肥与无机肥相结合，用地与养地相结合"的原则，保证土壤越种越肥，以增强农业后劲。

第二节　农业生态系统的能量循环

一、初级生产中的能量循环

（一）能量循环的基本定律

能量是所有生命运动的基本动力，生态系统作为以生命系统为主要组分的特殊系统，无时无刻不在进行着能量的输入和转化。能量的转化和物质的循环，是生态系统的基本功能，是地球上生命赖以生存和发展的基础。生态系统中生命活动所需要的能量绝大部分都直接或间接来自太阳能，并遵循热力学第一定律和热力学第二定律进行转化和流动。在农业生态系统中，人们通过输入人工辅助能进行调节和控制，以提高能量的转化率和生物体对能量储存的能力，协调发挥农业生态系统运行中产生的生态效益、经济效益和社会效益。因此，了解农业生态系统的能量流动与转化规律，对分析农业生态系统的功能和其他要素间的关系是非常必要的。

1. 热力学第一定律——能量守恒定律　热力学第一定律认为：能量可以在不同的介质中被传递，在不同的形式中被转化，但数量上既不能被创造，也不能被消灭，即能量在转化过程中是守恒的。在热功转换过程中可用下列公式表示：

$$\Delta U = Q + W$$

式中：ΔU——系统的内能变化；

　　　Q——系统吸收的能量；

　　　W——系统对外所做的功。

在生态系统中，被植物固定的光合产物中的化学潜能，一部分用于植物自身的呼吸消耗，另一部分成为植物体，是其他生物成员的能量来源，这些化学潜能在食物链的传递过程中，又分别被转化为动能、热能，既没被创造，也没被消灭。

了解热力学第一定律，不仅有利于把握生态系统中的能量转化过程，掌握同一转化过程中各种不同形态能量之间的数量关系，还可以根据热力学第一定律对农业生态系统进行定量分析，为农业生态系统的调节和控制提供可靠依据。

2. 热力学第二定律——能量衰变定律　热力学第二定律是对能量转化效率的一个重要概括，它的基本内容为：自然界的所有自发过程都是能量从集中型转变为分散型的衰变过程，而且是不可逆的过程。由于总有一些能量在转化过程中要变为不可利用的热能，所以任何能量的转化都不可能达到

100％的有效。

生态系统中的能量转化同样也可以用热力学第二定律予以描述。始于太阳辐射的一系列能量转化过程中，只有少量的能量转化为植物体或动物体内的化学潜能，大部分以热能的形式消耗在维持动植物生命活动或微生物的分解过程中。这些以热能形式散发的能量是一种毫无利用价值的能量形式，因此，生态系统的能量流动是单向的和不可逆的。

（1）熵与耗散结构　熵是从热力学第二定律抽象出的一个概念，也是一个对系统无序程度进行度量的热力学函数。其含义是系统从温度为绝对零度无分子运动的最大有序状态，向含热状态变化过程中每一度（温度变化）的热量（变化），即熵变化就是热量变化与绝对温度之比，在温度处于绝对零度时熵值为零。可见，熵实际上是对热力学体系中不可利用的热能的度量。热力学第二定律也称熵定律，因为能量总是从集中形式趋向分散，这个过程不可逆，熵定律可以表述为：一切自发过程总是向熵值增加的方向进行。从熵定律可以看出，在自发过程中，熵值不断增加，孤立系统的不平衡态随着时间的推移，最终会趋向平衡态——熵最大状态，使系统从有序走向无序。系统要保持有序状态，必须外加能量的推动，而且外加能量的效率都必然小于100％。

耗散结构是指在远离平衡的非平衡状态下，系统可能出现的稳定的有序结构。普利高津提出的耗散结构理论，表述了一个远离平衡态的开放系统，可以通过与外界环境进行物质和能量的不断交换，增加系统的负熵，使系统保持有序状态和一定的稳定性。这种利用外界环境的物质、能量等不断的交换，使趋向无序和混乱状态的系统变为有序和稳定的状态就称耗散结构。生态系统本身就是一种开放的和远离平衡态的热力学系统，具有发达的耗散结构，通过系统不断的能量和物质的输入，保持高度的有序性和稳定性。因此，生态系统服从热力学第二定律和熵定律，生态系统要维持一个有"内秩序"的高级状态，即低熵状态，同样需要从系统外输入能量，即不断输入太阳能和辅助能。

（2）生态金字塔　生态金字塔是生态学研究中用以反映食物链各营养级之间生物个体数量、生物量和能量比例关系的一个图解模型。由于能量沿食物链传递过程中的衰减现象，使得每一个营养级被净同化的部分都要大大地少于前一营养级。因此，当营养级由低到高，其个体数目、生物现存量和所含能量一般呈现出基部宽、顶部尖的立体金字塔形，用数量表示的称为数量金字塔，用生物量表示的称为生物量金字塔，用能量表示的称为能量金字塔。

在三类生态金字塔中，能较好地反映营养级之间比例关系的是能量金字塔，后两者在描述一些非常规形式食物链中个别营养级的比例关系时，就会出现生态金字塔的倒置现象或畸形现象。如用数量金字塔表示"树木—昆虫—鸟类"食物链的营养关系时，一棵树上可能有成千上万个昆虫以树木为生，又可能有数只鸟以这些昆虫为生，这样如用数量表示就是一个两头小、中间大的畸形金字塔。用生物量金字塔表示海洋中"浮游植物—浮游动物—底栖动物"的食物链营养关系时，由于浮游植物的个体小，它们以快速的代谢和较高的周转率达到较大的输出，但生物现存量却较少。用生物量金字塔表示的就是一个倒置的金字塔，但如果用能量金字塔表示食物链的营养关系，则不受生物个体大小及代谢速度不同的影响，可较准确地说明能量传递的效率和系统的功能特点。

生态金字塔理论对提高能量利用与转化效率、调控营养结构、保持生态系统的稳定性具有重要的指导意义。食物链长，塔的层次多，能量消耗多、储存少，系统不稳定。食物链短，塔的层次少，基部宽，能量储存多，系统稳定，但食物链过短，塔的基部过宽时，则能量利用率太低、浪费大。对于农业生态系统，不仅要求系统稳定，还要求其转化效率要高，才能获得较多的生物产品，以提高系统生产力。另外，食物链与生态金字塔理论，对指导合理建立农业生态系统结构，保持适宜的人地比例、农牧比例、草场载畜量以及人类食物构成上均有重要的指导作用。

（3）林德曼效率与生态效率定律　美国生态学家 Lindman 于 20 世纪 30 年代末在对 Cedar Gog 湖的食物链进行研究时发现，营养级之间的能量转化效率大致为 1/10，其余 9/10 由于消费者采食时的选择浪费，以及呼吸排泄等被消耗了，这个发现被人们称为林德曼效率或十分之一定理，这只是对生态系统食物链各营养级之间效率的一个粗略估算，然而它的重要意义在于开创了生态系统能量转化效率的定量研究，并初步揭示了能量转化的耗损过程和低效能原因，为今后深入研究奠定了基础。在林德曼研究工作的基础上，此后的研究进一步证实了众多生态系统的林德曼效率是在 10%～20%。

林德曼效率只是揭示了营养级之间的能量转化效率，此后的研究表明，能量转化效率不仅反映在营养级之间，还反映在营养级内部，因为发生在营养级之内的大量能量耗损，也是影响能量转化效率的重要方面。能量转化效率在生态学上又被称为生态效率，因此，这一定律也被称为生态效率定律。由于受到人为的较好控制，投入了大量的辅助能，使农业生态系统中的农业生物对食物的能量转化效率明显提高，如猪的饲料转化效率为 35%。

（二）初级生产中的能量转化

任何一个生态系统都进行着两大类能量的生产，即初级生产和次级生产。初级生产主要是指绿色植物通过光合作用固定太阳光能并转化为储存在植物有机体中的化学潜能的过程，这是生态系统能量流动的基础。因此，绿色植物（还包括一些化能合成细菌）被称为初级生产者。次级生产是指消费者、还原者利用初级生产量进行的同化、生长、发育和繁殖后代的过程，这些利用初级生产量实现了能量再一次储存和积累的异养生物，被称为次级生产者。

1. 初级生产的能量转化　初级生产也称为第一性生产，主要是指绿色植物进行光合作用积累能量的过程。其化学反应过程可以表示为：

$$6CO_2 + 12H_2O + 太阳辐射能 \rightarrow C_6H_{12}O_6 + 6H_2O + 6O_2 \uparrow$$

植物每产生 1 mol 分子有机物就能以化学能的形式固定 2821 kJ 的太阳能。在单位时间内、单位面积上初级生产积累的能量或者干物质的量称为初级生产力（量），或称为第一性生产力（量）。在初级生产中，有一部分还要被植物的呼吸作用的消耗，剩下来的才是用于消费者转化传递的能量。因此，初级生产力又可以分为总初级生产力（Pg）和净初级生产力（Pn），总初级生产力是指包括呼吸消耗（R）在内的光合作用总速率，即 Pg＝Pn＋R；净初级生产力是指除去呼吸消耗以后绿色植物真实积累下来的能量或干物质量，即 Pn＝Pg－R。

不同植物种类、不同品种、不同的生态环境以及不同的生态系统，初级生产都有很大差别。在不同植物种类当中，C_3 植物光饱和点低，光呼吸明显，光呼吸约消耗了一半的光合产物，因而，初级生产力较低，每年为 21.7～22.3 t/hm²。

地球上不同类型的自然生态系统，受光、温、水、养分等因子和生态系统本身利用这些因子能力的制约，初级生产力的差异很大。据测算，全球每年初级生产总量为 1.7×10^{11} t，折合能量约为 2.2×10^{21} J。其中农田的初级生产量为 9.1×10^9 t，折合能量为 1.1×10^{20} J；温带草原为 5.4×10^9 t，折合能量为 0.68×10^9 J；稀树草原为 10.5×10^9 t，折合能量为 1.3×10^{20} J；森林为 8.4×10^{10} t，折合能量为 1.1×10^{21} J；海洋为 5.5×10^{10} t，折合能量为 6.9×10^{20} J。这种初级生产力的差异决定了生态系统的生产力，也决定了其对异养生物（包括人类）的承载能力，同时还影响到人类对其开发、利用的程度和需要采取的保护性措施。

地球上各自然生态系统的净初级生产量为 3～2 200 g/（m²·a），热带雨林最高，达 2 200 g/（m²·a）。全世界耕地的平均净初级生产力为 650 g/（m²·a），低于全世界陆地生态系统的平均值［773 g/（m²·a）］。因此，人类要想获得更多的初级生产量，不能只限定在耕地上，森林、草地、沼泽、水域等生态系统也是初级能流的主要来源。

2. 农业生态系统的初级生产力　农业生态系统的初级生产力包括农田、草地和林地。1984 年我国农用土地的初级生产总量大约为 5.4×10^{16} J/a，其中农田生产量为 1.9×10^{16} J/a，占 35.9%，单位面积生产量为 1.5×10^8 J/（hm²·a）。草原生产量为 3.4×10^{15} J/a，占 6.3%，单位面积生产量为 2.2×10^8 J/（hm²·a）。

一般在农田生态系统的总初级生产力中,粮食作物约占78%,经济作物约占7%,其他青饲料、绿肥约占5%。其中有26.4%用于人的直接消费,30.2%用于次级生产,43.4%用于工业原料和燃料等。与世界平均水平相比,我国主要农作物中的粮食作物、糖料作物(如甘蔗)、蔬菜等单位面积生产力已超过了世界平均水平,但纤维作物、油料作物和水果的单位面积生产力仍低于世界平均水平,尤其是水果差距较大,如果与高产国家相比,我国主要粮食作物的生产力仍有较大差距。

我国的草原面积约为4.0×10^{10} hm²,约占国土面积的40%,但由于主要分布在干旱、贫瘠地带以及不合理的开发利用,造成严重退化,生产力极其低下,单位面积产肉量仅为世界平均水平的30%。我国的草原面积和自然条件大体与美国相当,而产肉量却相距甚远。美国草原牧业每年提供的牛羊肉为9.0×10^{9} kg,占全国肉类总产量的70%,而我国草原牧业所提供的牛羊肉量仅占全国肉类总量不足10%。我国的林地面积为2.6×10^{12} hm²,森林覆盖率为13.9%,森林生态系统的生产力比世界平均水平低10%左右。

3. 初级生产力的调控途径 提高植物的光能利用率,可以从解除植物遗传特性决定的内部制约和生态环境决定的外部限制两个方面入手。要改善农业生态系统初级生产力,则要用系统的观点,从区域生态环境的改良及绿色植被的配置、农户种养结构的安排、农田地块作物群体结构的调控、优良品种的选用和具体栽培管理措施的使用等各个层次考虑,使净初级生产力得以持续稳定和提高。作物生产潜力的实际数量除受自然因素制约外,还受农业生产技术水平和经济社会因素的影响。因此,要提高农业初级生产力,可从以下几方面着手。

(1)因地制宜增加植被覆盖 充分利用太阳辐射能,增加系统的生物量通量或能通量,增强系统的稳定性。即使是在物种结构非常复杂的热带雨林,也有1%~2%的漏光,农业生态系统由于物种结构简单,漏光现象更为严重。减少裸地,绿化荒山荒地,依据群落演替规律,宜林则林,宜草则草,宜农则农。林地和果园等,推广乔灌草结合或农林复合系统,是提高农业生态系统光能利用率切实可行的方法。

(2)改良土壤破除限制因子 人类不合理利用土地等资源已造成严重的土壤侵蚀、生产力下降等问题。据报道,世界每年耕地表土净流失量高达2.3×10^{10} t,我国高达3.3×10^{9} t,仅次于印度,居世界第2位,水土流失面积达3.7×10^{8} hm²,占国土总面积的38.2%;荒漠化面积达2.6×10^{8} hm²,而且荒漠化面积仍以较快速度扩展。有报告指出,我国沙漠化所造成的直接经济损失每年约6.5×10^{9}美元,约占全球荒漠化经济损失的16%。我国的温室气体排放量居世界第2位,酸雨物质二氧化硫的排放量已居世界第1位。据世界银行估计，我国每年环境污染造成的损失占国民生产总值的 0.6%～0.8%。据报道，如果土壤表土土质好，1 hm² 将包含 100 t 有利于植物生长的各种物质，它们有效结合在一起，将能提供农作物所需 95% 的氮和 25%～50% 的磷，土壤侵蚀及与之相联系的水资源问题，造成巨大的生态经济效益损失。工业"三废"污染直接或间接影响植物的生长发育，例如酸雨被称为"植物的空中死神"，因此防治农业环境污染，治理生态退化，改善农业生产的资源环境条件，建立可持续农业生产体系，对提高生产力有重要意义。我国目前大面积农业产量，只有气候生产潜力的 30%～60%，土地、水和生物资源状况都有待进一步改善。因此，通过人工措施，在选用优良品种基础上，调控植物群体结构，改善环境因子，如搞好水利建设和其他农业基础建设，改善水利灌溉条件和土壤肥力，解除水分、养分等限制因子，将直接提高农牧业生产力。优化人工辅助能投入组合，适时、适量、合理使用化肥、农药、生长调节剂等，如发展精确农业，推广配方施肥，使用各种有机无机复合肥、缓释肥和微生物肥，开展病虫草害综合防治，适当使用生长调节剂等，也有助于提高初级生产力。如我国南方稻田普遍缺硅，施用硅肥可提高土壤供氮能力，增加水稻对氮、磷的吸收，使株型挺拔，从而提高光能利用率，增产 3.8%～6.6%。直到 20 世纪 90 年代，我国的化肥利用率和灌溉水利用率都为 30%～40%，而每年因为病虫害造成谷物、棉花、蔬菜和水果减产的幅度分别达 10%、20% 和 25%。可见，优化辅助能利用的技术还大有潜力可挖。

（3）引育高产优质抗逆良种　在实际生产中，各种不良环境是作物光合能力的限制因子，各种耐干旱、耐盐碱、耐低温、抗病虫高光效良种的选育及其配套技术的开发，一直是农业科技的前沿，如墨西哥小麦和 IR8 水稻品种等优良品种的推广应用为核心的"绿色革命"，使农作物产量得到了大幅度提高。

（4）加强用养结合循环利用　推广农牧结合生态农业，注重用地养地相结合，建立生物固氮体系，重视秸秆还田和有机肥与无机肥相结合，保证农田养分平衡，使地力和作物产量同步提高。如果单纯依靠施用化肥，不重视农业生态系统内部物质循环利用，难以建立高产高效持续农业；如果只凭农牧结合和秸秆还田较封闭的物质循环，没有化肥投入，则补充不了农田养分亏损，同样会使农业生产力萎缩下降。因此，要建立有机无机相结合的现代耕作制度，确保农业生产力的持续稳定提高。

（5）建立现代复种耕作制度　在传统农业精耕细作、用地养地结合的基础上，建立现代复种耕作制度，是我国农业的主攻方向之一。我国耕地复种指数逐年增加，据中国农业科学院专家测算，我国耕地复种指数的理论值可达 195%，耕地复种成为农业增长的一个重要因素，今后仍有相当的潜力可挖。其关键一是适应市场经济，调整和优化种植结构；二是合理安排作物间套种和轮作的作物组合，充分利用不同作物间的生态位互补，科学配置深根和浅根、喜光与耐阴、速生与后熟作物错落有序的组合，避免或减少作物相互间的竞争；三是配合相应的土壤耕作、灌溉施肥和轮作倒茬制度。

（6）优化调整作物群体结构　要按照不同植物生物量和经济产量的形成模式，采取适当的促、控措施，在时间和空间上合理配置作物复合群体的冠层结构，提高照光叶面积指数（照光叶面积与总叶面积之比）和叶日积（叶面积与光合时间的乘积）。在水肥条件满足时，群体结构的好坏，直接决定着初级生产力的高低，突出反映在照光叶面积上，合理的间、套种作物之间高低搭配，形成了错落有序的群体立体采光方式，比表面明显高于单作，中下层叶片的光照状况得以改善；且下层多为宽叶、水平叶作物，绿色面积的增大，使漏光减少，照光叶面积指数和光合效能得到提高，并使不同时期的光照得以较充分地被截获，总叶日积增加，从而提高了总初级生产力。此外，改善农田微气候环境条件，使作物群体能充分利用投射到的辐射，减少漏射、反射和植物呼吸作用、病虫害等造成的损失，也是提高净初级生产力的有效途径。

二、次级生产中的能量循环

（一）次级生产的能量平衡

次级生产是指初级生产以外的有机体的生产，即消费者、分解者利用初级生产的有机物质进行同化作用，表现为自身的生长、繁殖和营养物质的储存。初级生产者以外的异养生物（包括消费者和分解者）称为次级生产者。初级生产是绿色植物利用太阳光能制造有机物质，而次级生产是动物、微生物等对这些物质的利用和再合成，其能量的固定和转化是通过摄食、分解和合成等完成的。次级生产采食的能量中，只有一部分被消化，而大部分以粪便的形式被排出体外，从被采食的初级产品中减去粪能，称为消化能。但消化能也不是全部被动物利用，其中一部分以尿素或尿酸形式从尿中排出，一部分以甲烷及氢的气体形式排出，从消化能中减去尿能和气体能后即为代谢能，动物在进食过程中还要清耗能量，这部分能量以热的形式排出体外，成为热增耗，从代谢能中扣除热增耗，即为净能，净能首先满足动物的维持需要，余下部分才能用于增重、产乳、产蛋等生产，即转化为次级产品。

（二）次级生产的能量转化

次级生产对初级生产的能量转化效率是关系到数个营养级的过程，植物→食草动物→一级食肉动物→二级食肉动物→。因此，它的转化效率也比较复杂，其中人们比较关注，相对比较重要的有如下几项：

1. 营养级之间能量利用效率　首先是初级生产量被食草动物吃掉的比率。一般自然生态系统的利用效率：热带雨林7%，温带落叶林5%，草地10%，之后的各营养级大约可摄取前一营养级净生产量的 20％～25％，其余的 75％～80％则进入了腐食食物链。

2. 营养级之内的生长效率　动物摄取的食物中有多少转化为自身的净生产量，即营养级之内的生长效率。在自然生态系统中，哺乳动物和鸟类等恒温动物的生长效率较低，仅为 1％～3％，而鱼类、昆虫、蜗牛、蚯蚓等变温动物的生长效率可以达到百分之十几到百分之几十，这两类动物在能量利用效率上存在差距的一个主要原因是恒温动物用于自我维持的耗能太高。因此，在农业生产中如何利用变温动物的低耗能特性，提高能量的转化效率，已成为人类未来食品开发的一个方向。

在农业生态系统中，人工饲养的家禽、家畜能量的利用率要明显高于自然生态系统。一般来讲，家禽、家畜可将饲料中 16％～29％的能量转化为体质能，33％的能量用于呼吸消耗，31％～49％的能量随粪便排出。在不同畜禽种类、饲料、管理水平和饲养方法之下能量的转化效率不同。养殖业中的饲料与产肉比率也可以从另一侧面反映出不同种类畜禽的能量利用效率。我国养殖业饲料与产肉比率大致为：猪肉 4.3：1，牛肉 6：1，禽肉 3：1，水产养殖业 1.5：1。根据不同畜禽及水生动物的能量转化效率选择适宜的养殖对象是提高次级生产力的重要方面。

（三）次级生产能量转化的地位作用

动物和微生物的生产在农业生态系统中具有多种功能，作为消费者、分解者，可以分解转化有机物，提供畜（动）力，还可以生产乳、肉、蛋、皮毛等营养丰富、经济价值高的产品。农业动物和微生物能够将人们不能直接利用的物质，如草、秸秆等转变为人们可以利用的产品，能够富集分散营养物质。次级生产的这种生产对初级生产起促进作用，但不合理的次级生产也会影响初级生产，如过度放牧会导致土地退化，在城郊局部区域密布的集约化养殖场，也可能带来有机污染严重等一系列环境问题。

1. 转化农副产品，提高利用价值　利用畜禽和食用菌可以转化不能直接利用的农副产品，既可使低价值的有机质变为高价值的优质食物，减少农业生态系统的养分流失，又可发展畜牧养殖业和菌业，可把许多没有直接利用价值和直接利用价值低的农副产品转化成价值高的产品，如利用秸秆氨化养牛、种食用菌，利用杂草或荒坡地种草发展养殖业。

2. 生产动物蛋白，改善膳食结构　我国养殖业有了很大的发展，人均占有肉蛋量和动物蛋白质消耗量均达到或超过世界平均水平，我国城乡居民的膳食结构日趋合理。

3. 促进物质循环，强化系统功能　次级生产中饲料转化为畜产品的效率为 25％～30％。经过消化道"过腹还田"后的有机物肥效高，有利于作物高产稳产。据 1994 年统计,我国仅养猪一项,每年可提供粪肥约 1.1×10^9 t,相当于硫酸铵 2.2×10^7 t、过磷酸钙 1.5×10^7 t 和硫酸钾 9.9×10^6 t,回田后可促进物质循环,增强农业生态系统功能。

4. 合理利用资源,推进可持续发展 在当前社会主义新农村建设中,一种新的发展模式——生态循环农业正越来越受到人们的重视,如"稻—蟹""猪—沼—菜""猪—沼—果(鱼)""种—养—加""牛—蘑菇—蚯蚓—鸡—猪—鱼""家畜—沼气—食用菌—蚯蚓—鸡—猪—鱼""家畜—蝇蛆—鸡—牛—鱼"等模式。循环农业模式形成了生产因素互为条件、互为利用和循环永续的机制以及封闭或半封闭生物链循环系统,整个生产过程做到了废弃物的减量化排放,甚至是零排放和资源再利用,大幅降低农药、兽药、化肥及煤炭等不可再生能源的使用量,从而形成清洁生产、低投入、低消耗、低排放和高效率的生产格局。

5. 拓宽就业门路,促进农民增收 大农业中的畜牧业属于次级生产,畜牧业目前成为农村退耕还林还草工程实施后的替代产业,解决了大量的剩余劳动力问题;畜牧业大发展提供了大量的有机肥,改善了土壤结构,提高了土壤有机质的含量,为农业可持续发展,维持生态平衡,创造优美环境提供了有利的生态条件;畜牧业的发展加大了草场建设力度,人工草场的建设为保护水资源、防止水土流失提供了保障;畜牧业的发展提供了大量的草场、优美的生态环境和绿色无污染的食品,促进了草地旅游业的发展,拓宽了农民增收的空间;畜牧业发展促进了农副产品的转换升值和农产品加工企业的发展,从而促进了农民增收。

(四)提高次级生产力的途径

农业生态系统的次级生产力,直接受次级生产者的生物种性、生产方式、养殖技术、养殖环境所制约。不同动物的次级生产力有较大的差异,鱼、乳牛、鸡的能量转化率和蛋白质转化率是各种动物中比较高的。同一种动物的不同品种生长有差异,选育良种对提高生产力具有重要的意义。饲料是动物生长的基本条件,饲料的成分直接影响动物生产力的高低。根据营养生理学原理,使用全价饲料,可以大大提高饲料转化率和缩短饲养周期。在科技因素中,饲料的应用和饲养技术的改进为 $65\% \sim 70\%$,以科学配合饲料推动下的现代化养殖生产体系,正逐步改造传统的低效率饲养方法,使次级生产力得到较大的提高。

养殖技术和养殖管理水平对农业次级生产力的形成起关键作用。目前,我国养殖业的整体单产水平不高,而且发展不平衡,高低相差悬殊。以养猪为例,我国传统家庭养殖规模小,猪存栏量一般仅为 $1 \sim 2$ 头,饲料以稻谷等谷物为主,每头猪要消耗 $200 \sim 300$ kg 粮食,能量转化率只有 4% 左右,而现代集约化养猪场的转化率可提高 10 多倍。

1. 补齐饲料粮供应短板　建立"粮、经、饲"三元生产体系，增加饲料来源，开发草山草坡，发展氨化秸秆养畜，全面使用配合饲料，提高饲料转化率。根据饮食结构变化的历史经验，当人均国民生产总值达 2700 美元后，肉蛋奶的消费量将有一个突飞猛进的提升，人均粮食需求量至少达到 450 kg。将来国内对肉蛋奶等次级生产产品的需求将大大增加，解决粮食需求问题将更加突出，其中饲料粮短缺是构成粮食问题的关键，调整种植业结构是其根本出路。近年来，随着我国深化农业供给侧结构性改革，围绕市场需求不断调整种植业结构。加快玉米等饲料粮的发展力度，粮食作物、经济作物和饲料作物逐渐形成了 59：20：21 的种植比例，逐步趋向合理的三元结构。

2. 开发饲料资源及全价饲料　发展作物秸秆、树叶、菜叶、青草、干草这类富含纤维素的有机物质，作为牛、羊等草食动物的饲料。牛、羊、马、兔的消化器官发达，具有较强的消化能力。如以小麦秆喂牛，其消化率达 42％；喂马其消化率为 18％；猪基本上不能消化麦秆。其次，牛、羊具有较强的消化粗纤维的能力，是由于在它们的胃中有着大量细菌和纤毛虫。我国每年生产 4.5 亿多 t 粮食，同时也生产 6 亿 t 的秸秆，但仅有 1/4 左右用作饲料，其中经处理（青储或氨化）后利用的秸秆量仅占已利用秸秆量的 1/5 左右，发展潜力还很大。发展水产业，充分利用水面发展鱼、虾、蟹、贝类水生生物，将人们不能食用的麦草、稻草、蔗叶、菜叶、田间杂草和农产品加工后的副产品，以及人畜粪便作塘鱼的饵料，经草鱼食用后，其碎屑和草鱼粪便可促使浮游生物的生长，并可促进鲢鱼（鲢和花鲢）的生长。鱼、虾是冷血动物，具有维持消耗低、繁殖率高的特点，比陆生温血动物的能量转化效率高两倍以上。为了提高次级生产力，还要推广使用全价饲料，重点是推广饲料添加剂及其配套利用技术，推广适用于不同畜种、鱼种，不同品种，不同生产阶段和不同环境下的优质、高效、无残留、无污染、无公害的畜禽鱼饲料添加剂。

3. 发展腐生食物链生产　充分利用植物的光合产物，把对它们的浪费减少到最低限度。腐生食物链利用的生物有蜗牛、蚯蚓、蝇蛆、食用菌等。农田中放养蚯蚓，可使土壤疏松，蓄水保肥，促使有机残体的腐殖化和微生物的活动。放养蚯蚓的农田中，小麦、玉米、棉花增产 11％～18％，蔬菜增产 35％～50％，蚯蚓还含有丰富的动物蛋白。养殖蚯蚓时，1 hm² 土地年产鲜蚯蚓 6.0×10^4～7.5×10^4 kg，鲜蚯蚓中含粗蛋白质 15％～17％，是畜牧业优质的蛋白质饲料，蚯蚓还可作药材原料。利用棉籽屑、作物秸秆、碎木料等可以培养食用菌，菌渣还可作牛、鱼的良好饲料。同时，对于没有被利用的其他有机物也不应直接烧掉，而是应用作沼气的原料，或制作其他燃气，或制作堆肥，或回田培肥地力。可使用"腐秆灵"等菌肥加快大田秸秆的分解。实践证明，发展沼气是不少农村实现物质能量多级利用、形成生态经济良性循环的有效途径。

三、农业生态系统的辅助能

除太阳辐射能之外，生态系统接收的其他形式的能量统称为辅助能，包括自然辅助能与人工辅助能，投入农业生态系统的主要是人工辅助能。人工辅助能投入农业生态系统之后，并不能转化成为生物体内的化学能，而是通过促进生物种群对太阳光能的吸收、固定及转化效率，扩大生态系统的能流通量，提高系统的生产力。

自然辅助能的形式有风力作用、沿海和河口的潮汐作用、水体的流动作用、降水和蒸发作用。人工辅助能包括生物辅助能和工业辅助能两类。前者是指来自生物有机物的能量，如畜力、种子、有机肥、饲料等，也称为有机能；后者是指来源于工业的能量投入，也称为无机能、化石能，包括以石油、煤、天然气、电等含能物质直接投入农业生态系统的直接工业辅助能，以及以化肥、农药、机具、农膜、生长调节剂和农用设施等本身不含能量，但在制造过程中消耗了大量能量的物质形式投入的间接工业辅助能。

（一）人工辅助能投入的影响

人工辅助能的投入是农业生态系统与自然生态系统最重要的区别，在人类诞生后的采集农业阶段就有了最基本的人工辅助能投入（即人力），因而也就有了农业生态系统，大量的人工辅助能，特别是工业辅助能投入的农业阶段是在工业化农业时期，农业发展历史也就是一个人工辅助能不断增加和农业生产力不断提高的历史。

在现代农业阶段，随着科学技术的迅猛发展，科技含量不断增加，以机械化、良种化和化学化为主要形式的人工辅助能投入，极大地推动了农业生产力的发展，取得了巨大的成就。以我国粮食产量为例，我国粮食人均占有量稳定在世界平均水平以上。目前，中国人均粮食占有量达到 470 kg 左右，比 1996 年的 414 kg 增长了 14%，比 1949 年的 209 kg 增长了 126%，高于世界平均水平，单产显著提高。2010 年平均每公顷粮食产量突破 5 000 kg，2018 年达到 562 kg，比 1996 年的 4 483 kg 增加了 1 138 kg，增长 25% 以上。2017 年稻谷、小麦、玉米的每公顷产量分别为 6 916.9、5 481.2、6 110.3 kg，较 1996 年分别增长 11.3%、46.8%、17.4%，比世界平均水平分别高 50.1%、55.2%、6.2%。粮食总产量连上新台阶，2010 年突破 5.5×10^9 t，2012 年超过 6×10^9 t，2015 年达到 6.6×10^9 t，连续 4 年稳定在 6.5×10^9 t 以上水平，2018 年近 6.6×10^9 t，比 1996 年增产 30% 以上，比 1978 年增产 116%。

（二）人工辅助能的投入产出效率

在农业生产系统中，大量的人工辅助能的投入能否提高初级生产者对太阳光能的固定量和促进次级生产者对植物化学潜能的转化量，是衡量人工辅助能投入与产出效率的重要方面。一般来讲，随着辅助能投入的增加，生物能的产出水平和农业产量也相应地增加，但产投比不一定增加，甚至会出现下降的趋势，即出现报酬递减现象。

从 20 世纪 50 年代以后，发达国家和发展中国家的辅助能投入水平都在不断提高，比较而言，发展中国家的投入水平增长更加迅速，尽管如此，发展中国家的无机能投入水平仍远远低于发达国家，而产投比却是随着工业辅助能投入的增加而下降。总体上，发展中国家的能量产投比明显高于发达国家。这是由于发展中国家农业生产能量投入的水平较低，增加能量投入后所起到的促进作用较大所致。这也反映了农业生产中随着工业辅助能投入的不断增加而出现的报酬递减的总趋势。辅助能的产出水平和转化效率不仅与能量投入水平有关，还与投能结构密切相关，投能结构是总投能中人工辅助能所占的比例和化肥、燃油、机具等各项投能占无机能投入的比例。在世界农业发展的历史中，无机能投入比例不断增加是一个总体趋势。我国农业能量的总体投入，在 20 世纪 50 年代以劳畜力和有机肥等形式投入的有机能占主导地位，无机能投入不足 2%，到 20 世纪 80 年代，无机能投入量提高到 10% 以上，而且增长最快的是以化肥形式的投入，其投入量已占到工业辅助能的 80% 以上，这是传统农业向现代化农业过渡的明显标志之一。

（三）农业生态系统的能流分析

能流分析是对生态系统能量的流动、转化、散失过程的描述，一般多采用的是模型图解法。Odum 创建了一套能量符号语言，用于描述复杂的能流过程，是目前广大生态学工作者广泛采用的方法之一。应用这套能量符号语言，能醒目地绘制出生态系统的能流图，具有定量化、规范化和符号统一的特点。按照这种方法进行生态系统能量分析，一般可分为以下几个步骤：

第一步，确定系统的边界。根据研究目的，确定被研究对象的系统边界，即研究对象的范围。它可以是一家农户、一个村、一个乡（镇）、一个县或更大区域的农、林、畜、渔、加工等亚系统所组成的复合农业生态系统，也可以是单独的种植业系统、林果业系统、畜牧业系统或加工业系统等，甚至可以是一块农田、一片果林、一个养殖场、一个鱼塘等更小的子系统。

第二步，确定系统的组成成分及其相互关系。明确所研究系统由哪些成分组成，明确它们在系统中的作用，并用适当的能量符号将它们一一标明，再用连线的方法表明它们之间的能量流动关系。

第三步，确定各组分之间的实物能量流动或输入输出量。应用实例、收集资料、估算、类推等方法得到基本的实物量，以便于计算系统的能流量，如农田化肥、农药、农膜、作物秸秆、农家肥及种苗等的数量，家畜饲料、机械、燃油、电力等的数量，农畜产品输出的数量等。

第四步，将实物量换算为能量。按照有关的折能标准，将实物量换算成相应的能量。

第五步，绘制能流图。按照各组成成分之间的能量流动关系和已经折算出的能量，绘制出量化的能量流动模型图。

第六步，能流分析。对研究系统的能流有了清晰的轮廓之后，可以进行以下能流分析工作。一是输入能量的结构分析，如总输出能量中工业能和有机能各自所占的比重，农机动力等形式的能量所占的比重等；二是能量结构分析，如经济产品能量与副产品能量占总产出能量的比重；农、林、果、养殖、水产业等产品能量各自占总产出能量的比重等；三是能量转化效率分析，如系统能量转化效率（总产出能/总投入能）；人工辅助能效率（总产出能/人工辅助能投入量）；无机能效率（总产出能/无机能总投入量）等。四是综合分析及评价，对所研究系统的能流状况进行综合分析，并与其他系统进行比较，找出本系统能流的问题、不足以及调控的途径。

（四）能量流动的调控途径

在现代社会中，农业生态系统是人类为了达到某种经济目标，遵循自然规律和社会经济规律而设计的复合人工生态系统。人类经济目标的载体是系统的物质生产力。能流生产作为物质生产的内涵，其在系统中的流量、流速和系统中有较高能流转化功能的组分结构以及减少系统能流损失是决定系统物质生产力并将进一步影响人类实现既定目标的重要方面。因此，农业生态系统能流调控的主要途径是扩源、强库、截流、减耗。

第三节　农业生态系统的信息流动

农业生态系统是一种半人工生态系统，既保持了自然生态系统的某些原有特性，又有别于一般的自然生态系统。它与自然生态系统的重要区别就在于这个系统增加了人类的干预和控制。因此它既靠自然调节，又靠人工调节。农业生态系统和所有受控系统一样，调节和控制的重要机制是利用信息流。

信息是指由信息源发出的各种信号被使用者接收和理解。信息并非事物本身，而是表征事物，并由事物发出的消息、情报、指令、数据、信号等组成。信息是实现现实世界物质客体间相互联系的形式，系统是普遍联系的事物存在的形式，所以系统中必然存在信息。信息是系统组织程度或有序程度的标志。生态系统经过长期进化已是高度信息化的系统。农业生态系统同其他生态系统一样存在很多种类的信息，也有丰富的信息流，其中一部分是从自然生态系统中继承下来的，另一部分是从人类的活动中产生的。

一、农业生态系统的自然信息

农业生态系统作为一个半人工生态系统，必然继承和延续着自然生态系统固有的一些信息特性。

（一）植物与环境间的信息联系

天体运行引起的日照时间长短，月亮和恒星的位置，地球的磁场和重力等，都是生物所能够感应的重要信息，分别可以成为植物生长发育的信号、候鸟飞行方向的信号和植物生长方向的信号。太阳光是生态系统重要的生态因素之一，它发出信息对各类生物都产生深远的影响。植物的形态建成，即它的生长和分化的功能，受到阳光信息控制。光的信息作用是极其重要的，植物只需接收很短时间的光照，就能决定其形态建成。例如，在黑暗中生长的马铃薯或豌豆幼苗，在生长过程中，每昼夜只需曝光 5～10 min，便可使幼苗的形态转为正常。光信息对不同植物种子的作用是不一样的。例如，莴苣种子在 600～690 nm 红光（R）下发芽率很高，红光的光波信号对种子萌发有促进作用；但在 720～780 nm 的远红外光区，萌发便受到明显的抑制，几乎不发芽，即远红光的光波信号能引起种子萌发的受阻。

（二）植物与植物间的信息联系

德国科学家 Molish（1937）提出化感作用（allelopathy）的概念，指植物（包括微生物）间的生物化学相互作用。这种生物化学相互作用既包括抑制作用，也包括促进作用。Rice（1984）将化感作用定义为：植物（包括微生物）通过向周围环境中释放化学物质影响临近植物（包括微生物）生长发育的现象。

植物化学作用广泛存在于植物群落中，如群落的结构、演替、生物多样性和农作物产量均与化感作用有关。植物有的喜欢群居（成片分布），例如鳢琪菊、胜红蓟、豚草、莎草等常形成单一的植物种群，而把其他植物排除得干干净净。在农业生产中，间作、混作、套种、轮作，作物和杂草之间，病原菌与寄主之间，都存在化感作用问题。化感作用研究在作物增产、森林抚育、杂草和病害控制、复合群落的组配以及新型除草剂、杀菌剂和植物生长调节剂等方面有着广阔的应用前景。科学家们相继发现有 100 多种杂草对作物具有化感作用。有些作物对杂草也有化感作用，如荞麦能强烈抑制葡萄冰草的生长，大麻能抑制许多杂草生长。

在寄生植物和寄主植物之间，还有另一种不同的情况。例如甘蔗、玉米、棉花能分泌一种含两个内酯的萜类化合物，只要其他条件合适，浓度在 1×10^{-6} mol/L 就能促进寄生植物独脚金 50% 的种子发芽。寄生向日葵、蚕豆和烟草也有类似的情况。没有寄主的信息，寄生植物的种子在土壤中 10 年也不会丧失发芽力，一旦获得寄主植物的化学信息就迅速发芽。

（三）植物与动物间的信息联系

植物生活在固定场所，面对来自其他动物、植物和微生物的袭击，它仅仅通过形态上的一些防御是不够的。植物的次生代谢物至今已鉴定出化学结构的就有 5 万种以上，还有大量未知的次生代谢物。植物次生代谢产物一方面是由于防御的需要，另一方面是由于植物自身能进行光合作用合成有机物，合成次生代谢物质的原料来源极为丰富。植物在长期的进化过程中建立起了许多的防御机制，以便保护自己免受侵袭和吞食。如有的植物在进化过程中长出各种荆棘和皮刺，形成机械的防御手段。草食动物要取食这类植物就如同嚼咽带刺的钢丝。

植物每一种次生产物都可能产生特定的信号，成为植物—昆虫间相互作用的纽带。例如，金雀花中信号物质是一种有毒的生物碱——鹰爪豆碱，金雀花蚜就以它为潜在的信息标志。鹰爪豆碱的含量随植物的生活周期而变动，因此，蚜虫在春季时以嫩枝汁液为食，夏季就转移到花芽和果荚。

植物的花是植物与授粉动物间联系极为重要的信息媒介，通过其色、香、味来吸引传粉昆虫。植物的果实则通过其色、香、味来吸引传播种子的鸟类。研究表明，植物的花为粉红色、紫色和蓝色时吸引较多的蜜蜂、黄蜂等，黄花吸引较多蝇类和甲虫，白花能吸引不少夜间活动的蛾类，红花则吸引较多蝴蝶。在热带、亚热带开大红花的植物种类较多。植物还依靠鸟类中的蜂鸟、太阳鸟传播花粉。

（四）动物与动物间的信息联系

动物的信息发送和接收的机制更完备，物理、化学和生物信号都可以在动物间传递。领域性动物，如雄豹，常在领域边缘用自己的尿作为警告同类不要侵犯的信息。有 200 多种昆虫可以向体外分泌性信息素，异性同种昆虫只要接收到数个这种信息分子，就可以产生反应，并追踪到信源，进行交配繁殖。

Von Frisch（1967）研究并发现了蜜蜂的"舞蹈"语言丰富的内涵，并因此获得诺贝尔奖。他描述了蜜蜂中主要的两种舞蹈：一种是圆圈舞，蜜蜂在蜂巢表面兜着狭小的圆圈；另一种是摆尾舞。它们先是跳一个半圆，继而又作直线移动，然后朝反方向转一个半圆。在直线移动时，尾部向两旁极力摆动。圆圈舞是采集了花蜜的蜜蜂向同伴传达在蜂箱近距离内采蜜的信号；摆尾舞是招呼同伴到百米以外去采蜜的信号。

摆尾舞的摆尾速度与蜜源距离有关。当距离为 100 m 时，在 15 s 内，蜜蜂跳舞的直线移动重复 9～10 次；为 1 000 m 时，重复减为 4～5 次；到达 10 000 m 时，直线移动只有 1 次左右。试验证明，表示距离的主要信号是摆尾动作在直线移动时所消耗的时间。这一事实揭示了蜜蜂具有精确的时感。如此，彼此的信息才能准确领会和掌握。

蜜蜂舞蹈可向同伴指示方向。其舞蹈以太阳为罗盘，采集蜂飞行方向与左侧太阳交角为 40°；当它飞回蜂房跳舞时，直线移动与太阳也成 40°。蜜蜂在舞蹈中又在摆尾移动方向上增加了信号，其移动方向朝上，是向同伴通告蜜源位于太阳的方向；移动方向朝下则表示与太阳相反的方向。移动方向向左偏60°，表示蜜源位于太阳方向的左侧 60°。

动物通过无声的身体语言和有声的发声器官语言来表达各种意图，沟通各种意愿的例子非常丰富。

二、农业生态系统的信息种类

农业生态系统存在许许多多的信息，同时由于农业生态系统为半人工生态系统，其内涵的信息比自然生态系统更为丰富，种类也更多。

（一）物理信息

物理信息是以物理因素引起的生物之间感应作用的一种信息。物理信息包括光信息、温湿信息、声波信息和接触信息等。光信息是在光信号作用下生物发生的行为，如植物的趋光行为，动物的夜出昼伏或昼伏夜出行为等，这是由于动植物的感官系统接受光信号后发出信息而产生的行为。温湿信息是动植物在季节改变时温度、湿度发生变化而发生的行为，如植物在气温升高、水分适宜时生长发育速度加快；动物活动活跃、身体的皮毛在不同的季节长度和密度会有不同等。声信息是声波在动物中的交往，由某一个动物发出，另一动物接受感应而完成的。声带不是唯一的发生器官，如虾蟠用后腿摩擦发声，蝉用腹下薄膜发声，鱼用浮气泡发声，海豚用鼻道发声。动物的声波接收器官也各不相同，哺乳动物的声波接收器官是耳朵，蚱蜢在腹部，蟑螂用尾部接受声波，雄蚊触角上的刚毛对雌蚊翅膀的煽动声特别敏感。另外有些动物无声感系统，而是靠自己发出的声波接收反射波来定位，如蝙蝠和海豚有特殊的定位系统，用自身发出声波经反射后，根据发出和接受的时间差来准确确定与物体的相对位置，即定位。接触信息就是生物身体与环境接触而感知的信息。

（二）化学信息

生物在其活动和代谢过程中分泌一些物质，经外分泌或挥发作用散发出来，被其他生物所接受而传递。这种具有信息作用的化学物质很多，主要是次生代谢物。现在已知结构的次生代谢物已有 3 万多种，主要是生物碱、帖类、黄酮类、非蛋白质有毒氨基酸，以及甙类、芳香族化合物等。次生代谢物在植物和食草动物之间的信息传递，表现为威慑作用、吸引作用和激素作用。如某些植物含有一种或多种对动物和昆虫有威慑作用的次生代谢物，使草食动物对其厌食或拒避。鸟类和爬行动物，常避开含强心苷、生物碱、单宁和某些萜类的植物；昆虫拒食含倍半萜内酯的菊科植物、百合科植物。形成花色彩的化学物质，主要是类黄酮、类胡萝卜素、叶绿素等。许多动物对吸引剂具有识别和选择能力，如鸟类喜欢鲜艳的猩红色，蛾类喜欢红、紫、白色，昆虫借释放性信息素吸引配偶，母猪嗅到公猪唾液代谢物的气味就会兴奋。

（三）营养级信息

营养信息就是在食物链中某一营养级的生物由于种种原因而变少或变多，另一营养级的生物就发出信号，同级生物感知这个信号就进行迁移到来或离去，以适应新的情况。例如，田鼠少了，猫头鹰也就少了，这样的事例很多。由于营养不足，个体间进行激烈竞争，结果强者存、弱者亡。不仅动物之间存在这种现象，在植物界营养信息的影响也很明显。譬如在贫瘠的田块上农作物会因肥力不足而生长弱小，结的籽粒亦不饱满。甚至有些情况下不同个体间存在竞争，像大苗、早发苗抑制小苗和晚发苗。

（四）行为信息

行为信息是生物借助于光、声及化学物质等信息的传递而支配的某种行为。生物的定向返巢、斗殴、警觉甚至性支配，都有行为信息的指挥。

（五）人工仿自然信息

人类仿照自然界存在的信息，采取一定的手段制造出能对生物的生长发育产生一定影响的信息。如利用人工光源或暗室控制日长变化，从而达到控制植物花期的方法已在花卉生产中和作物育种中广泛应用。利用人工合成的昆虫体外性激素，已经成功应用到害虫预测预报、迷惑昆虫和诱捕害虫中。如果人类能更深地了解自然信息流机制，并适当利用，就一定可以起到事半功倍的作用。

（六）人工采集和生成的信息

为了更好地了解农业生态系统的状况，提出适当的调控措施，传统的方法是肉眼直接观察和获取信息，用头脑加工信息和口头传递信息。例如，经验丰富的农民到田间看作物生长，通过植株叶色、叶姿就可以判断下一步的管理措施。除自己外，还会把情况和判断告诉别人。现代先进的方法是用自动或半自动信息采集设备，用计算机加工信息，并用专用信息传输渠道准确传输到远近不同的用户。例如，我国研制的风云 2 号卫星自动采集南海生成的台风信息，经过计算机表明台风未来可能登陆的范围和时间，并通过电视系统传到千家万户。还有一些介乎于传统和现代方法之间的方法，例如，乡镇农业技术员利用黑光灯诱捕三化螟虫成虫，然后根据成虫发生数量，通过简单计算做出幼虫发生预报，并提出应当运用预防措施的时间，通过广播和布告传播到整个乡镇。

三、农业生态系统的信息应用

(一) 光信息的应用

利用光信息调节和控制生物的发生发育，在农业生态系统中应用较为普遍。例如，利用各种昆虫的趋光性进行人工诱杀，昆虫都有趋光的特性，但不同昆虫对各种光波反应不完全相同。苹果蠹蛾对蓝色光、紫色光趋向强烈，二化螟对波长 $300 \sim 400$ μm 的光反应最佳，松毛虫蛾在波长 530 pm 时反应最强，菜粉蝶好趋黄蓝色的光。因此，可利用不同光来诱杀不同种类的害虫。

在作物育种上利用光处理调节不同光周期的植物，使其在同一时期开花，便于进行杂交培育良种，如甘薯。花卉业也经常利用短光照处理菊花等短日照植物，使之开花时间提前，供人们观赏。

养鸡户在增加营养的基础上延长光照时间，可提高产蛋量，每天多给 2 h 的光照（16 h），可增加 10％的产蛋量。

(二) 化学信息的应用

自然界生物的某种行为是由少量化学物质的刺激引起的，如黏虫成虫具有趋化性，对蜡味特别敏感，生产上就利用这一点在杀虫剂中调以蜡类剂诱杀之。Karlson 等人于 1959 年创设利用性外激素，它是昆虫分泌到体外的一种挥发性物质，是对同种昆虫的其他个体发出的化学信号而影响它们的行为，故称为信息素。根据其化学结构，目前已人工合成 20 多种性激素，用于防治害虫上，效果明显。

根据装有性外激素的诱杀器所诱捕的虫数，可以短期预报害虫发生的时期、虫口密度及危害范围，作为防治时间和面积的依据，以减少农药防治次数和喷药面积，达到减轻农药污染的目的。

利用性外诱剂"迷向法"防治害虫，即在田间释放过量的人工合成性引诱剂，使雄虫无法辨识雌虫的方位，或者使雌虫的气味感应器变得适应或疲劳，不再对雌虫有反应，从而干扰害虫的正常交尾活动。我国利用性引诱剂防治棉红铃虫试验，结果为监测诱捕器的诱蛾量上升98％，交配率和铃虫害率下降20％左右。

(三) 声信息的应用

用一定频率的声波处理蔬菜、谷类作物及树木等种子，可以提高发芽率，获得高产。有报道说，法国园艺家用耳机套在番茄上，让它每天"欣赏"3 h 的音乐，结果番茄重达 2.5 kg。在现代农业中，已经开始应用超声波技术来促进植物生长。研究表明，超声波可以促进植物的根系生长，增加植物的根系数量和根系长度，并提高植物对养分的吸收。超声波还可以促进植物的光合作用，从而提高植物的光能利用效率。这些都可以促进植物的健康生长，并且提高植物的产量和品质。此外，畜牧业生产上，采用优良种畜种禽，并根据其营养需要，输入全价配合饲料，由于饲料转化效率的提高，同样数量的饲料可使畜产品产出量增加一倍。如给奶牛以音乐"欣赏"，可提高奶牛的产奶量等。

1. 扩源 初级生产所固定的太阳光能是生态系统的基础能流来源。扩大绿色植被面积，提高对太阳光能的捕获量，将尽可能多的太阳光能固定转化为初级生产者体内的化学潜能，为扩大生态系统能流规模奠定基础，包括发展立体种植，提高复种指数，合理轮作，组建农村复合系统，乔、灌、草结合绿化荒山、荒坡等措施都是扩大生态系统基础能源的有效方法。

2. 强库 生态系统中能量和物质被暂时固定与储存的地方称为库，从能流储存角度讲主要是指植物库和动物库，这也是农业生态系统物质生产力的具体体现。强库是指加强库的储存能和强化库的转化效率，以保证有较大的生物能产出，具体可以从两个方面考虑：一是从生物体本身对能量的储存能力和转化效率考虑，例如选育和配置高产优质的生物种类和品种，建立合理的农林牧渔生物结构等；二是从外界生存环境对生物的影响考虑，加强辅助能的投入，为生物的生长发育创造一个良好的环境，从而提高对太阳光能的利用效率和对生物化学能的转化效率，例如使用化肥、农药，发展灌溉、机械耕作、设施栽培等提高农作物的生产力，以及饲喂配合饲料，改善饲喂环境，科学管理等以提高畜禽的出栏率、产蛋率，缩短饲喂周期等。

3. 截流 截流是指通过各种渠道将能量尽量地截留在农业生态系统之内，扩大流通量，提高农业资源的利用效率，减少对化石辅助能的过分依赖。主要途径一是开发新能源，如发展薪炭林，兴办小水电，利用风能、太阳能、地热能等。二是提高生物能利用率，充分利用作物秸秆、野生杂草和牲畜粪便等副产品，将其中的生物能通过农牧结合、多级利用、沼气发酵等方法尽可能地用于生态系统内的转化。

4. 减耗 降低消耗，节约能源，减少能源的无谓损失，发展节能、节水、节地、降耗的现代农业，如普及节柴灶，开发节能炉具，节水灌溉、立体种植，推广少耕、免耕，改进化肥施用技术，减少水土流失等。

第四节 农业生态系统的价值流动

在农业生态系统中输入含一定劳动的社会资源，经过劳动生产，成为新的产品输出，新产品含有更高的价值，并在销售之后得到实现，这就形成了价值流。在现实生活中，社会资源的输入要用一定的资金按价格购买，产品的输出也按价格换回一定的资金，这样就形成了农业生态系统的资金流。通过对资金流的分析，可以了解系统和社会的很多信息，资金流是农业生态系统中一种特殊的人工信息流。

一、资金流与物质能量流动的关系

(一) 资金流的基本构成

农业生态系统中的农户或农场拥有的资金，又可根据其不同的形态与用途分别称为资产、资本等。系统拥有的资金可分成非生产性和生产性两部分。生产性资产又可分成劳务资本和物资资产。系统中的农用房舍、机械和其他设施是物资资产中的固定资产部分。系统中物资资产中的流动资产部分主要是由还没有应用的存放种子、肥料、农药等一次性农用物资，农户拥有的现金，正在生产中的作物、牲畜、林果等生产对象构成。

农民出售农产品时，根据市场价格按比例换回一定量的货币。根据生产的需要，农民要用一定的货币，按价格向社会购买必需的生产物资，并在劳动中形成系统的生产性资产。农民可能要支付劳动费用以获得农业生产的劳动服务。农民的花费中有一定数量的非生产性费用，如房舍、家具、文娱、服装等。农民可通过向银行借贷或获取政府投资、补贴、奖励而获得资金，从而增加系统流动资产中的货币量。农民又因为要向政府纳税、交费、交罚款，向银行还本付息等而把资金输出系统外。

(二) 价格耦联与相互独立

农业生态系统的资金流与能流、物流有两种关系，即与能流、物流通过价格耦联的关系和相互独立的关系。

1. 耦联关系 资金流与能流、物流在购买农业生产资料时或出售农产品时发生耦联关系，流量成正比，流向相反。能流、物流与资金流的流量比例由价格决定。

2. 独立关系 通过纳税、还息、还贷、交费、交罚款等方式离开农业生态系统的资金流是不和能流、物流发生直接联系的。财政和金融部门通过贷款、补贴、奖励等方式投进农业生态系统的资金也不和能流、物流发生直接的联系。当国家实行市场经济，不可能对价格和能流、物流进行直接调控时，可以采用适当的财政或金融政策调整资金流，再利用资金流与能流、物流的耦联关系间接调节能流、物流。例如，通过出口补贴或进口税来调节进出口量；通过生产补贴或消费补贴平衡供需关系；通过股票和债券的发行及银行利息的提高来吸纳闲散资金，减少非生产性开支，投入再生产；通过低息贷款或低税政策，鼓励某些对发展战略有利的投资项目。

当农业经营者通过作物进行光合作用和固氮作用、在公共渔场捕捞、在公共牧场进行放牧、在公共林场进行狩猎和伐木时都是人为把系统外的能量和物质输入到农业生态系统中来。自然界的降水、潮汐、流水、风流也可把能量和物质带到农业生态系统中来。生物的呼吸作用、植物的氧气产生、水土流失、污染排放、秸秆燃烧等人为行为与自然过程都使能量和物质离开农业生态系统。由于这些输入和输出都不经过市场，因此一般是独立于资金流发生的。这种情况容易引起系统经济核算的偏差，并造成所谓系统的经济外部性问题。

二、成本外摊与收益外泄的主要途径

对于农业生态系统，传统经济学研究比较重视耦联的资金流和独立的资金流，而容易忽视独立的能流、物流。基于这种不全面的经济学观点制定的经济核算制度就产生了企业经济的外部性问题，即经济核算中忽略了在系统外部的、由全社会和全球承受的成本和收益。经济的外部性可分为成本的外部性（成本外摊）和收益的外部性（收益外泄）。

（一）成本外摊

成本外摊是指生产系统在生产过程中，消耗了的自然资源成本和利用了的自然环境成本，没有在系统的成本核算中得到反映的现象。例如，牧民在公共牧场放牧时，对牧草的消耗、过度放牧造成的水土流失和可能的荒漠化并不列入自己放牧的成本中；再如，猪场污水直接排放时，猪场自身的生产成本减少了，但下游水质下降引起的自来水加工成本上升，下游居民生活质量下降，房价下跌，医疗费用上升等，这些成本都将由社会承担，而猪场在进行经济核算时没有考虑。

（二）收益外泄

收益外泄是指系统在生产过程中增殖了自然资源，改善了自然环境，但没有在系统的经济核算中得到反映的现象。例如，通过山区植树，使下游的洪水危害减少了，使旱季的农田灌溉有了保障，使全球大气中有更多的 CO_2 被吸收，缓解了全球变暖的压力，还保护了一些濒危物种。然而，上游农民却并没有得到这些好处的全部，植树造林的大部分好处为下游的社会，为全球所享有，成为外泄收益。

（三）经济外部性的解决途径

生产的经济外部性问题可以通过行政、立法、经济、教育等综合措施来解决。

1. 明晰资源所有权和使用权 这是通过所有权变更的方式解决外部性问题，是外部问题内部化的方法之一。在海洋利用中，国际上有 200 海里经济专属区的概念，即把主权国海岸线外 200 海里范围内的海洋资源利用权列入该国管辖范围，这有利于各国负责有关海域的资源可持续利用，避免滥捕。适当延长耕地、果园、牧场和林地的使用权，有利于土地肥力的维持、促进资源利用与保护的平衡。

2. 健全资源与环境保护法规　资源与环境法规建设目的是规范法人的行为，要求法人爱护环境、保护资源、维护生态平衡，对违规行为的处置也作出了相应的规定。

我国有关资源与环境的法规已初步形成体系。在《中华人民共和国宪法》中明确规定："国家保护自然资源的合理利用，保护珍稀的动物和植物。禁止任何组织和个人用任何手段侵占或者破坏自然资源。""一切使用土地的组织和个人必须合理地利用土地。""国家保护和改善生活环境和生态环境，防止污染和其他公害。国家组织和鼓励植树造林、保护林木。"《中华人民共和国刑法》《中华人民共和国行政诉讼法》等基本法律都有保护资源环境和生态平衡的规定。1989 年通过了《中华人民共和国环境保护法》，与之相配套有《中国渔业法》《中华人民共和国矿产资源法》《中华人民共和国土地管理法》《中华人民共和国水法》《中华人民共和国野生动物保护法》《中华人民共和国水土保持法》等。我国的行政法规、部门法规、地方性法规中也有相关的规范性文件，例如《建设项目环境保护管理办法》《农药安全使用规定》等。我国还签署了有关的国际法规，如《国际生物多样性保护公约》《气候变化公约》《关于森林问题的原则声明》，积极参与世界环境保护、生态建设与可持续发展活动。

由于存在经济外部性，即使在经济上有驱动力，如对生态环境有害，在法律上也不允许做，要及时查处违法行为，有效阻止事件发生，如滥伐森林，乱排污水等。相反，即使在经济上亏损，如对生态环境有益，法律要求去做，且查处措施得力，也能保证环保措施的执行，如污水处理、烟尘处理、自然保护区设立等。

3. 增强生态环境保护意识　公民具有基本的生态环境知识，在社会建立起一种普遍认可的"绿色"道德观是克服经济外部性的治本办法。对破坏生态环境的行为来说，法律是来自外部的、强制的、"不许做"的办法，而教育是启发内部的、自觉的、"不愿做"的办法。对建设生态环境的行为来说，法律也是来自外部的、强制的、"要我做"的办法，而意识提高后则是发自内心的"我要做"。

有些生态环境行为的引导和纠正单靠法律解决不了问题，即使是生态环境的法律本身也要靠宣传教育和公民生态环境意识的提高来推行。例如，在生态环境问题中，"不知者无罪"行不通。一般来说，民事犯罪的判定要求有 3 个客观条件和 1 个主观条件，即要求被告有违法行为，有损害事实，有违法行为与损害事实间的因果关系，还要被告有犯罪动机或主观过失。环境法可以规定在主观无过错、行为合法的情况下，根据环境已经被损害的因果关系而判定罪责成立。这就是环境法中无主观犯罪动机与主观过失的"无过失责任制"和无违法行为"绝对责任制"。有关环境损害的事实也可以通过"集团诉讼"等方式使诉讼损害量累加，诉讼人还可以不是直接受害人。

4. 采取积极有效的调控措施　为了克服"成本外摊"现象，可通过征收高额税收、提高收费标准、开设罚款条例等方式提高边际成本，把对生态环境不利的能流、物流如排污、施农药、水土流失等所产生的外摊成本内在化。例如，开征水资源使用税、土地资源使用税、林产资源税、农药使用税，征收排污费，对海洋捕捞和野生动物狩猎实行收费的许可证制度等。

为了克服"收益外泄"现象，可根据外泄数量，通过减免税收、降低收费、优惠贷款、实施补贴、进行奖励等方法提高边际收益，使外泄收益内在化。例如，政府投资建立自然保护区、政府补贴造林绿化，低息贷款给生物可降解薄膜的生产、为无公害农药生产减税、奖励野生动物保护先进个人与先进单位等，都是可采用的措施。

(四) 农业生态系统的经济评价原理

农业生态系统的经济效果是指农业生态系统在促进经济社会发展方面的效果，包括劳动者通过农产品商品交换后获得的用于扩大再生产和改善生活的利润，国家通过各种农业税从农业中获得的资金，以及农业生产和再生产过程中劳动占用和劳动消耗量同农业生产成果的比较。评价一个农业生态系统经济效果高低或好坏，通常依据以下原理。

1. 收益递减律　资源转换系统的某一必要资源的输入量从零开始不断增加，开始时系统的输出量增加很快，当输入量达到一定水平后，输出量增加的速率逐步减慢、停止，甚至出现负增加值，这种现象称为收益递减。这种现象在经济系统和生态系统中普遍存在。收益递减律在农业生态系统上表现为单位土地的收入随成本上升而增加，然而当成本上升到一定程度之后，收入的增加变得不显著。收益递减规律在作物施肥中表现明显。

2. 经济效果原理　经济效果是以最佳地实现某一社会制度下经济目标的观点对某一生产实践或计划方案所作的评价，反映有用效果与劳动耗费、所得与所费的比例关系。简明地说，经济效果与所产出的有用效果成正比，而与所投入的劳动耗费成反比。

经济效果是制约经济增长的一个十分重要的因素和经济范畴。从价值量上讲，所产出的有用效果与所投入的劳动耗费的比值应当大于1，否则，就没有经济效益。这是经济效果的最低界限，低于这个界限，经济就不能增长，社会就不能发展。任何社会经济的增长，实际上都要求经济效果尽可能取得最佳值，就是说，所产出的有用效果与投入的劳动耗费的比值应当是最佳值。

3. 边际平衡原理　边际平衡原理是以产品的边际产量及其边际收入与资源投入的边际用量及其边际费用作为它的立论基础。产品的边际产量是指每增投一定数量的变动资源所取得的某种农产品的增产数量（如为负值即为减产数量）；产量的边际收入是指边际产量乘以该产品的价格。资源的边际用量是指增产某一数量的产品所增投的某种变动资源的数量。例如，为取得某种农作物一定产量所追施的肥料量或灌水量；为取得生猪一定量的增重所增喂的饲料量，都是资源的边际用量。

4. 价值转移原理　一切产品的价值由活劳动消耗加物化劳动消耗剩余产品的价值所构成。实现的农产品价值在量上要大于它的完全成本，才能正常进行扩大再生产。农产品的完全成本，实际上是生产和实现该种产品所投入的劳动资源和物质资源价值的转移。一个农业生产周期所投入的活劳动和物化劳动，是资源价值的一次转移；农业连续再生产的劳动占用，也将逐次按比例地把资源价值转移到有关农产品中去。转移到农产品中的资源价值量应当与获得这些资源的价值量相等。农业生态系统利用外购资源所增加的总收益应当大于这种资源转移到农产品中的价值和使用费用之和，即能带来纯收益，这是农业生态系统利用外购资源的第一个经济界限。农业生态系统利用外购资源的另一个经济界限是，农业生态系统以获得资源转移收益为目的，通过利用外购资源，促使系统内原有资源得到更加有效的利用。

过去人们认为农业自然资源光、热、水、土壤、空气等属于非劳动产物，不具备价值。随着人们对自然认识的深化，开始承认自然资源的价值。如1998年国家环境保护局的《中国生物多样性国情研究报告》，估计了我国生物多样性的经济价值，从直接使用价值、间接使用价值、潜在使用价值和存在价值等多方面，对我国生物多样性这一自然资源进行了评估。

第三章　农业生态系统平衡

本章围绕农业生态系统中水循环、碳循环、氮磷钾循环三大循环，主要针对三大循环的一般特征与环境问题，着重阐明了农业资源利用的现状及其高效利用的途径，深度揭示了农业生态系统调控层次中的生态系统自然调控机制及人工调控方法，明确了生态农业的内涵与原理，针对性地提出生态农业的发展模式及其应用技术。

第一节　农业生态系统物质要素

一、农业水资源高效利用

（一）全球水资源特征

水是地球表面分布最广泛和最重要的物质，是生物体内各种生命过程的介质，是参与地表物质与能量转化的重要因素。水长期参与生态系统的形成和发展过程。水分循环不但调节了气候，而且净化了大气。

在自然界中，水以固态、液态和气态形式分布于水圈、大气圈、岩石圈、土壤圈和生物圈几个储存库中。关于地球的总水量，存在许多不同的估算（表 3-1）。国际水文学会认为地球水的总体积接近 1.5×10^{18} m^3，并假设把各部分水量在地球表面上平铺的平均深度视为它的当量深度。据估算，海水的当量深度为 2 700~2 800 m，冰和雪约为 50 m，地下水大约 15 m，陆地水 0.4~1.0 m，大气中平均水气含量的当量深度为 0.03 m。

表 3-1　地球水资源储存量及占比

水源	水量（m^3）	占总水量（%）
淡水湖	1.3×10^{14}	0.008 4
河流	1.3×10^{12}	0.000 1

（续）

水源	水量（m³）	占总水量（%）
土壤水和渗透水	6.7×10^{13}	0.004
地下水	8.4×10^{15}	0.56
盐湖和内陆海	1.0×10^{14}	0.006 6
冰盖和冰川	2.9×10^{16}	1.92
大气水分	1.3×10^{13}	0.000 9
海洋	1.47×10^{18}	97.5

　　地球上的水并不是处于静止状态的。海洋、大气和陆地的水，在自身位能、太阳能、气象因子、生态环境以及人类活动的耦合作用下，持续地进行着连续的大规模交换，使自然界中的水形成了一个随时间、空间变化的复杂动态系统。这种动态交换过程，就是水分循环。由于太阳辐射，海面和陆地表面每年约有 4.8×10^{15} km³ 水分蒸发到太空中。从海洋表面蒸发的水分，被气流带到陆地上空以雨、雪、露和冰雹等形式降落到地面时，一部分通过蒸发和蒸腾返回大气，一部分渗入地下形成土壤水，还有一部分形成径流汇入江河，最终注入海洋，这就是水分的海陆循环。内流区的水不能通过河流直接流入海洋，它和海洋的水分交换比较少。因此，内流区的水分循环具有某种程度的独立性。但它和地球上总的水分循环仍然有联系。从内流区地表蒸发和蒸腾的水分，可被气流携带到海洋或外流区上空降落，来自海洋或外流区的气流，也可在内流区形成降水。全球的水分循环使得水圈成为自然生态环境演变的主要动力之一，又使陆地淡水资源成为了陆地生物以及人类社会在一定数量限度内予取予求的可再生自然资源。但囿于经纬度、海陆位置、海拔和生态环境的影响，以及距太阳远近的不同，水的分布及其形态具有地域和季节上的差异性。

　　在水分循环过程中，只有少部分被动植物和人吸收利用。植物吸收的水分中，大部分用于蒸腾，只有很小部分被光合作用同化形成有机物质，并进入生物链，有机物质在生态系统中最终被微生物分解并返回环境。

　　水在循环中不断进行着自然更新。据估算，大气中的全部水量 9 d 即可更新 1 次，河流需 10～20 d，土壤水约需 280 d，淡水湖需 1～100 年，地下水约需 300 年。盐湖和内陆海水的更新，因其规模不同而有较大的差别，时间 10～1 000 年，高山冰川需数十年至数百年，极地冰盖则需 16 000 年，海洋中的水全部更新时间最长，要 37 000 年。降水、蒸发和径流在整个水分循环中是 3 个最重要的环节，在全球水量平衡中同样是最主要的因素（表 3-2）。若以 P 表示降水量，E 表示蒸发量，R 表示径流量，则海洋水量平衡式可写为

$E=P+R$；陆地水量平衡式可写为 $P=E+R$。

表 3-2　全球年水量平衡情况

项目	水量（m^3）
海洋降水量	3.8×10^{14}
海洋蒸发量	4.2×10^{14}
陆地降水量	1.1×10^{14}
陆地蒸发量	6.9×10^{13}
进入海洋的径流量	3.7×10^{13}
来自陆地蒸发的陆地降水量	1.2×10^{13}
来自海洋蒸发的陆地降水量	9.4×10^{13}
来自陆地蒸发的海洋降水量	5.7×10^{13}
来自海洋蒸发的海洋降水量	3.3×10^{14}

（二）我国水资源特征

1. 总量　2021 年我国水资源总量约为 2.9×10^{12} m^3。其中地表水 2.8×10^{12} m^3，地下水 0.82×10^{12} m^3，由于地表水与地下水相互转换、互为补给，扣除两者重复计算量 0.69×10^{12} m^3。按照国际公认的标准，人均水资源介于 2 000～3 000 m^3 为轻度缺水，1 000～2 000 m^3 为中度缺水，500～1 000 m^3 为重度缺水，低于 500 m^3 为极度缺水。2021 年我国有 10 个省（自治区、直辖市）人均水资源量低于重度缺水线，其中 4 个省（自治区、直辖市）人均水资源量低于 500 m^3，人均水资源量低于极度缺水线。

2. 主要特征　我国水资源总量大，位居世界第六位，但人均占有量较低，为 2 240 m^3，约为世界人均的 1/4。且地区分布不均，水土资源不相匹配。长江流域及其以南地区国土面积只占全国的 36.5%，其水资源量占全国水资源总量的 81%；淮河流域及其以北地区国土面积占全国的 63.5%，其水资源量仅占全国水资源总量的 19%，并且年内年际分配不匀，旱涝灾害频繁，大部分地区年内连续 4 个月降水量占全年的 70% 以上，连续丰水或连续枯水年较为常见。

（三）我国农业水资源概况

1. 农业用水总量　我国是一个农业大国，农业在我国经济生活中占有重要地位，农业用水是用水大项，2018—2022 年 5 年全国用水总量为 5.8×10^{11}～6.0×10^{11} m^3，其中农业用水量最多，介于 3.6×10^{11}～3.8×10^{11} m^3，占用水总量的 61.2%～63.0%。而我国是一个贫水国家，水资源十分匮乏，阻碍了农业经济的高速发展。因此，农业水资源的管理在整个水资源管理中非常关键，高效配置农业水资源关系到农业的正常生产和国家的粮食安全，同时对整体水资源的管理和利用有着非常重要的意义和价值。

2. 农业水资源利用问题

（1）农业用水供需矛盾日益加剧 随着经济的发展和气候的变化，我国农业，特别是北方地区农业干旱缺水状况加重。目前，全国仅灌区每年缺水 3.0×10^{10} m^3 左右。20 世纪 90 年代年均农田受旱面积 2.7×10^7 hm^2，干旱缺水成为影响农业发展和粮食安全的主要制约因素；全国农村有 2 000 多万人口和数千万头牲畜饮水困难，1/4 人口的饮用水不符合卫生标准。

（2）利用效率不高 北方农田面积广阔，灌溉面积大，但水资源结构单一，田间灌溉方法也十分传统，农业水资源利用率很低。与农业发展现代化水平较高的发达国家相比，国内在节水技术应用、田间节水工程开展等方面存在较大差距。全国农业灌溉用水利用系数大多只有 0.3～0.4。发达国家早在 20 世纪 40～50 年代就开始采用节水灌溉，现在很多国家实现了输水渠道防渗化、管道化，大田喷灌、滴灌化、灌溉科学化、自动化，灌溉水的利用系数达到 0.7～0.8。除此以外，部分已建成工程存在后期维护经费不足、管理缺失等问题，节水作用不能得到充分发挥，这也是导致农业水资源利用率低的主要原因。

（3）水环境恶化 我国排放的污水中约 80% 未经任何处理直接排入江河湖库，90% 以上的城市地表水体和 97% 的城市地下含水层受到污染。由于部分地区地下水开采量超过补给量，全国出现地下水超采区 164 片，总面积 1.8×10^{16} km^2，引发了诸如地面沉降、海水入侵等一系列生态问题。

（4）水资源缺乏合理配置 我国水资源整体呈现南多北少，东多西少分布不均匀的特点，以华北地区为例，该地区水资源开发程度已经很高，用水量大，缺水对生态环境造成了恶劣影响，因此，对水资源的合理配置和布局、区域间水资源的调配要依靠包括调水工程在内的统一规划和合理布局。没有充分考虑水资源条件，不少耗水大的农业产业在缺水地区，如耗水大的水稻、蔬菜在缺水地区盲目发展，人为加剧了水资源合理配置的矛盾。

综合上述，我国水资源总量并不丰富，地区分布不均，年内分配集中，北方部分地区水资源开发利用已经超过资源环境的承载能力，全国范围内水资源可持续利用问题已经成为国家可持续发展的主要制约因素。

3. 农业水资源高效利用 发展节水农业是农业水资源高效利用的根本出路。节水农业是指在农业生产的各个环节，都严格依照节水标准，充分利用及调节土壤中的水分，从而增加农业产量，提高水资源的利用率。节水农业是我国实现农业生产可持续及发展可持续的重要保障。现今，节水农业的相关技术仍需要进一步的实验与探索，一方面提高粮食作物的产量，研发抗旱性能强、需水量低的作物培植；另一方面研发新的节水灌溉设备及方法，并且探索保水型田地的方案等。

近些年来，我国科技工作者进行了不懈的努力，对各种节水灌溉技术机械化设施理论进行研究与实践，使我们对灌溉有了新的认识。原中国农业大学教授、中国工程院院士曾德超指出，作物生长活动根区深度，在不同的生长期是不同的，而作物吸水量的70%来自活动根区的上半层，也就是说，在灌溉时，只要作物活动根区的上半层有能满足生长需要的水分，就可以保证作物高产，这就是节水灌溉的理论基础。我国正在研究和推广应用的节水灌溉技术措施很多，主要有渠道防渗、低压管道输水灌溉技术、喷灌技术、微灌技术等。现今我国现代农业节水技术的研究进展如下：

（1）农业工程节水　农业工程节水措施是协调农业发展与水资源合理配置的有效手段。高效节水灌溉技术的合理运用，已经成为农业工程建设的必然选择。现代农田水利工程中有效提高水资源利用率的主要方法是运用节水灌溉技术对地面进行精细浇灌，适用于当前的农业土地经营，这种方法不但可以高效预防土壤间的空间变异情况，同时还可以提升地面浇灌的准确性，提高水资源利用率，降低灌溉运水体系浪费的水量。对农业发展而言，高效节水灌溉技术优势突出，既能节约水资源，保护生态环境，又能降低农业生产成本投入，获取可观的经济效益。

（2）农艺措施节水　农艺措施节水指利用调控化学药剂或覆盖耕作等方法调节农田的蓄水情况及水体分布状态，从而增强农田水分生产效率及水体的利用效率。利用这种方法，将作物的湿润形式与浇灌技术结合起来，进而极大程度增强养分及水分的耦合效率，减少土壤养分及水分的流失，对水肥的耦合进行优化，增强农业作物的质量及产量。

（3）农业生物节水　农业生物节水指作物水分生理调控机制与作物高效用水技术紧密结合而开发出的诸如调亏灌溉（RDI）、分根区交替灌溉（ARDI）和部分根干燥（PRD）等作物生理节水技术，是现代农业中较为常用的一项技术。简单来说，农业生物节水主要采用部分干燥技术及分根区交替灌溉技术，该技术强调在土壤垂直剖面或水平面的某个区域保持土壤干燥，仅让一部分土壤区域灌水湿润，交替控制部分根系区域干燥、部分根系区域湿润，通过控制植物根部干燥及湿润情况使不同区域的根系交替经受一定程度的水分胁迫来锻炼植物根系水分的吸收能力，这样不仅能够减少植物光合作用消耗的水分，还能降低蒸发消耗的水分，是一种比较绿色、环保的节水方法。

（4）精准调控节水　对灌溉水进行精准调控管理的技术，正逐渐向信息化、自动化、智能化方向迈进。现如今，浇灌水管理体系可以在降低浇水数量及资金投入的同时，确保农业浇灌的需要，防止浪费水资源，增强浇灌体系的工作效率。当前我国农业节水灌溉发展着力点如下：

西北、华北、东北地区资源性缺水严重，降水量少，蒸发量大，干旱缺水成为农业发展的主要瓶颈，年际间因缺水因素导致产量波动较大。这些地区主要通过推广应用节水农业技术，积极发展玉米、马铃薯、棉花等大宗作物；在没有灌溉条件的地区，坚持蓄水和保墒并举，通过保护性的深松耕作改良土壤，营造土壤水库，提高蓄水保水能力；合理开发抗旱小型水源，推广抗旱品种，科学应用抗旱剂、保水剂，解决春季抗旱保苗问题；大力推广地膜秸秆覆盖技术，实现集雨保墒；在有灌溉条件的地区，大力发展膜下滴灌、微灌、喷灌、集雨补灌、水肥一体化、旱作节水机械化等高效节水技术。

黄淮海小麦主产区资源性缺水和工程性缺水并存，缺水与浪费并存，大水漫灌较为普遍，地下水严重超采，用水矛盾日益突出。重点是推广测墒节灌技术，改善灌溉制度，优化输水灌水方式。通过开展土壤墒情监测，科学制定灌水方案，重点推广应用微喷灌溉体系、滴灌带系统、膜下微喷带系统、长畦改短畦等技术模式。围绕水果、蔬菜等园艺作物生产，大力推广微灌水肥一体化技术。在适宜地区，实施保护性耕作，采取深松镇压、划锄覆盖等保墒措施，提高土壤蓄水保墒能力。

南方地区重点是加强坡改梯以及田间集雨灌排设施建设，增强蓄水调水能力，围绕玉米、马铃薯等作物，主推地膜覆盖、生物覆盖和集雨补灌等技术。在经济园艺作物上发展以现代微喷灌、水肥一体化为核心的高效节水技术。在水田推广水稻浅湿薄晒灌溉、控制灌溉等技术，促进水肥耦合。

二、农业碳资源高效利用

（一）农业碳循环利用

碳是生命的骨架，是构成生命有机体的主要元素之一。植物组织及微生物碳的含量占干重的 $40\%\sim50\%$，同时它又是能量的源泉，碳的来源是 CO_2。生物圈的碳循环主要是指植物通过光合作用将 CO_2 转变成有机物（糖类、蛋白质及类脂化合物）并通过食物链在生态系统中传递，被植物和动物所消耗，最终通过呼吸作用、发酵作用和燃烧又使碳以 CO_2 形式返回大气中。

碳的生物小循环有 3 个层次或途径：一是在光合作用和呼吸作用之间的细胞水平上的循环。二是大气 CO_2 和植物体之间的个体水平上的循环。三是大气 CO_2—植物—动物—微生物之间的食物链水平上的循环。

据估算，全球碳储存量约为 2.6×10^{16} t，绝大部分以碳酸盐的形式禁锢在岩石圈中，其次是储存在化石燃料中。生物可直接利用的碳是水圈和大气圈中以 CO_2 形式存在的碳，CO_2 或存在于大气中或溶解于水中，所有生命的碳源均是 CO_2。碳的主要循环形式是从大气的 CO_2 蓄库开始，经过生产者的光合作用，把碳固定，生成糖类，然后经过消费者和分解者，通过呼吸和长期腐败分解后再回到大气蓄库中。碳被固定后始终与能流密切结合在一起，生态系统生产力的高低也是以单位面积中的碳来衡量。

农田生态系统作为陆地生态系统的一种，其碳循环过程可以解释为：植物通过光合作用使大气中的 CO_2 形成有机物并固定在体内，而后，一部分有机物通过植物的呼吸作用和土壤及枯枝落叶层中有机质的降解返还大气。这个循环过程就形成了"大气—陆地植被—土壤—大气"陆地生态系统的碳循环。植物通过光合作用，将大气中的 CO_2 固定在有机物中，合成多糖、脂肪和蛋白质等，从而储存于植物体内，被食草动物食用以后经消化合成，通过一个个营养级，再消化再合成。在这个过程中，部分碳又通过呼吸作用回到大气中；另一部分成为动物体的组分，动物排泄物和动植物残体中的碳，则由微生物分解为 CO_2，再回到大气中。

植物通过光合作用从大气中摄取碳的速率与通过呼吸和分解作用而把碳释放到大气中的速率大体相同。由于植物的光合作用和生物的呼吸作用受到很多地理因素和其他因素的影响，所以大气中的 CO_2 的含量有着明显的日变化和季节变化，例如夜晚由于生物的呼吸作用，可使地面附近的 CO_2 的含量上升，而白天由于植物在光合作用中大量吸收 CO_2，使其含量降到平均水平以下；夏季植物的光合作用强烈，因此，从大气中所摄取的 CO_2 超过了在呼吸和分解过程中所释放的 CO_2，冬季则正好相反，其浓度可相差 0.002%。

碳循环在不同范围内的循环周期并不相同，整个大气圈中的 CO_2 单纯通过生物圈中生物的光合作用和呼吸作用，约 300 年循环一次。在生态系统中，碳循环的速度是很快的，最快的在几分钟或几个小时就能够返回大气，一般速度的会在几周或几个月返回大气。

（二）农业碳排放问题

在漫长的地质历史上，地球各个圈层经过复杂的相互作用，形成大气的基本化学组成，并使各种气体的相对比例基本达到了平衡。人类出现以来，特别是工业革命以来，由于各种生产和生活活动的影响，显著地改变了这种平衡状态，使得大气的化学成分发生了明显的变化。CO_2、甲烷等气体含量正在以前所未有的速度增加，进而导致全球范围的气候变化。全球气候变化是指由于人类活动排放温室气体而产生温室效应导致全球气候变暖、降水量增加、海平面上升，并由此产生一系列生态和环境变化的总称。

1. 人类活动对大气中 CO_2 浓度的影响 自从人类出现以来，一系列与碳元素有关的活动不断加入碳循环过程中来，其中最重要的活动是燃烧矿物燃料和砍伐森林。前者的影响是大大加快了岩石圈中有机碳的消耗和 CO_2 的排放，后者的影响则是减弱了生物圈同化 CO_2 的能力，其最终结果是打破碳循环原有的平衡，使大气中 CO_2 浓度增加。

在 19 世纪到 20 世纪初主要是因为砍伐森林，20 世纪以来又加上燃烧矿物燃料，如煤、石油及天然气。公元 1000—1800 年，大气中 CO_2 浓度是相当稳定的，为 $270\sim290\ \mu l/L$。到了 19 世纪，大量砍伐森林，开垦耕地，由于自然植被与未开发森林的含碳量比农业用地大 $20\sim100$ 倍，1850—1986 年的 100 多年的时间里，估算仅此一个因素就向大气排放 $(115\pm35)\times10^9$ t 碳。植被的大量破坏导致碳的大量释放。陆地生态系统储存的总碳量中 99.9% 的碳存在于植物体中，动物体内储存的碳约占 0.1%。因此，植被尤其是森林是碳的巨大储存库。据统计全世界的各类植被中，仅森林的干重生物量就有 1.9×10^{12} t，其中所含碳大约 7.5×10^{11} t；当森林被破坏而变成裸地、农田或牧场时，林木中的碳和土地与残落物中有机质的碳也就被大量释放出来，在这种情况下，森林不仅不能从大气中吸收 CO_2，反而会将大量 CO_2 释放出来排入空中。估算由此排出的碳每年可达 2.0×10^9 t，除了森林每年将大量的碳排入空气外，还有草原的沙漠化、酸雨和农药的危害都能促使储存在植物中的碳大量释放出来。有相关研究认为，在 1850—1950 年，由于人类的活动而排入大气中的碳达 1.8×10^{11} t，其中 1/3 来自化石燃料的燃烧，其余 2/3 则来源于植被的破坏，特别是破坏森林。

2. 人类活动对大气中甲烷浓度的影响 甲烷（CH_4）俗称沼气，其浓度在温室气体中占第二位，其增长与世界人口的增长有非常大的相关性，19 世纪之前大约不超过 $0.81\ \mu l/L$，19 世纪末增加到 $0.9\ \mu l/L$，从 1978 年开始有正式观测，测得浓度为 $1.51\ \mu l/L$，现在已达到 $1.72\ \mu l/L$，即大气中含 4.9×10^{11} t 的甲烷，也就是每年向大气中排放 $4.0\times10^9\sim4.8\times10^9$ t 甲烷，年增量 $0.8\%\sim1.0\%$。

甲烷的主要源地是沼泽、稻田及牲畜反刍。通过泥塘、沼泽及苔原每年排放到大气中的甲烷约 1.2×10^{10} t，稻田排放约 1.1×10^{10} t，牲畜反刍约 8.0×10^9 t，白蚁产生约 4.0×10^9 t，还有其他各种排放源，年排放总量在 5.0×10^{10} t 以上，通过与大气中氢氧根（OH^-）反应吸收约 5.0×10^{10} t，因此，可大体上维持平衡。但由于人类活动增加，目前这个平衡已被破坏，甲烷浓度按人口增加的比例迅速增长。如果今后仍然保持与人口增加相同的速度增长，估算到 2030 年浓度可达 $2.34\ \mu l/L$，2050 年可达 $2.5\ \mu l/L$。

3. 温室效应对农业生态系统的影响 太阳辐射为短波辐射，最大能量在 600 nm，而地球辐射是长波辐射，最大能量在 16 000 nm。大气中的 CO_2、甲烷、一氧化二氮、臭氧、氯氟碳（CFCs）、水蒸气等可以使短波辐射几乎无衰减地通过，但却可以吸收长波辐射，因此，这些气体有类似温室的作用，故称上述气体为"温室气体"。由此产生的效应称为温室效应。温室效应是一个自然过程，如果没有它，地球表面的温度将不再是现在的 15℃，而是 -18℃。当前存在的问题是由于人类活动导致大气中温室气体增加了，温室效应加强了，因而导致全球气候变暖。

由于温室效应所导致的全球气候变化对农业会产生直接和间接的影响，而且影响结果有正、负效应之分。气候变暖引起种植制度变化，即引起种植制度的界限位移，季节安排的变动，作物和作物品种类型的重组。从经济的角度看，全球变化对农业经济效益的影响主要是影响作物的产量和成本，从而影响农产品的价格。对作物产量的影响，视作物的种类和分布区域不同而异，例如，对 C_3 植物而言，CO_2 会增加光合作用强度，导致局部增产；气体尘埃的增加会削弱光照强度，从而降低光合作用强度；C_3 植物的产量则是这二者综合效应的结果。由于 C_3 植物的光合作用的另一个重要条件水分在全球变化过程中也会发生变化，在某些地方全球变化会使区域洪涝灾害增多，为了保证作物的正常生长，必须兴修水利工程；在另一些地方全球变化会引起局部严重干旱，又必须修建灌溉设施；使极地冰盖层融化，导致海平面上升，陆地面积将受到威胁，粮田将会被大量淹没；温室作用对作物生长造成不良影响，导致谷类作物株高降低，不育小穗增加，干物质产量和经济产量降低；同时全球变化还可能导致作物病虫害的危害加剧、作物适应的种植范围减小或扩大、生物多样性变化和生态系统的破坏、其他方面投资增加等一系列影响，从而增加作物生产成本。

三、养分资源高效利用

(一) 氮资源高效利用

氮是氨基酸和叶绿素中不可缺少的元素，是遗传物质中各种碱基的组分。大气中氮的含量为 79%，总储量约为 2.8×10^{15} t，但不能为大多数植物直接利用。只有通过固氮菌和蓝绿藻等生物固氮，闪电和宇宙射线的固氮，以及工业固氮的途径，形成硝酸盐或氨的化合物形态，才能被多数植物和微生物吸收利用。

全球氮循环的主体存在于土壤和植物之间。据 Rosswall 估算，在全球陆地生态系统中，氮素总流量的 95% 在植物—微生物—土壤系统进行，只有 5% 在该系统与大气圈和水圈之间流动。他还估算了全球陆地生态系统各组分的氮素平均周转速率，所得数据为：植物 4.9 年，枯枝落叶 1.1 年，土壤微生物 0.09 年，土壤有机质 177 年，土壤无机氮 0.53 年。

已有研究表明了全球氮素在各大圈层的储量。其中，全球氮素储量最多的主要是岩石（1.9×10^{17} t）、大气（3.9×10^{15} t），其次是煤等化石燃料（1.2×10^{11} t）。植物氮素储量约为 1.1×10^{10} t，动物氮素储量约为 2.0×10^8 t，微生

物氮素储量约为 5.0×10^8 t。

在生态系统中，植物从土壤中吸收硝酸盐、铵盐等含氮化合物，与体内的含氮化合物结合生成各种氨基酸，氨基酸彼此联结构成蛋白质分子，再同其他化合物一起构造植物有机体，于是氮素进入生态系统的生产者有机体中，进一步为动物取食，转变为含氮的动物蛋白质。动植物排泄物或残体等含氮的有机物经微生物分解为 CO_2、H_2O 和 NH_3，返回环境，NH_3 可被植物再次利用，进入新的循环。氮在生态系统的循环过程中，常因有机物的燃烧而挥发损失；或因土壤通气不良，硝态氮经反硝化作用变为 N_2O 和 N_2 而挥发损失；或因灌溉、水蚀、风蚀、雨水淋洗等而流失。损失的氮或进入大气，或进入水体，变为多数植物不能直接利用的氮素。因此，必须通过上述各种途径的固氮来补充，从而保持生态系统中氮素的平衡。反硝化和固氮作用是氮素循环中很重要的两个环节，反硝化损失的数据十分缺乏，据粗略估算，陆地系统反硝化损失的总量在 $1.1 \times 10^8 \sim 1.6 \times 10^8$ t/年，其中 N_2O 为 $1.6 \times 10^7 \sim 6.9 \times 10^7$ t/年。水系统的反硝化损失总量在 $2.5 \times 10^7 \sim 1.8 \times 10^8$ t/年，其中 N_2O 为 $2.0 \times 10^7 \sim 8.0 \times 10^7$ t/年。产生的 N_2O 主要流向平流层，少部分进入土壤和水系统。就固氮作用而言，根据 Soderlund 和 Svensson 估算，水系生物固氮量为 $3.0 \times 10^7 \sim 1.3 \times 10^8$ t/年，陆地系统生物固氮为 1.4×10^8 t/年，工业固氮为 3.6×10^7 t/年，燃烧生成的氮氧化物为 1.9×10^7 t/年，共计 1.9×10^8 t/年。随着工业的发展，1990 年工业固氮已达 8.2×10^7 t/年，燃烧生成的氮氧化物与 20 世纪 70 年代相比已大量增加。因此，目前陆地上固氮总量估算已超过 2.5×10^8 t/年。关于氮氧化物（NO）和氨（NH_3/NH_4^+），无论是陆地系统还是水系统都有逸出和进入。在陆地系统，逸出大于进入，水系统则是进入大于逸出。因此，其净结果是 NO 和 NH_3/NH_4^+ 通过大气圈流入海洋。

有机氮和硝酸盐是江河流水中的重要化合物，据 Soderlund 和 Svensson 估算，每年有 $1.3 \times 10^7 \sim 2.4 \times 10^7$ t 氮流入海洋，有 3.8×10^7 t 有机氮（以 N 计）进入水系统的沉积物中，海水中的有机氮以浪花的形式进入大气圈，之后以干、湿沉降进入陆地系统的每年有 $1.0 \times 10^7 \sim 2.0 \times 10^7$ t。

1. 农田氮循环　在农田生态系统中，氮素通过不同途径进入土壤亚系统，在土壤中经各种转化和移动后，又不同程度地离开土壤亚系统，形成"土壤—生物—大气—水体"紧密联系的氮素循环。

土壤和生物之间的氮素循环过程是土壤氮素通过植物吸收而被利用，从而间接被人类和家畜利用，然后又以有机肥（人畜粪尿和秸秆等）的形式返回农田进入氮素循环。土壤与大气之间的情况是，大气中的分子态氮通过生物固氮作用被还原为氨，成为土壤氮素的重要来源之一。降水和干沉降也带入一部分氮素于土壤中，而土壤通过硝化—反硝化作用和氨挥发，以气态氮的形式流向大气。

　　土壤和水体之间氮素循环过程是土壤中的氮素通过淋洗和径流损失进入水体、生物有机体，而江河、湖泊河水库中的氮又通过灌溉水进入土壤。输入土壤的氮素主要包括生物固氮、施用的化学氮肥和有机肥料、降水和干沉降，以及灌溉水等带入的氮量。从土壤输出的氮素除了随收获物移出的氮量以外，还有通过各种气态与液态方式或途径损失的氮量。

　　2. 农田氮平衡　氮是最重要的植物有效养分之一，是农田作物产量的重要限制因素，对小麦、玉米等谷类粮食作物尤其重要。然而，不合理地施用氮肥，既不能完全被植物吸收，也不能被土壤有机物所吸收，将导致氮的流失，会造成温室气体排放增加、地下水污染、大气污染等环境问题。

　　农田氮平衡是向"土壤—农作物"体系中投入的氮素和作物收获输出氮素之间的差异，实际上遵守的是质量守恒原理。现在农田氮输入主要包括化肥、有机肥、生物固氮、降水和灌溉水等；农田氮输出主要包括作物收获、化肥氮的损失、有机肥氮的损失、淋洗和径流等。农业生产中的氮素收支平衡是影响土壤质量的一项重要指标，同时也是衡量氮素输入的生产力和土壤肥力变化的最有效指标，在各地区之间存在着很大的差异，而在同一国家或地区，年度之间也有很大的变化，能反映出合理施氮、过度施氮或作物消耗土壤氮的状况。从 20 世纪 80 年代以来，农田生态系统中氮素总体上呈现盈余的状态，并且呈现持续增长的趋势。土壤中盈余的氮素一部分会被下季作物吸收利用，但大部分以硝态氮淋洗的方式损失掉。以冬小麦为例，当土壤氮库处于亏损状态时，氮素损失率降低，由于氮素供应不足，冬小麦产量降低的同时还会消耗大量土壤中的氮；当土壤氮库处于盈余状态时，再增加氮素以提高入冬小麦产量和品质，其增幅较小或不增加，甚至出现降低现象，与此同时，过量氮素会通过淋溶损失掉。因此，通过研究氮的投入和输出之间的关系，综合考虑"土壤—农作物"体系的氮素盈余和氮素利用率，最大程度的降低氮素在土壤中的流失，对农业的可持续发展和环境保护具有重要意义。

　　3. 生物固氮　生物固氮主要有共生固氮作用、自生固氮作用和联合固氮作用 3 种类型。其中，共生固氮作用贡献最大。共生固氮是指某些固氮微生物与高等植物或其他生物紧密结合，产生一定的形态结构，彼此进行物质交流的一种固氮形式。有根瘤菌与豆科作物共生，放线菌与非豆科植物共生，以及蓝细菌与蕨类植物共生或与真菌共生（地衣）等。据估算，在农业生态系统中，"豆科植物—根瘤菌"的共生固氮量占整个生物固氮量的 70%。自生固氮是指独立于其他生物之外，能自行生长繁殖固氮的微生物进行固氮的一种形式，主要有两大类：一类为光合固氮细菌，包括固氮红螺菌和固氮蓝细菌；另一类为化能有机营养型，如固氮菌、贝依林克氏菌及厌氧芽孢梭菌等。自生固氮量不大。联合固氮作用广泛存在于自然界。不少种类的自生固氮细菌（如固氮螺菌）在某些禾本科植物根际存在数量较大，生活在根系的黏质鞘套内或进入根皮层细胞间隙，依赖根的分泌物及脱落细胞作碳源，其固氮效率比自生固氮菌高，但远不如根瘤菌与豆科植物共生的固氮效率。人们把这种菌和植物的松散联合称为联合固氮作用。各种作物的根际与根表，均有联合固氮微生物。生物固氮是农业生态系统的重要供给源之一。各个国家由于气候环境条件和农田利用方式的不同，其生物固氮及其在农业生产中的重要性差别很大（表3-3）。

表3-3　生物固氮量与化肥固氮量的比较

项目	中国	美国	澳大利亚	印度	英国	新西兰	荷兰
生物固氮量 A（10^{10} t/a）	341.7	953.4	1384	149.8	48.7	86.2	5.2
化肥固氮量 B（10^{10} t/a）	1396.4	597.6	13.3	113.6	90.9	0.6	84.9
［A/（A＋B）］×100	19.7	61.5	99.0	56.9	34.9	99.3	5.8

（二）磷循环高效利用

磷是有机体不可缺少的重要元素，高能磷酸键在二磷酸腺苷（DTP）和三磷酸腺苷（ATP）之间可逆地移动着，它是细胞内一切生化作用的能量基础。光合作用产生的糖，如果不进行磷酸化，那么光合作用中的碳固定将是无效的，在每一个腺苷分子中，有一个磷原子是绝对必要的，没有它就没有生命。磷的生态意义还在于它是核酸、核糖核酸和脱氧核酸的重要组成部分，在生物遗传信息和能量传递中起着极其重要的作用。

磷是宇宙中最丰富的20种元素之一，在地壳中磷的丰度列第11位。岩石中含磷量差异较大，平均含磷量为0.1％～0.12％。据估算岩石圈（地壳）总储磷量为$5.0×10^6$ t。另据Van Wazer估算，地球上总储磷量为$1.0×10^{19}$ t，因此，地壳中磷仅占地球总储磷量的0.5％。岩石圈中可形成的180余种矿物大多以磷灰石类矿物形式存在，而且绝大部分为富磷沉积岩。据英国硫业公司提供的数据，地球上可供开采的磷矿石储量为$1.5×10^{10}$ t，仅占岩石圈储磷量的千万分之三。

磷溶于水而不挥发，在生态系统中属于典型的沉积型循环。磷以地壳作为主要储藏库。岩石土壤风化释放的磷酸盐和农田中施用的磷肥，被植物吸收进入体内。含磷的有机物沿两条循环支路循环：一是沿生物链传递，并以粪便、残体的形式归还土壤；另一种是以枯枝落叶、秸秆归还土壤。各种磷的有机化合物经土壤微生物的分解，转变为可溶性的磷酸盐，可再次供给植物吸收利用，这是磷的生物小循环。在这一循环过程中，一部分磷脱离生物小循环进入地质大循环，其支路有两条：一是动植物遗体在陆地表面的磷矿化；另一种是磷受水的冲蚀进入江河流入海洋。另外，海洋中的磷以捕鱼的方式被人类或海鸟带回陆地的量也不可忽视。据统计，每年全世界由大陆流入海洋的磷酸盐大约 1.0×10^5 t，但据 Hutchinson 的估算，以这种方式返回的元素磷为 6.0×10^4 t，而人们每年开采的磷酸盐为 $1.0 \times 10^6 \sim 2.0 \times 10^6$ t，且大部分被冲洗流失。进入海洋的磷酸盐一部分经过海洋的沉降和成岩作用，变成岩石，然后经地质变化、造山运动，才能成为可供开采的磷矿石。因此，磷是一种"不完全"缓慢循环的元素。

据大量土壤分析数据和相关资料，可初步估算土壤圈贮磷量为 6.2×10^{10} t，是全球可开采磷矿储磷量的 4 倍，相当于岩石圈储磷量的百万分之一。地球上生物圈包括陆地储磷量 1.8×10^9 t、淡水生物储磷量 0.34×10^6 t、海洋生物储磷量 6.0×10^7 t；水圈的储磷量在 1.1×10^{11} t 以上，其中淡水圈仅有 1.1×10^8 t；大气圈中储磷量很少，约为 1.3×10^5 t，主要集中在近地面的悬浮颗粒上。

（三）钾循环高效利用

钾是植物体内非常活泼的元素，主要分布在代谢作用活跃的器官和组织中，它虽不是植物体内代谢产物的组成部分，但却是多种酶的活化剂，它具有促进植物光合作用碳水化合物代谢、蛋白质合成和共生固氮等生理功能。钾被认为是作物生产的"品质因子"，作物缺钾可导致减产或品质下降。

钾循环是以地质大循环为主、生物小循环为辅的物质循环。作为植物三大营养元素之一的钾在地壳中是第七大丰富的元素，平均丰度为 26 g/kg。据推算地壳中钾的储量为 6.5×10^{17} t。由于钾的化学活性很强，在自然界不存在单质态钾，钾主要存在于岩浆岩和沉积岩中，其中岩浆岩比沉积岩含有更多的钾。在岩浆岩中，花岗岩和正长岩含钾为 $46 \sim 54$ g/kg，玄武岩为 7 g/kg，而橄岩中仅为 2 g/kg；在沉积岩中，黏质页岩含钾为 30 g/kg，而石灰岩中仅为 6 g/kg。矿质土壤中通常只含有 $0.04\% \sim 3\%$ 的钾，显示了土壤形成过程中钾的淋失现象。在 $0 \sim 20$ cm 深的土壤中总钾量为 $3.0 \times 10^3 \sim 1.0 \times 10^5$ kg/hm²，其中约 98% 为矿物钾，2% 为溶液和交换态钾。土壤圈中的钾是地球各个圈层中最活跃的部分。2017—2021 年我国钾肥使用量为 $5.2 \times 10^6 \sim 6.2 \times 10^6$ t，平均每年使用量为 5.7×10^6 t，由于作物的吸收、淋溶和水土流失等，大量钾进入生物圈和水圈。根据海水总量和海水中钾的平均浓度计算，海水中总钾量为 6.5×10^{11} t；又据海水中钾的平均存在时间 7.8×10^6 t/年计，每年成矿钾约为 8.3×10^4 t。由于自然界没有气态钾存在，所以大气圈中钾主要以尘埃形式存在，其量较小，地球各圈层间钾的交换数据未见文献报道，且难以估算。

土壤生态系统的钾素平衡是诸多因素的综合反映，如土壤母质、风化程度、施肥、作物吸收、秸秆还田、土壤侵蚀和淋溶损失等，但对于大多数耕地土壤来说最重要的因素有两个：植物吸收和施肥。

土壤生态系统既是钾素的储库，又是植物所需钾素的主要给源，多数土壤的含钾量较高，大于其他主要营养元素。而钾素的大部分在一定的时间内对高等植物相对的无效，必须通过无效钾的转化，使其成为有效钾。有效又是可溶的，因而易于淋失，再加上被作物带走的钾素数量比较大，被作物移走的钾量和氮相当，是磷的 2～4 倍。植物的吸收或淋溶作用，使土壤失去钾，通过施肥，又使土壤得到钾，导致不同钾的相互转化。在自然条件下，转化作用主要朝向可溶性钾的补充，转化可通过阳离子交换和矿物的酸溶作用进行。相反，重施钾肥，在某些条件下会产生钾的固定。钾素循环的起点是土体，也就是土壤矿物内或表面的钾，这部分原始钾是有限的，增加转化速率就意味着原始钾源变少，这样进入植物的有效钾减少，使植物产量和其他养分的有效利用减少。为了维持足够的钾素在循环系统中流动，必须以施肥的方式重新把钾引入这个循环。

作为最初钾源的土壤中含钾量，主要取决于母质以及在缓慢的成土过程中经历的风化类型。但是，土壤中有效钾在一般条件下不能满足植物的需求，这样就需要施入钾肥补充。钾肥施入土壤后，一部分被植物吸收，其余部分会有以下 3 种去向：一是仍以有效态存在于土壤溶液中或吸附在颗粒上；二是被土壤所固定；三是随水外流或下渗而脱离根区。在施用钾肥过程中，要根据土壤的特点和植物的需求量，防止"奢侈"消耗，也就是使作物减少继续吸收超过正常生长需求量，减少钾素在作物体内的积聚，使施肥变得有效和经济。植物需钾总量中只有一小部分是在根表附近呈交换态和可溶态存在，这也表明了植物从土壤溶液中吸取所需的养分，以及养分直接从固体土壤颗粒进入根部是不可能的。钾的吸收率主要决定于根部周围土壤溶液中钾的浓度，但此浓度降低很快，于是建立了偏向根部的浓度梯度，形成了向根部移动的扩散流。

第二节　农业生态系统调控

农业生态系统是一个由人工进行管理的生态系统，具有自然生态系统和人工管理系统的双重属性。一方面继承了自然生态系统的自我调节能力，保持一定的稳定性；另一方面受人为活动影响，存在着自然非中心式调控和典型人工中心式调控两种机制。因此充分认识农业生态系统的调控机制及其特点，有助于高效利用和保护农业资源，有助于建立稳定、高效、功能良好的农业生态系统。

一、农业生态系统调控层次

农业生态系统中包括自然调控、人工直接调控、社会间接调控 3 个层次。

第一个层次的调控是自然调控。它是从自然生态系统调控机制中继承下来的调控机制的非中心式调控机制。这个层次的调控是通过生物与环境、生物与生物以及环境因子之间的相互作用，生物的生理、生化或遗传等机制来实现的。自然调控层次是基础，它每时每刻都在进行着，但有时表现得相当缓慢，一个调整周期需要很长的时间，如生态自然恢复有时需要几年、几十年甚至是更长的时间。

第二个层次的调控是人工直接调控。由直接操作农业生态系统的农民或经营者充当调控中心的人工直接调控构成的第二层调控，农业生产技术是这个层次的主要调控形式。它是利用了农民或农业生态系统的经营者作为调控中心的典型的中心式调控机制，由于人工直接调控速度快、幅度大、效果明显，被广泛地用于农业生产的各个领域和环节，为农业的增产增收发挥着巨大的作用，但是，也常常因为过度依赖这个层次的调控，忽视自然调控而造成生态平衡失调，这一点应该引起足够的重视。

第三个层次的调控是社会间接调控。农业生态系统的经营者或农民在生产或经营活动中不可避免地要受到经济、法律、财政、金融、交通、市场、贸易、科技、教育、通信等各种社会因素的影响，经营者在社会因素影响下所采取的行动或进行的决策，实际上就是对农业生态系统实施了间接调控，例如近几年来我国农村政策的不断调整，就是对农业生态系统的间接调控。

二、农业生态系统的自然调控

农业生态系统的自然调控机制是从自然生态系统中继承下来的生物与生物、生物与环境之间存在的反馈调控、多元重复补偿稳态调控机制。比如光温对作物生长发育的调节作用、昼夜节律对家畜家禽行为的调节作用、林木的自疏现象、功能组分冗余现象、反馈现象等多种自我调节机制。

（一）反馈作用机制

反馈作用是指系统运行结果作为反馈信息，回到系统调控中心，对系统未来动态产生影响，这种作用过程称系统的反馈作用。反馈作用可分正反馈和负反馈，受正反馈控制的系统，未来运动方向和反馈信息相同，产生放大效应。受负反馈控制的系统，未来运动方向和反馈信息相反产生稳定效应。正反馈和负反馈对不同时期的生态系统或群落作用结果存在差异和变化。例如，在资源充足的情况下，种群数量越大，繁殖速度越快，系统整体上表现为正反馈的结果；随着种群数量迅速增长并达到一定程度时，开始受到资源和空间的限制，种群数量虽继续增加，但增长速度逐渐降低，系统整体上表现为负反馈的结果。正反馈通常使生态系统远离平稳状态，而负反馈常常使生态系统保持平稳状态。

农业生态系统具有多种正负反馈机制，能在不同的层次结构上行使功能控制。在个体水平上，通过正负反馈使得个体与环境、个体与群体之间保持一定的协调关系，比如白唇鹿在低密度时，雌鹿怀孕率为93%，而且60%是双胞胎，7%是三胞胎；在高密度时，怀孕率为78%，而且只有18%是双胞胎，没有三胞胎；在种群之间，捕食者与被捕食者之间的数量调节也是一种反馈机制；在群落水平上，一方面生物种群间通过相互作用，调节彼此间种群数量和对比关系，同时又受到共同的最大环境容纳量的制约；在系统水平上，交错的群落关系、生态位的分化、严格的食物链量比关系等，都对系统的稳态机制起积极作用。

（二）多元重复补偿机制

多元重复补偿是指在生态系统中，有一个以上的组分具有完全相同或相近的功能，或者说在网络中处在相同或相近生态位上的多个组成成分，在外来干扰使其中一个或两个组分破坏的情况下，另外一个或两个组分可以在功能上给予补偿，从而相对地保持系统的输出稳定不变。这种多元重复有时也理解为生态系统结构上的功能组分冗余现象，如植物种子数和动物排卵数大大超过环境中可能容纳的下一代数目。生态系统中的反馈控制和多元重复往往同时存在，使系统的稳定性得以有效地保持下去。这些自然调控相对人为调控来说，往往更为经济、可靠和有效，对保护生态环境更为有利。

（三）自然调控基本类型

成熟的生态系统组分复杂，生物具有多样性，整体上表现为和谐、协调、稳定。系统的长期发展，依靠各种自然调控机制，表现出很强的稳定性和抵抗外界干扰的能力。自然调控的类型可分为：程序调控、随动调控、最优调控和稳态调控。

1. 程序调控 生物的个体发育、群落演替都有一定的先后顺序，不会颠倒。群落的演替与物种间的营养关系、化学关系都有关。生物个体的发育、生物群落的演替都明显地表现出程序调控的特征。如植物从种子的萌发到开花结果；动物从卵、胎出生到发育、成熟、繁殖、死亡；昆虫的变态等过程都是按一定的先后顺序来进行的，不会颠倒。

2. 随动调控 动植物的运动过程能跟踪一些外界目标。向日葵的花跟着太阳转，植物的根向着有肥水的方向伸展。蝙蝠靠超声波跟踪捕捉昆虫等都是典型的生物个体所表现出的随动调控过程。

3. 最优调控 生态系统经历了长期的进化压力，优胜劣汰，现存的很多结构与功能都是最优或接近最优的。如六角形的蜂巢是最节省材料的，鱼类的流线形鱼体是降低流体阻力最理想的体形等，都属于最优调控的结果。

4. 稳态调控 自然生态系统形成了一种发展过程中趋于稳定、干扰中维持不变、受破坏后迅速恢复的稳定性。这种稳态主要靠系统的组织层次、系统的功能组分冗余及系统的反馈作用来获得。

（四）自然调控机制应用

农业生态系统的调控很大程度上采用了自然生态系统的自然调控机制，并且近几年来自然调控机制的应用越来越得到人们的认可和提倡。

农业生态系统是一个靠人工调节和自然调节相互补充的开放的系统调节，对农业生态系统的生产和经营起到了积极的推动作用。但是，由于人们过多地或者说是过分地依赖人工调节，而忽视了自然调节这个基础调节手段，虽然在短时间内取得了一定的经济效益，但同时严重地破坏了生态环境效益。在农业生产上人们大量甚至是过量地使用化肥，造成了土壤结构和功能的破坏，土壤板结，持水、持肥能力下降；过量的化肥流失到环境中，造成水体的富营养化等一系列环境问题；同时长时间大量使用化肥，对土壤中的微生物也造成一定的影响，有可能导致致病微生物病害的爆发。在植物保护上，大量使用化学农药，在杀死害虫和病原微生物的同时也杀死了天敌和有益微生物，致使病虫害连年持续爆发，这样又不得不连续大量使用农药，形成了恶性循环。毁林造田、退草耕作造成了土地的沙漠化。激素的使用给食品安全带来了严重隐患，影响了人们的身体健康，大量触目惊心的实例发人深省，使人们不得不将调节方式的重点转变回到自然调控的方式上来。

在传统继承和保留自然调节的基础上，加大自然调控技术的开发和应用，通过光照、温度、水分、土壤、空气、声音等生态因子对动植物的影响进行自然调控，增加系统的生物多样性，利用系统功能组分冗余、反馈等机制调节农业生产，充分利用随动调控、程序调控、优化调控、稳定调控，往往投入少、成本低，既保证了农业生产经营的经济效益，又避免了资源浪费和环境污染，又产生了可观的生态效益和社会效益。

自然调节的具体应用体现在各种农业技术措施上，在土壤中多施有机肥料和生物肥料，以促进生态系统的物质循环和能量的流动；在植物保护上多采用生物农药、引进天敌、调节环境因子等措施，多采用事半功倍的长效机制，既避免了环境污染，又增加了食品的安全性。

在畜禽等动物养殖上也可广泛采用自然调控方式，除传统上应用的自然调节措施外，还有当前在全国范围内推广的自然生态养猪法、畜禽的自然散养等。在提高经济效益的同时，产品也受到了社会的普遍好评，带来了可观的生态和社会效益。

三、农业生态系统的人工直接调控

人工调控是指农业生态系统在自然调控的基础上，施以人工的调节与控制。人工调节遵循农业生态系统的自然属性,利用一定的农业技术和生产资料加强系统输入,改变农业生态环境和系统组成的成分和结构,提高农业生产,加强系统输出。农业生态系统的调控途径可分为经营者的直接调控和社会间接调控两种。

(一)生长环境调控

生长环境调控就是利用农业技术措施改善农业生物的生态环境,达到调控目的,包括对土壤、气候、水分、有利有害物种等因素的调节。其主要目的是改变不利的环境条件,或者削弱不良环境因子对生物种群的危害程度。

调控土壤环境,可通过物理、化学和生物等方法进行。传统的犁、耙、耱、起畦和排灌、建造梯田等均为物理方法,它们可以改善耕层结构,调节水、肥、气、热之间的关系。化肥、除草剂和土壤改良剂的使用,能够改善土壤中营养元素的平衡状况,属于化学方法。而施用有机肥、种植绿肥、放养红萍、繁殖蚯蚓等措施属于生物方法,它们既能改善土壤的物理性状,又能改善土壤中营养元素的平衡状况,有利于提高土壤肥力。

调控气候环境,表现在区域气候环境的改善上,可通过人工降雨、人工驱雹、烟雾防霜、大规模绿化和农田林网建设等措施得以实现。局部气候环境的改善,可通过建立人工气候室和温室、动物棚舍、薄膜覆盖、塑料大棚、地膜覆盖,施用地面增温剂等方法实现。

调节水分的方法很多,如修水库,打机井,建水闸,田间灌排、喷灌、滴灌,施用叶面抗蒸腾剂等方法都可以直接改善水分供应状况。通过耕作,增施有机肥料改良土壤结构,也可以增强土壤的保水能力。

(二)输入输出调控

农业生态系统的输入包括肥料、饲料、农药、种子、机械、燃料、电力等农业生产资料,输出各种农业产品。输入调控包括输入的辅助能和物质的种类、数量和投入结构的比例。输出调控包括调控系统的贮备能力,使输出更有计划;对系统内的产品加工,改变产品输出形式,使生产加工相结合,产品得到更充分利用,并可提高产品的附加值;同时,控制非目标性输出,如防止因径流、下渗造成的营养元素的流失。

(三)农业生物调控

农业生物调控是在个体、种群和群落各水平上通过对生物种群遗传特性、栽培技术和饲养方法的改良,增强生物种群对环境资源的转化效率,达到增产增收的目的。个体水平的调控,其主要手段包括品种的选育和改良以及有关物种的栽培和饲养方法。例如优良品种的选育,杂种优势的利用,遗传工程手段、生长期间整枝打顶、疏花疏果、激素喷施等措施调节生长。

种群水平的调控,主要是建立合理的群体结构和采取相应的栽培技术,调节作物种植密度、牧畜放养密度、水域放养密度和捕捞强度、森林砍伐强度等，从而协调种群内个体与个体、个体与种群之间的关系，控制种群的动态变化，保持种群的最大繁荣和持续利用。

群落水平的调控是调控农业生物群落的垂直结构、水平结构、时间结构和食物链结构，以及作物复种方式、动物混养方式、林木混交方式等，建立合理的群落结构，以实现对资源的最佳利用。

（四）系统结构调控

农业生态系统的结构调控是利用综合技术与管理措施，协调农业内部各产业生产间的关系，确定合理的农、林、牧、渔比例和配置，用不同种群合理组装，建成新的复合群体。使系统各组成成分间的结构与机能更加协调，系统的能量流动、物质循环更趋合理。在充分利用和积极保护资源的基础上，获得最高系统生产力，发挥最大的综合效益。从系统构成上讲，结构调控主要包括 3个方面：一是确定系统组成在数量上的最优比例，如用线性规划方法求农林牧用地的最佳比例。二是确定系统组成在空间上的最优联系方式。要求因地制宜、合理布局农林牧生产，使生态位进行立体组合，按时空二维结构对农业进行多层配置。三是确定系统组成在时间上的最优联系方式。要求因地制宜找出适合地区优先发展的突破口，统筹安排先后发展项目。

四、农业生态系统的社会间接调控

社会间接调控是指农业生态系统的外部因素，经营者在计划和实施直接调控时，除考虑系统的自然状况外，还必须考虑各种社会因素。例如，市场价格、交通、科技信息等，其中价格对农民决策起着决定性影响。利用社会因素对农业生态系统进行调控主要包括财贸金融系统、工交通信系统、科技文教系统、政法管理系统的间接调控。

（一）财贸金融系统的间接调控

财贸金融系统通过影响经营者资金来源、消费方式和生产方向等手段，实施间接调控，其主要调控手段有信贷、投资、税率、利率、价格、货币发行、市场渠道、政府预算等。市场渠道是商品交换的必要条件，缺乏适当的市场流通，商品交换受阻，农业生态系统只能局限于自给自足，无法大量生产能充分发挥本地资源优势的、经济价值高的农业产品，进而影响农业生态系统的发展方向，如农产品价格鼓励决定着经营者发展农产品的方向和数量。

（二）工交通信系统的间接调控

工交通信系统通过影响经营者的农业生产资料和信息，实行间接调控。工交通信影响农业的装备能力、加工能力、物质流通能力和信息沟通能力。现代化农业愈来愈依赖农资工业发展的程度，即农机用具、化肥、农药、薄膜等农业生产必需品的供给。交通运输直接影响商品流通能力。美国专业化生产的主要条件之一就是有便利的、容量大的长距离运转能力以及较好的储存保管手段。信息系统对于经营者及时了解市场需求、资源供应情况、天气变化等是十分必要的。

（三）科技文教系统的间接调控

科技文教系统通过影响经营者的素质及其使用的农业技术，实施间接调控。从某种意义上来说，提高公众的生态意识，普及推广农业技术，就是提高农业生态系统的自我调节能力。

（四）政法管理系统的间接调控

政法管理系统通过影响经营者的积极性和行为规范，实施间接调控。政法管理系统通过强制性或倡导性的各种政策、方针、法令的制定和执行，影响着社会生产的组合形式、生产资料所有权、收益分配权、生产决策权等，对经营者的积极性和行为规范产生影响，对农业生态系统的类型、结构与生产力产生深刻的影响，如森林法、野生动物保护法、渔业许可证制度、基本农田保护法等，都将对保护森林、野生动物、渔业资源及基本农田起到良好的作用。

第三节　生态农业发展模式

一、生态农业内涵

中国古代早期的人们就持有生态的思想，生态意识源远流长。这集中表现在《诗经》中"桑之未落"，其叶沃若的"农蚕并举"现象；《齐民要术》中贾思勰所倡导的人与自然和谐相处的农耕思想；明清时代，人们保护生态环境，加强农、林、牧、渔一体化管理行为。随着时间的推移，传统生态农业已经逐步转化为现代生态农业。生态农业最早于 1924 年在欧洲兴起，一开始只有某一个或某几个生产者从市场的需求出发进行生产，之后这些生产者联合起来成立了社团或者协会，在 1930 年左右，英国著名的农业学家霍华德正式提出了有机农业的理论，并且进行了相关的实验，并将总结的经验推广到全国农业中去，随后英国的有机农业发展进入了黄金时代。从实践层面上看，生态农业最早是由鲁道夫·斯蒂纳主讲的"生物动力农业"课程演变而来的，随后在瑞士、英国、日本等国家发展。这之后的 70 年里，生态农业发展迅速，影响程度扩展到了世界各地。从理论层面上看，美国密苏里大学教授威廉·艾奥伯瑞奇于 1970 年最早提出了"Ecological Agriculture"一词。20 世纪 80 年代英国农学家瓦什顿发表文章《生态农业及其有关技术》，系统定义了生态农业的内涵。国外关于生态农业完整的定义很少，这是因为国外许多专家学者将生态农业称为有机农业、生物农业等。

　　中国在生态农业研究上要落后于国外，到 20 世纪 70 年代末才开始中国生态农业实验与理论研究。国内关于生态农业的内涵，专家学者给出了不同的见解。"生态农业"在全国农业生态经济学术讨论会上正式使用，同时首次提出走生态农业之路是中国实现农业现代化的重要战略。20 世纪 80 年代，农业现代化发展存在很多弊端，现代化进程止步不前。针对这一现象，推行了生态农业试点工作，但总体效益不高。从理论层面上看，1981 年国内著名生态学家马世骏首次从生态工程角度提出了"整体、协调、循环、再生"的建设原理。次年叶谦吉正式提出"生态农业"这一术语，即根据生态学原理和生态经济规律，运用科技手段，建立起多层次、协同发展的一种现代化农业生产模式。1984 年颁布的《国务院关于环境保护工作的决定》明确提出要保护农业生态环境，国内专家学者对生态农业理论进行了大量的探索研究，初步形成了中国特色生态农业理论体系。1987 年，马世骏定义了生态农业，他认为生态农业遵循物质循环再生和整体资源协调共生原则，依托当地自然优势，对农、林、牧、渔产业比例进行合理分配，以期实现生态、社会、经济效益的最大化。在1990 年左右，雍兰利教授在所发表的有关我国农业生产模式研究的成果中正式指出，生态农业在持续性发展农业中是重要的环节，中国要想发展生态农业不但需要借助于当前信息技术所形成的先进科技成果，还需要总结和推广传统农业生产过程中形成的有益经验。李周在总结分析了农业发展经历的 5 种类型模式之后，提出了生态农业是石油农业危机之后产生的，依靠科技手段和有机肥料的生产，以缓解生态压力为目标，从而实现生态效益与经济效益的统一。李文华指出生态农业是在不破坏环境与经济融合发展的前提下，依据生态学、生态经济学等多种学科，沿用生物、可持续发展和经济学等原理，在总结和吸收农业机械化等先进生产方式的基础上，通过技术创新和集约化的技术手段对农业生产的模式进行优化，实现农业体系的因地制宜。骆世明指出生态农业是以农业生产可持续发展为目标，通过友好的生态研究方法，增强生态农业系统的服务手段。生态农业模式概念的产生与形成与生态农业本身的兴起和发展密不可分，它是生态农业理论逐步形成及其在生产实践过程中不断完善和改进的结果。

　　根据我国生态农业发展特色和模式的特点，结合前人对生态农业模式的定义，可将我国的生态农业模式概括为：以农业可持续发展为目的，按照生态学和经济学原理，根据地域不同，利用现代技术，将各种生产技术有机结合，建立起来的有利于人类生存和自然环境间相互协调，实现经济效益、生态效益、社会效益的全面提高和协调发展的现代化农业产业经营体系。

二、生态农业原理

（一）整体效应原理

根据系统论观点，即整体功能大于个体功能之和的原理，对整个农业生态系统的结构进行优化设计，利用系统各组分之间的相互作用及反馈机制进行调控，从而提高整个农业生态系统的生产力及其稳定性。农业生态系统是由生物及环境组成的复杂网络系统，由许许多多不同层次的子系统构成，系统的层次间也存在密切联系，这种联系是通过物质循环、能量转换、价值转移和信息传递来实现的，合理的结构将能提高系统整体功能和效率。农业生态系统包括农、林、牧、副、渔等若干系统，种植业系统又包括作物布局、种植方式等。从具体条件出发，运用优化技术，合理安排结构，使总体功能得到最大发挥，系统生产力最大，是生态农业整体效应原理的具体体现。

生态系统结构表现在：空间结构（如分层现象）、时间结构（如季节变化）、物种结构（如多样性变化）。整体效应原理的应用，主要包括利用时空结构的作物套种、间作，利用空间有鱼塘的鲢鱼、草鱼、鲤鱼混养，以及进行合理的生态规划与设计等。

（二）生态位原理

各种生物种群在生态系统中都有理想的生态位，在自然生态系统中，随着生态演替的进行，其生物种群数目增多，生态位变得丰富并逐渐达到饱和，有利于系统的稳定。而在农业生态系统中，由于人为措施，生物种群单一，存在许多空白生态位，容易使杂草病虫及有害生物侵入占据，因此需要人为填补和调整。利用生态位原理，把适宜的、价值较高的物种引入农业生态系统，以填补空白生态位，如稻田养鱼，把鱼引进稻田，鱼占据空白生态位，鱼既除草又除虫，促进稻谷生产，还可以产出鱼售等产品提高农田效益。生态位原理应用的另一方面是尽量在农业生态系统中使不同物种占据不同的生态位，防止生态位重叠造成的竞争互克，使各种生物相安而居，各占自己特有的生态位，如农田的多层次立体种植、种养结合、水体的立体养殖等，能充分提高生产效率。

（三）食物链原理

生态系统中不同生物之间通过取食关系而形成的索链式单向联系即食物链，它包括捕食食物链、腐食食物链和寄生食物链3种类型。食物链与食物链相互选结成网状结构，成为食物网。在生态系统中，生物与生物之间通过营养关系而密切地联结成一个统一的整体，当某一个环节发生变化，就可能影响到整个生态系统的营养结构，如进行害虫防治时，农药在杀死害虫的同时，也将杀伤天敌，从而引起害虫的再次猖獗。因此，应从生态系统的水平来开展对某一生物的管理。农业生态系统中，往往食物链短而简单，这不但不利于能量转化和物质的有效利用，而且降低了生态系统的稳定性。为此生态农业就是要根据食物链原理组建食物链，将各营养级上因食物选择所废弃的物质作为营养源，通过混合食物链的相应生物进一步转化利用，使生物能的有效利用率得到提高。

（四）物质循环与再生原理

任何一个生态系统都有适应能力与组织能力，可以自我维持和自我调节。而其机制是通过生态系统中物质循环利用和能量流动转化。自然生态系统通过对大气的生物固氮而产生氮素平衡机制，从土壤中吸收一定的养分维持生命，然后又通过根茎、落叶、残体腐解归还土壤。农业生态系统是开放系统。现代农业系统的开放度更大，要通过大量的系统外部投入，如化肥、农药等维持生产生态农业体系，通过立体种植及选择归还率较高的作物，以及合理轮作、增施有机肥等建立良性物质循环体系。尤其要注意物质再生利用，使养分尽可能在系统中反复循环利用，实现无废弃物生产，提高营养物质的转化及利用效率。系统内物质循环往复、充分利用，使系统内每一组分产生的"废物"成为下一组分的"原料"，无所谓"资源""废物"之分，构成了生态系统中营养物质的最佳循环。我国珠江三角洲地区的人工"基塘"（如桑基鱼塘）就是一种符合生态系统物质流动规律的传统农业生产方式。

（五）生物与环境相协调原理

生态系统是生物群落与其环境之间由于不断地进行物质循环和能量流动而形成的统一整体。在自然生态系统中，系统结构与功能相协调，系统内生物与环境相和谐，生物亚系统内各组分间的共生、竞争、捕食等关系相辅相成，使系统内有机体或子系统大大地节约物质和能量，以减小风险，获得最大的整体功能效益。

生物与环境是生态环境的两类组分，也是农业生产的基本要素，只有在适宜的生态环境中生存，生物才可能最大限度地利用资源，获得最佳生产力及效益。生物在适应环境的同时，也作用于环境，对生态环境有一定的改造能力，从而使得环境与生物协调平衡发展。此外，还有一些其他的原理或原则，如种群增长原理、限制因子定律、生物种群相生相克原则、最适功能原则、最小风险原则等，但高效和谐是整个应用生态学中的最基本原则。

三、生态农业类型

生态农业是一种在农业生产实践中形成的兼顾农业的经济效益、社会效益和生态效益的一种农业类型。结构和功能优化了的农业生态系统，不论其规模大小，涉及农业、林业、畜牧业、渔业和副业等多种行业，受自然资源、生产技术和社会需求限制，不同行业的比例、结构特征不同，从而显示出生态系统类型也不同。在一个通过能量和物质流动串联起来的农业生态系统中，最重要的就是保证能流、物流的畅通和物质的循环利用。根据生态学的组织层次，生态农业的模式可以分为 3 个层次，即区域与景观布局模式、生态系统循环模式和生物多样性利用模式。根据资源、物质循环的利用方式，生物之间、生物与环境之间以及系统结构、功能关系，将生态农业模式分为以下 4 种类型：物质多层利用型、生物互利共生型、资源开发利用与环境治理型、观光旅游型。

（一）物质多层利用型

物质多层利用型是按照农业生态系统的能量流动和物质循环规律构成的一种良性循环生态模式。在该模式中，通过增加生产环和增益环将单一种植和高效饲养以及废弃物综合利用有机地结合起来，在系统内做到物质良性循环，能量多级利用，达到高产、优质、高效、低耗的目的。在该系统中一个环节的产出是另一个环节的投入，废弃物在生产过程中得到多次利用，形成良性循环系统，从而获得更高的资源利用率和最大经济效益，并有效防止了废弃物对农村环境的污染。该类型又可分为沼气利用型、病虫草防治型、产业链延长增殖型 3 种类型。

（二）生物互利共生型

生物互利共生型利用生物群落内，各层生物的不同生态位特性及互利共生关系，分层利用空间，提高生态系统光能利用率和土地生产力，增加物质生产。这是一个在空间上多层次，在时间上多序列的产业结构类型，使处于不同生态位的各生物类群在系统中各得其所、相得益彰、互惠互利，充分利用太阳能、水分和矿物质营养元素，实现对农业生态系统空间资源和土地资源的充分利用，从而提高资源的利用和生物产品的产出，获得较高的经济效益和生态效益。生物互利共生型以先进适用的农业技术为基础，以保护和改善农业生态环境为核心，强化农田基本建设，提高单产。该类型主要包括农林牧渔复合型、农作物复合种植、其他复合型 3 种类型。

（三）资源开发利用与环境治理型

资源开发利用与环境治理型依据生物与环境相互影响原理，以生态效益为主，兼顾经济效益，运用生态经济原理指导和组织农业生产，保护和改善农业生态环境与生产条件，提高农业综合生产能力，把人类农业生产活动纳入生态循环链内，参与生态系统的生物共生和物质循环，以求生态、经济和社会效益协调发展。资源开发利用与环境治理型主要包括资源开发型和环境治理型两种类型。

（四）观光旅游型

观光旅游型是运用生态学、生态经济学原理，将生态农业建设和旅游观光结合在一起的良性模式。在交通发达的城市郊区或旅游区附近，以当地山水资源和自然景色为依托，以农业作为旅游的主题，根据自身特点，将旅游观光、休闲娱乐、科研和生产结合为一体的农业生产体系。观光旅游型生态农业模式是一种新的农业形式，是近年来新兴的城郊农业发展模式，该模式以市场需求为导向，以农业高新技术产业化开发为中心，以农产品加工为突破口，以旅游观光服务为手段，在提升传统产业的同时，培植名贵瓜、果、菜、花卉和特种畜、禽、鱼以及第三产业等新兴产业，进行农业观光园建设，让游客在旅游中认识农业，了解农业，热爱农业。根据农业观光园的应用特点将其分为观光农园、农业公园、教育农园三类，各类型中又包含多种模式。

随着互联网的进步和发展，为各行各业带来了发展的新机遇，其中"互联网＋"现代农业，形成了利用互联网提升农业生产、经营、管理和服务水平，使农业网络化、智能化、精细化的新模式——智慧农业。它是在利用各类高新技术发展农业的同时，结合生态系统原理和物质循环再生原理、人地关系地域系统理论、社会网络理论、产业经济学等理论，以实现经济效益、生态效益和社会效益相统一为重点的现代农业发展模式。具有如下特点：整合闲置资源。订单式生产农副产品。注重生态，绿色生产。依托个人社交网络，增加目标受众。依托互联网平台，拓展品牌推广渠道。注重满足客户多种需求，可以为村民收入增加，提高生活水平，有效转移农村剩余劳动力，吸引年轻劳动力，拓展农产品流通模式，提供发展借鉴、打造新品牌模式，助力乡村发展。

为进一步促进生态农业的发展，农业农村部向全国征集到了370种生态农业模式或技术体系，通过专家反复研讨，遴选出经过一定实践运行检验，具有代表性的十大类型生态模式，并正式将这十大类型生态模式作为今后一个时期农业农村部的重点任务加以推广。这十大典型模式和配套技术是：北方四位一体生态模式及配套技术；南方"猪—沼—果"生态模式及配套技术；平原农林牧复合生态模式及配套技术；草地生态恢复与持续利用生态模式及配套技术；生态种植模式及配套技术；生态畜牧业生产模式及配套技术；生态渔业模式及配套技术；丘陵山区小流域综合治理模式及配套技术；设施生态农业模式及配套技术；观光生态农业模式及配套技术。

四、生态农业关键技术

（一）立体种养高效利用技术

立体种植与立体养殖是一种浓缩我国传统农业精华的技术模式。早在公元前1世纪的《氾胜之书》中就记载当时利用间混套作获取高产，集约利用土地的例子；唐代就有水田养鱼、垦草种稻的记载。它与现代新技术、新材料的结合，使这一技术得到更充分的发挥。这种立体种养技术通过协调作物与作物之间，作物与动物之间，以及生物与环境之间的复杂关系，充分利用互补机制并最大限度避免竞争，使各种作物、动物能适得其所，以提高资源利用效率及生产效率。这类模式在我国农区相当普遍，尤其是光、热、水资源条件较好、生产水平较高的地区更是类型多样，成为解决人多地少、增产增收的主要途径。

（二）农业废弃物循环利用技术

通过物质多层次、多途径循环利用，实现生产与生态的良性循环，提高资源的利用效率，这是生态农业中最具代表性的技术手段。其技术主要通过种植业、养殖业的动植物种群、食物链及生产加工链的组装优化加以实现。

生物物质的多层次利用技术可大幅度提高物质及能量的转化利用效率，如中国科学院在湖南进行的饲料喂鸡，鸡粪喂猪，猪粪制取沼气，沼渣种蘑菇、养鱼，养蚯蚓及作为肥料还田的综合多级利用试验，饲料经多级利用后能量利用率由一次利用的 64.7％增加到 90.5％，其中氮素利用率由 45％提高到92.4％。归纳农业生态系统中物质多级利用技术主要方式如下：

1. 畜禽粪便综合利用　畜禽粪便综合利用技术已受到普遍重视，在美国、欧洲等许多国家和地区都利用干燥膨化鸡粪替代粗饲料及粗蛋白饲料，在我国一些地区也已采用。这是由于鸡的消化道短，饲料未被充分吸收利用就排出体外，鸡粪中有约 70％的营养成分未被消化吸收，经过适当处理后可作为猪、鱼等动物的优质饲料。畜禽粪便另一种利用途径是作为沼气原料，可以作为能源利用，而沼渣、沼液不但可作为优质的有机肥料供作物利用，而且可作为食用菌培养料，猪、鱼饲料等。

2. 秸秆综合利用　农作物的秸秆产量是相当多的，能占到生物量的 60％左右。我国每年产出的生物秸秆在 5 亿 t 以上，如何合理利用是相当关键的问题。目前的秸秆有相当一部分被烧掉了，不但污染大气，而且把其中所含的粗蛋白、纤维素及大量微量元素浪费掉。因此，加强对秸秆的综合利用是生态农业一项重要的技术及任务。秸秆利用途径目前除部分直接用做有机质补充农田外，还有一部分作为饲料供牛、羊等草食动物食用。秸秆还可通过氨化处理、微生物发酵及添加剂处理后用作饲料。营养价值和适口性大大提高，并可替代部分粮食。秸秆还可作为食用菌（蘑菇等）的培养料、沼气原料。

（三）农用绿色投入品研发应用技术

病、虫、草害是造成作物减产的重要因素，利用生物措施及生态技术有效防控病、虫、草危害的潜力很大。其优点在于无毒性残留，不污染环境，又可以保护生物多样性和生态系统自我调节机制。通常生物防治技术有以下几个方面：

利用轮作、间混作等种植方式控制病、虫、草害。轮作是通过不同作物茬口特性的不同来减轻土壤传播的病害、寄生性或伴生性虫害、草害等，其效果甚至是农药达不到的。间作及混作等是通过增加生物种群数目，控制病、虫、草害，如玉米与大豆间作造成的小环境，因透光通风好，既可减轻玉米大小叶斑病、黏虫、玉米螟的危害，又能减少大豆蚜虫虫害现象的发生。

通过收获和播种时间的调整，可防止或减少病、虫、草害。各种病、虫、草都有其特定的生活周期，通过调整作物种植及收获时间，打乱害虫食性时间或错开季节，可有效地减少危害。此外，利用抗病虫品种也是一种经济有效的途径。

利用动物、微生物治虫、除草。在生态系统中，一般害虫都有天敌，通过放养天敌（或食虫性动物）可有效控制病虫危害，如稻田养鱼治草、治虫，棉田放鸡食虫，利用七星瓢虫、食蚜虫等捕食蚜虫；真菌类的白僵菌防治蛴螬；细菌类的蛴螬乳剂防治天蛾、黏虫等。

从生物有机体中提取的生物试剂替代农药防治病、虫、草害。利用自然界生物分泌物之间的相互作用，运用生物化学、生态学技术与方法开发新型农药将会成为未来发展的新趋势。

（四）生态健康养殖技术

生态健康养殖是指根据养殖对象的生物学特性，运用生态学、营养学原理来指导养殖生产，通过合理科学地利用土地和周边的环境资源，减少排泄物对环境造成的不利影响。也就是说要为养殖对象营造一个良好的、有利于快速生长的生态环境，提供充足的全营养饲料，使其在生长发育期间最大限度地减少疾病的发生，使生产的食用产品无污染、个体健康、营养丰富。目前生态健康养殖模式主要涉及畜牧业、种植业、渔业等，养殖产生的粪污在种植、养鱼、生产中作有机肥等链式延长循环利用，实现可持续发展。

1. 生物发酵床养殖技术　　根据微生物发酵原理，将畜禽排放出的粪便、食物残渣与废水等按照特定的比例混合，并且加入一定的微生物菌剂进行发酵。一段时间以后这些养殖废弃物便会在微生物发酵下转化为发酵料，废弃物得到循环利用，充分发挥自然资源的最大价值，避免资源浪费，有效缓解和改善粪便造成生态环境污染的问题。

2. 林下生态养殖技术　　该技术适用于林间、山区或者丘陵地带的畜牧业发展，通过借助林间或山区的地理优势，凭借外界的自然资源形成一整条绿色循环的生物链系统。运用林间饲养的方式，将养殖动物放置在林中，只需要投入少量的饲料作为养殖动物的日常补给，而主要的养殖方式很大程度上依赖于自然生态环境的自我调和，主要食用林间、山区中自然饲料（如林间果实、小昆虫等），排放出的粪便成为周边自然植物生长的养料，促进自然饲料的加快生长。这种生态养殖技术不仅将畜牧业与自然生态环境有机地联系在一起，增强了畜牧业的绿色发展水平，同时也大大降低了养殖成本，实现了资源的可循环利用，减少环境污染。

3. "畜禽—沼—渔—农作物"循环利用技术　当前,我国畜牧业推广生态养殖的主要突破口在于有效应用粪污资源优化循环利用技术,该技术通过养殖畜禽,产生粪污,进行沼气发酵,产生沼液、沼渣,一部分用于渔业饲料,另一部分用于农作物肥料,农作物收获后可出售,可作畜禽饲料。整个循环过程充分利用了粪污,产生畜禽、沼气、水产、农作物多重经济效益,又在一定程度上解决了生态环境污染问题。

(五) 新能源开发利用技术

以开发利用生物能(薪炭林、沼气)、生态能(太阳能、风能、水能)等新能源,替代部分化工商品能源是生态农业的一项重要技术。

1. 沼气发酵技术　沼气发酵是通过微生物在厌氧条件下,把淀粉、蛋白质、脂肪、纤维等有机大分子降解为可溶性碳、氮小分子化合物,同时产出甲烷等可燃性气体的有机化学反应过程。从生态系统角度看,将秸秆、粪尿、有机废弃物等通过沼气发酵产生可利用能源,既解决了环境污染问题,又强化了生态系统的自净能力,实现无污染生产。

2. 太阳能利用技术　太阳能是恒定的、可再生的、清洁的能源,是实现农业生产过程的基本能源。目前所采用的常规技术包括地膜覆盖、塑料大棚、太阳能温室、太阳灶等,它们都可有效地增强太阳光能的吸收利用,解决作物生长过程中的热量需求及生活用能。

3. 风能、地热能、电磁能利用技术　在一些海拔较高、风力强大的地区,利用风力发电、照明、取暖,有相当的利用潜力。一些地区利用地热能开展的蔬菜、瓜果、高价值植物栽培,效益也非常显著。

五、我国生态农业典型模式

(一) 桑基鱼塘循环模式

低洼地基塘农业生态工程也称为基塘系统,初见于珠江三角洲和太湖流域,由于当地地势低洼,常受水淹,农民把一些低洼地挖成鱼塘,挖出的泥土将周围的塘基抬高加宽,形成了一种特有的物质、能量转换系统。目前基塘系统广泛盛行于华南、华东、华中和其他水网地区,是一种典型的水陆结合效益较高的农业生态工程。2017年11月23日,"浙江湖州桑基鱼塘系统"通过联合国粮农组织专家评审,入选全球重要农业文化遗产保护名录。

基塘系统一般由基面陆地亚系统和鱼塘水体亚系统两个基本亚系统组成,有的还包括一个联系亚系统。基面亚系统的主要组分是生产者,即绿色植物,根据基面所安排的生物种类不同,基塘系统又可以分为桑基鱼塘、蔗基鱼塘、果基鱼塘、花基鱼塘、粮基鱼塘、草基鱼塘、菜基鱼塘等类型。水体亚系统的组分既有生产者(浮游植物及其他水生植物),也有消费者(各种鱼类和其他水生动物等）。联系亚系统的组分多为一级消费者，如猪、蚕等。

桑基鱼塘是基塘系统中结构最复杂也是较典型的一种。它是由基面种桑、桑叶喂蚕、蚕沙（指死蚕、蚕粪、碎桑叶等）养鱼、鱼粪肥塘、塘泥上基为桑施等环节构成。在这个系统中，桑、蚕、鱼各组分得到协调发展，基塘、资源得到充分利用，使桑基鱼塘表现出很高的生产力。

据研究，基塘系统的基面以平基为好，基宽 6～10 m 为宜，过宽则挖取塘泥困难，过窄则种植面积太小；基面高度以高出鱼塘稳定水面 1～1.5 m 为宜，过低易使作物受渍，过高则作物吸水困难，易受旱；鱼塘以长方形东西向，长宽比 6：4 较好，因东西向接受阳光较多，有利于浮游生物的繁殖，也有利于提高冬季水温；塘水深度以 2.5～3 m 为宜，过浅则水量不足，过深则下层光线不足，溶解氧含量低，对鱼类生长不利；鱼塘面积以 0.3～0.4 hm² 较好，不宜超过 0.7 hm²。塘太小，养鱼不多，受基面作物遮阴比例大，而且受风面小，不利于水中氧的溶解；鱼塘过大，供应饵料和捕捞不方便，而且风浪大易冲崩塘基。至于基塘系统的基水面积比，需要考虑系统内的物质循环及其效益情况，其中桑基鱼塘以 4.5：5.5 为宜。若水面过大、基面过小，虽然鱼的总产值较高，但桑叶总产量低，必须补充饵料投入，势必提高生产成本，同时还造成塘泥过剩；若基面过大、水面过小，则系统内塘泥不足，需补充施肥方能保证桑叶产量水平。

在鱼塘亚系统中，鱼类的结构直接关系到能否合理利用水体和提高鱼类产量，草食性鱼类直接摄食水体中的水草、蚕沙和基面田间除草的杂草，其粪便和剩下的蚕沙腐屑促进水体中浮游生物的繁殖。浮游植物如甲藻、硅藻、黄藻、绿小球藻等进行光合作用能增加水体中的氧气，同时也是鲢鱼的好饲料；浮游动物如水蚤、轮虫等虽然消耗了水体中一定的氧气，但它们是鳙鱼的良好饲料。

鲢鱼、鳙鱼等滤食性鱼类通过滤食水体中的浮游生物，使水质变清，又有利于水体中其他鱼类的生长发育。各种鱼类的排泄物和食物残屑沉积于塘泥表层，可促进微生物和水体中原生动物的繁殖，又为杂食性鱼类如鲤鱼、鲫鱼等提供了丰富的食物，同时也促进了塘泥变肥。在组建基塘系统时，合理设计水体中多种鱼类的混养，可大大提高鱼塘水体的生产力和经济效益。据研究，珠江三角洲的基塘系统基水面积比例在 4.5：5.5 的情况下，各种鱼类混养较合理的比例应为鲩鱼 26.7%、鲢鱼 12.0%、鳙鱼 17.9%、鲮鱼及其他 43.4%。

基塘系统具有显著的生态效益，这表现在：物质循环具有较强的封闭性，除产品输出外，其余部分营养物质基本都能返回系统参与再循环，很少丢失。能量转化效率高，鱼塘水体中的浮游植物光合效率较高，且鱼类系冷血动物，呼吸消耗少，使系统能表现出很高的能量转化效率。营养结构复杂，系统内多种生物彼此之间都可通过食物营养关系链接起来，使基塘资源得到了充分的利用。改善环境条件，通过挖塘抬基，降低了基面的地下水位，为作物种植提供了良好的条件，使基塘环境相得益彰。

（二）四位一体的庭院生态系统模式

由于农家庭院具有便于管理和集约经营的特点，使庭院农业生态工程具有很强的实用性。据调查，我国农家庭院占土地面积为 6%～10%，而这部分土地的产值是高产农田的 5.92 倍。据估算，我国大约有农户 $1.8×10^8$ 户，庭院总占地面积 360 万 hm^2，相当于日本全国耕地面积的一半，充分发掘这部分面积的生产潜力具有很重要的实际意义。庭院的生产经营项目最多，生产集约化程度最高，土地利用率最高，资金周转和积累最快，对人的生活环境影响也最直接。此外，庭院又是整个农业生态系统的重要组成部分，在系统的物质、能量、资金、信息的流通转换中起着重要的作用。庭院生态系统中生物种类较多，环境也发生了很大的变化，同时庭院又是物质、能量、资金、信息的重要聚散地，从而使庭院生态系统表现出便于调控、便于管理、效益较高等特点。

目前，我国庭院农业生态工程建设已涌现许多典型，根据各地经验，进行庭院农业生态工程建设时，可以从以下 3 个方面考虑：

1. 高度集约化的庭院生产　无论是劳动集约型项目、资金集约型项目，还是技术集约型项目，采用庭院集约化生产都便于管理和实施，能更好地提升这些生产项目的效益，这也正是庭院经济效益远远高于普通农田的重要原因。

集约化的庭院生产，可以是高效益的种养殖业，也可以是农副产品的加工，还可以是其他行业的工副业或服务业，农户可根据其自然条件、社会经济条件和劳动者的文化技术素养，以及各自的信息来源和销售渠道，选择合适的生产经营项目。

2. 充分利用空间和资源的立体生产　庭院立体生产不仅包括对房前屋后的空坪隙地的充分利用和合理的间混套作，还包括空中养殖、屋顶农业、地下农业（如养殖土壤动物、地窖栽培等）。阳台农业、墙体利用等内容，使庭院的立体生产系统往往表现出更高的复杂性和更高的效益。

由于庭院的土地被房屋、畜舍等人工构筑物分割成零星的小块，造成光照、温度、水分、土壤肥力等生态环境的差异，因此，庭院立体生产应注意因地制宜，必须根据种植的作物和饲养的动物的特征特性来合理配置。在种植上，光照较强的环境中配置果树、蔬菜等阳性植物，光照较弱的环境下配置生姜、魔芋等阴性植物或耐阴的蔬菜、花卉、药用作物等，屋顶、阳台可种植蔬菜、盆栽花卉、盆栽果树等，沿院墙体可种植丝瓜、扁豆、葡萄等；在养殖上，为了充分利用空间，可改传统的平面单层养殖为多层立体养殖，混养、套养、兼养和高空养殖相结合，如房顶养鸽，地面养鸡、猪，地下养蝎子、蜗牛、土元等；庭院水体可养鱼、鸭或种莲藕等，应注意结合多层混养，提高水体利用率，池边种丝瓜、扁豆、葡萄等不仅可增加产品量，还有利于水体环境的改善。总之，在庭院总体利用上，应注意水、陆、空并举，立体开发，以提高庭院的整体效益。

3. 庭院废弃物的多级利用 庭院是各种农业废弃物的主要集散地，也是利用转化废弃物的重要场所，通过对废弃物的多层次多途径利用，不仅可提高物质、能量的转化效率，还对改善庭院生态环境具有很重要的实际意义。

在庭院废弃物的多级利用中，沼气的利用和各种腐生动物的养殖具有非常明显的效果。据中国农业科学院长沙农业现代化研究所研究，一个五口之家，每天需 1.5 m^2 的沼气，可建造一个 6～8 m^2 池容的沼气池，养 10～11 头猪，沼气池可满足五口之家生活用沼气，还可用于加温育苗或其他用途，沼渣可用于养蚯蚓或栽培食用菌，沼液则是一种很好的速效肥料。

在庭院中将种植业、养殖业及沼气能源结合起来，获得较佳的生态效益及经济效益，是北方地区的庭院生态模式典型，有相当的普遍性。最基本的模式是"种菜—养猪—沼气池"，即利用猪粪便及其有机废弃物进行沼气发酵，沼气作为能源，沼液沼渣作为有机质供给蔬菜种植及农田施用。在这种模式基础上可以有许多改进，如蔬菜在塑料大棚或温室中种植，养猪也在大棚及温室内，并且增加养鸡，鸡粪喂猪等。这种庭院生态系统模式以农户为单位，以沼气为纽带，集种植、养殖、能源为一体，有很强的生命力，是一种良性循环的生产模式，也是一种农村能源开发的模式，实施比较简单易行，投资成本可高可低，规模可大可小，可视农户具体情况而定。在北方的一般模式是沼气池、厕所、猪舍和日光温室"四结合"，也称为"四位一体"。猪舍在沼气池上面，与温室间以墙间隔，猪舍内一角设厕所，形成以太阳能为动力，以沼气为纽带，以日光温室立体种植、养殖为手段，通过种、养、能源的有机结合，形成生态良性循环。

而在南方则出现了以广西恭城瑶族自治县、江西赣州市和广东梅州市为代表的"猪—沼—果—渔"模式，取得了良好的经济、社会与环境效益。该模式是在"猪—沼—果"模式基础上发展衍生而来，该模式将部分沼液以及果园害虫用于养鱼，从而形成一个更加完整的生态体系。位于定南县龙塘镇朱坑生态养殖小区的杏林农庄为该模式一个较典型的代表，其总面积为 33.33 hm^2。农庄实行山顶"戴帽"（种植水土涵养林），山腰开梯田种脐橙，园间种植生草，山脚"穿靴"（保留防护植被带），山脚下建造养猪场和沼气池，下游建有多级养鱼池，形成"养猪—沼气—果树—养鱼"四位一体的小流域综合生态农业模式。

根据物质循环和能量高效流动原理，在养猪场配套建造沼气池，对猪粪实行固液分离处理，固体经发酵堆制后用作果园肥料，液体进入沼气池作为发酵原料。沼气用作燃料，沼液主要作为肥料用于果树并可用于果园的病虫害防治，部分沼液用于氧化塘培养浮萍，浮萍则作为鱼饲料用于养鱼，少量沼液可作为添加剂用于喂猪。果园合理保留野生植被以增加生物多样性，配合应用杀虫灯、捕食螨和黄板等生物和物理防治手段进行害虫防治，杀虫灯诱杀的害虫作为鱼饲料。"猪—沼—果—渔"生态农业模式能显著提高资源利用率和农业生态系统的综合效益，解决传统农业模式中存在的投入高，但经济效益不高，生活能源燃料缺乏，农产品品质下降等问题，同时对当地农业面源污染控制与生态环境保护起到积极的作用。

（三）农田生态种植模式

生态种植模式指依据生态学和生态经济学原理，利用当地现有资源，综合运用现代农业科学技术，在保护和改善生态环境的前提下，进行高效的粮食、蔬菜等农产品的生产。在生态环境保护和资源高效利用的前提下，开发无公害农产品、绿色食品、有机食品和其他生态类食品，成为今后种植业的一个发展重点。

1. 间套轮作种植模式　间套轮作种植模式是指在耕作制度上采用间作套种和轮作倒茬的模式。利用生物共存、互惠原理发展有效的间作套种和轮作倒茬技术是进行生态种植的主要模式之一。间作指两种或两种以上生育季节相近的作物，在同一块地上同时或同一季成行地间隔种植。套种是间前作物的生长后期，于其株行间播种或栽植后茬作物的种植方式，是选用两种生长季节不同的作物，可以充分利用前期和后期的光能和空间。合理安排间作套种可以提高产量，充分利用空间和地力，还可以调剂好用工、用水和用肥等矛盾，增强抗击自然灾害的能力。典型的间作套种种植模式有：北京市大兴区西瓜与花生、蔬菜间作套种新型种植模式；河南省麦、烟薯间作套种模式；山东省章丘市马铃薯与粮、棉及蔬菜作物间作套种模式；山东省农业技术推广总站推出的小麦、越冬菜、花生/棉花间作套种模式等。轮作倒茬是土地关于养用结合的重要措施，可以均衡利用土壤养分，改善土壤理化性状，调节土壤肥力，且可以防治病虫害，减轻杂草的危害，从而间接地减少肥料和农药等化学物质的投入，达到生态种植的目的。典型的轮作倒茬种植模式有：禾谷类作物和豆类作物轮换的禾豆轮作；大田作物和绿肥作物的轮作；水稻与棉花、甘薯、大豆、玉米等旱作轮换的水旱轮作；西北等旱区的休闲轮作。

2. 保护耕作模式　用秸秆残茬覆盖地表，通过减少耕作防止土壤结构破坏，并配合一定量的除草剂、高效低毒农药控制杂草和病虫害的一种耕作栽培技术。保护性耕作通过保持土壤结构、减少水分流失和提高土壤肥力达到增产目的，是一项把大田生产和生态环境保护相结合的技术，俗称"免耕法"或

"免耕覆盖技术"。国内外大量实验证明,保护性耕作有根茬固土、秸秆覆盖和减少耕作等作用,可以有效地减少土壤水蚀,并能防止土壤风蚀,是进行生态种植的主要模式之一。主要的先进配套技术有"残茬覆盖减耕法""旱地小麦高留茬少耕全程覆盖技术""旱地玉米免耕整秆半覆盖技术""一年两熟地区少免耕栽培技术""深松覆盖沟播技术""农作物秸秆返田返地覆盖栽培技术""水旱免耕连作""稻田垄作免耕综合利用技术"等。

3. 旱作节水农业模式 旱作节水农业是指利用有限的降水资源,通过工程、生物、农艺、化学和管理技术的集成,把生产和生态环境保护相结合的农业生产技术。其主要特征是运用现代农业高新技术手段,提高自然降水利用率,消除或缓解水资源严重匮乏地区的生态环境压力、提高经济效益。配套技术:抗旱节水作物品种的引种和培育:关键期有限灌溉、抑制蒸腾、调节播栽期避旱、适度干旱处理后反冲机制的利用等农艺节水技术;微集水沟垄种植、保护性耕作、耕作保墒、薄膜和秸秆覆盖经济林果种植等;抗旱剂、保水剂、抑制蒸发剂、作物生长调节剂的研制和应用;节水灌溉技术、集雨补灌技术、节水灌溉农机具的生产和利用等。

(四)设施生态农业模式

设施生态农业及配套技术是在设施工程的基础上通过以有机肥料全部或部分替代化学肥料(无机营养液),以生物防治和物理防治措施为主要手段进行病虫害防治、以动植物的共生互补良性循环等技术构成的新型高效生态农业模式。

1. 设施清洁栽培模式

(1)设施生态型土壤栽培技术 通过采用有机肥料(固态肥、腐熟肥、沼液等)全部或部分替代化学肥料,同时采用膜下滴灌技术,使作物整个生长过程中化学肥料和水资源都能得到有效利用,实现土壤生态的可恢复性生产,主要包括有机肥料生产加工技术、设施环境下有机肥料施用技术、膜下滴灌技术、栽培管理技术等。

(2)有机生态型无土栽培技术 通过采用有机固态肥(有机营养液)全部或部分替代化学肥料,采用作物秸秆、玉米芯、花生壳、废菇渣以及炉渣、粗砂等作为无土栽培基质取代草炭、蛭石、珍珠岩和岩棉等,同时采用滴灌技术,实现农产品的无害化生产和资源的可持续利用,主要包括有机固态肥(有机营养液)的生产加工技术、有机无土栽培基质的配制与消毒技术、滴灌技术、有机营养液的配制与综合控制技术、栽培管理技术等。

(3)病虫害绿色防治模式 通过以天敌昆虫为基础的生物防治手段以及一批新型低毒、无毒农药的开发应用,减少农药的残留;通过环境调节、防虫网、银灰膜避虫和黄板诱虫等物理手段的应用,减少农药用量,使蔬菜品种品质明显提高。主要采用了以昆虫天敌为基础的生物防治技术，以物理防治为基础的生态防病、土壤及环境物理灭菌、叶面微生态调控防病等生态控病技术等。

2. 设施种养结合生态模式　通过温室工程将蔬菜种植、畜禽（鱼）养殖有机地组合在一起而形成的质能互补、良性循环型生态系统。目前，这类温室已在中国辽宁、黑龙江、山东、河北和宁夏等省份得到较大面积的推广。

（1）温室"畜—菜"共生互补生态农业模式　利用畜禽呼吸释放出的 CO_2，供给蔬菜作为气体肥料，畜禽粪便经过处理后作为蔬菜栽培的有机肥料来源，同时蔬菜在同化过程中产生的氧气等有益气体供给畜禽来改善养殖生态环境，实现共生互补，形成了温室"畜—菜"共生互补的生态农业模式。其主要配套技术有："畜—菜"共生温室的结构设计、高效健康饲养、蔬菜绿色高效栽培、"畜—菜"共生互补合理搭配的工程配套技术、温室内 NH_3、H_2S 等有害气体排放的防控技术等。

（2）温室"鱼—菜"共生互补生态农业模式　利用鱼的营养水体作为蔬菜的部分肥源，同时利用蔬菜的根系净化功能为鱼池水体进行清洁净化，形成了温室"鱼—菜"共生互补生态农业模式。其主要配套技术有："鱼—菜"共生温室的结构设计、温室水产高效养殖、蔬菜绿色高效栽培、"鱼—菜"共生互补合理搭配的工程配套技术、水体净化技术等。

3. 设施立体生态栽培模式

（1）温室"果—菜"立体生态栽培模式　利用温室果树的休眠期、未挂果期地面空间的空闲阶段，选择适宜的蔬菜品种进行间作套种。

（2）温室"菇—菜"立体生态培养模式　通过在温室过道、行间距空隙地带放置食用菌菌棒，进行"菇—菜"立体生态栽培。食用菌产生的 CO_2，可作为蔬菜的气体肥源，温室高温高湿环境又有利于食用菌生长。

（3）温室"菜—菜"立体生态栽培模式　利用藤式蔬菜与叶菜类蔬菜空间上的差异，进行立体栽培，夏天还可利用藤式蔬菜为喜阴蔬菜遮阳，互为利用。

（五）观光生态农业模式

观光生态农业模式是指以生态农业为基础，强化农业的观光、休闲、教育和自然等多功能特征，形成具有第三产业特征的一种农业生产经营形式，主要包括高科技生态农业园、精品型生态农业公园、生态观光村和生态农庄4 种模式。

1. 高科技生态农业观光园　高科技生态农业观光园主要以设施农业、组培车间、工厂化育苗、无土栽培、转基因品种繁育、航天育种、克隆动物育种等农业高新技术产业或技术示范为基础，并通过生态模式加以合理联结，再配以独具观光价值的珍稀农作物、养殖动物、花卉、果品以及农业科普教育和产品销售等多种形式，形成以高科技为主要特点的生态农业观光园。

技术组成：设施环境控制技术、保护地生产技术、营养液配制与施用技术、转基因技术、组培技术、克隆技术、信息技术、有机肥施用技术、保护地病虫害综合防治技术、节水技术等。

2. 精品型生态农业公园 通过生态关系将农业的不同产业、不同生产模式、不同生产品种或技术组合在一起，建立具有观光功能的精品型生态农业公园。一般包括粮食、蔬菜、花卉、水果和特种经济动物养殖精品生产展示，传统与现代农业工具展示，利用植物塑造多种动物造型，利用草坪和鱼塘以及盆花塑造各种观赏图案与造型，形成综合观光生态农业园区。

技术组成：景观设计、园林设计及生态设计技术，园艺作物和农作物栽培技术、草坪建植与管理技术等。

3. 生态观光村 生态观光村专指已经产生明显社会影响的生态村，它具有一般生态村的特点和功能。例如，村庄经过统一规划建设、绿化美化环境卫生清洁管理，村民普遍采用沼气、太阳能或秸秆气化，农户庭院进行生态经济建设与开发，村外种养加生产按生态农业产业化进行经营管理等。而且由于具有广泛的社会影响，已经具有较高的参观访问价值和较为稳定的客流，可以作为观光产业进行统一经营管理。

技术组成：村镇规划技术、景观与园林规划设计技术、污水处理技术、沼气技术、环境卫生监控技术、绿化美化技术、垃圾处理技术、庭院生态经济技术等。

典型案例：北京市大兴区留民营村、浙江省藤头村。

4. 生态农庄 一般由企业利用特有的自然和特色农业优势，经过科学规划和建设，形成具有生产、观光、休闲度假、娱乐乃至承办会议等综合功能的经营性生态农庄，这些农庄往往具备赏花、垂钓、采摘、餐饮、健身、宠物乐园等设施与活动。

技术组成：自然生态保护技术、自然景观保护与持续利用规划设计技术、农业景观设计技术、人工设施生态维护技术、生物防治技术、水土保持技术、生物篱笆建植技术等。

第四章　农田土壤养护

第一节　农田土壤面源污染

农业面源污染是指不合理使用化肥、农药，过度的禽畜水产养殖以及农膜残留，农作物秸秆等废弃物造成的水体、土壤、生物和大气污染。面源污染是相对于点源污染而言的，点源污染是工矿"三废"等污染源固定排放点引起的污染。农田土壤污染一般来源于农业面源污染和点源污染，但随着工矿"三废"排放得到有效控制，农田土壤污染主要来源于农药、化肥、畜禽粪便、秸秆和农膜等面源污染，将成为农田土壤面源污染的重点研究对象。

一、农田土壤污染主要危害

土壤污染是指人类活动或自然因素产生的污染物通过不同途径进入土壤，其数量超过土壤的净化能力，无法自净修复到初始状态从而在土壤中逐渐积累，并达到一定程度，引起土壤质量恶化、正常功能失调甚至某些功能丧失的现象。目前，我国土壤污染问题愈发严峻，据统计，全国农田土壤污染面积超过 $1.2 \times 10^7 \ hm^2$，其中重度污染面积达到近 $2.0 \times 10^6 \ hm^2$。据《全国土壤污染状况调查公报》调查结果显示，全国土壤环境状况总体不容乐观，部分地区土壤污染较重，耕地土壤环境质量堪忧，工矿业废弃地土壤环境问题突出。全国土壤总的点位超标率为 16.1%，其中轻微、轻度、中度和重度污染点位比例分别为 11.2%、2.3%、1.5% 和 1.1%。根据《2020 年中国生态环境统计年报》，全国农业源共排放化学需氧量（COD）$1.6 \times 10^7 \ t$，氨氮 $2.5 \times 10^5 \ t$，总氮 $1.6 \times 10^6 \ t$，总磷 $2.5 \times 10^5 \ t$，分别占全国总排放量的 62.1%、25.8%、49.3% 和 73.2%。

土壤污染的原因主要是农用化学品对土壤的污染。农药、化肥、兽药、除草剂、农膜等农用化学品的广泛使用，是导致土壤污染日益严重的重要因素。

农田以农业发展为主，为了提高农业生产力，会大量使用各种化学药剂以及肥料。杀虫杀菌剂等农药大部分会进入到土壤中，残留在农田作物秸秆及根系中的农药会随其腐烂而进入土壤，大气中漂浮的农药也会随雨雪落入土壤，这既会对土地环境造成一定污染，也会造成生态系统中的动态紊乱，最终会影响到人们的身体健康。地膜长期大量使用后，留在土壤中的塑料残片日益增多，使土壤的可耕性和肥力受到严重危害。以上这些问题都是致使我国农田的土壤污染问题越来越严重的主要原因。人类在生产和生活活动中所产生的污染物质进入土壤的途径可以是直接的，也可以是间接的，通过大气、水、生物等进入土壤。进入土壤的污染物质既可以是土壤中某些固有成分如重金属元素，也可以是土壤中原来并不存在的物质如有机合成农药等。土壤是否被污染及污染程度如何，既取决于一定时间内进入土壤的污染物数量，也取决于土壤对该污染物自净能力的大小。当进入量超过自净能力时，就有可能造成土壤污染，污染物进入土壤的速度超过其净化能力越大，污染物积累时间越长，土壤受到的污染也就越重。

（一）农药污染

1. 农药种类 农药是指用于预防、控制危害农业、林业的病、虫、草、鼠和其他有害生物以及有目的地调节植物、昆虫生长的化学合成或者来源于生物、其他天然物质的一种物质或几种物质的混合物及其制剂。

农药是保证农作物取得高产的重要农业生产资料。它们化学性质稳定，大都属于持久性有机污染物，能够在土壤中长期存在并不断积累。按其来源可分为生物源、矿物源、化学合成三大类；按防治对象可分为杀虫剂、杀菌剂、杀螨剂、杀线虫剂、除草剂、杀鼠剂、植物生长调节剂；按化合物类型可分为无机、有机、抗生素和生物农药等，其中有机农药存在着多样化的特点，结合化学结构进行分析，主要涉及有机氯类农药、有机磷类农药、氨基甲酸酯类农药以及拟除虫菊酯类农药等类别。其中，有机氯农药属于含有氯原子的有机杀虫剂，具备众多的品种，有机氯农药是用于防治植物病、虫害的组成成分中含有有机氯元素的有机化合物，主要分为以苯为原料和以环戊二烯为原料的两大类。前者如使用最早、应用最广的杀虫剂滴滴涕和六六六，以及杀螨剂三氯杀螨砜、三氯杀螨醇等，杀菌剂五氯硝基苯、百菌清、道丰宁等；后者如作为杀虫剂的氯丹、七氯、艾氏剂等。对于有机磷农药来说，自然是有机化合物中含有相应的磷元素，常见的则为敌百虫、乐果等类型；对于拟除虫菊酯类农药，主要是通过进行除虫菊酯的仿生合成的方式，涉及相应的甲氰菊醋、氯菊酯以及联苯菊酯等类别。按作用方式可分为杀生性农药和非杀生性农药，前者包括胃毒、触杀、内吸、熏蒸剂等类，后者包括特异性杀虫剂（如引诱、驱避、拒食、昆虫生长调节剂等）、植物生长调节剂等。

在农业生产的实践中，农药属于非常重要的化学药剂，对于实现农作物的高质量生长，防治病虫害及处理杂草等方面都有着重要意义，以保障植物的高质量生长、产量提升，促进农业经济的可持续发展。我国的农药发展主要涉及以下3个时期，即20世纪60年代的创建期、80年代的巩固发展期，以及当前品种结构优化调整的繁荣期。目前全球农业生产过程中每年要使用约3.5×10^6 t的农药，其中，中国的农药使用量位于世界第一，大约占全球总量的20%，其中微毒、低毒和中毒农药用量占比超过99%。

2. 农药污染　农药污染是指由于人类活动直接或间接地向环境中排放农药，破坏生态系统，对人类和生物的安全产生不良影响的现象。人们经常提到的农药污染问题主要是指化学农药的环境效应。实际上化学农药多为人工合成，它们在环境中原本并不存在，所以如果按背景值对其进行评价，只要检测到有农药存在即可称之造成了农药污染。但从卫生标准来看，往往以是否危害人体健康或危害生物生存为限，即当污染物浓度超过该标准时一般才称之为造成了农药污染。

联合国粮食及农业组织（FAO）官网公布数据表明，2020年全世界农药用量较大的美国、巴西、中国等20个国家的特点为国土面积大、人口众多、经济较发达，或为重要的农业生产大国。从近30多年全球农药用量的变化看，全世界的农药用量呈增长趋势，这可能与人口增长、农产品需求增加有关。2020年，全球农药用量为2.7×10^6 t，中国农药总用量（包括港、澳、台）2.7×10^5 t，中国大陆用量2.6×10^5 t，约占世界农药总用量10%。

自20世纪以来，我国农药的使用量大大增加。其中，有机磷、有机氯、氨基甲酸酯类农药是常见的药物，含有大量的有毒、有害物质，进入周围土壤后会引发不同程度的污染问题。部分农民的环境保护意识弱，农业生产过程中为了达到良好的病虫害防治效果，过量使用具有强力杀伤作用的农药，这是导致土壤生态系统被破坏的主要原因。土壤的自净能力无法实现农药残留成分的快速降解，便会长期存留在土壤当中，其调节和载体功能受到损害。如果土壤中含有大量的污染物，也会导致农作物对有害成分的吸收量增大，影响粮食安全，对人们的身体健康造成较大危害。

实际上，造成土壤污染的因素不是单一的，往往是多种因素互相作用的综合结果。污染量达到一定程度时，产生相应的污染效应，对环境产生不良的影响。农药对于土壤的危害主要包括直接和间接两种方式。种植人员在向农作物喷洒使用农药后，受叶片面积、天气、气流以及人为等因素的影响，大部分农药扩散到土壤和大气中，会直接对土壤产生影响；在使用一些除草类药剂时，种植人员会直接将农药进行拌土，然后覆盖至土壤中，这些带有除草性质的农药会直接对土壤造成污染；除直接污染外，某些农药也会由于间接因素对土壤造成污染。在使用农药时，种植人员直接将其喷洒至农作物叶片上，当前农药使用方式多为喷雾器或无人机喷洒，所以在使用过程中一部分会附着在叶片上，而另一部分则会落到土壤中；在大气中可能还有以气态形式存在的农药，这些农药经过降水或者大雾后也会进入到土壤中；动物以及植物体内也会残存一些农药成分，如野生动物在食用了带有农药的植物后，农药中的重金属等有毒物质会长期积聚在动物体内，动物死亡后残体经过微生物分解，农药也会进入到土壤中；灌溉的水源中也会带有农药残留，种植人员在水域周边冲洗喷雾器，或者将农药瓶直接丢弃至水域中时，会导致水体被污染，而使用被污染的水源进行农业灌溉后也会污染土壤。

（二）化肥污染

1. 化肥种类　化肥是指由化学工业制造、能够直接或间接为作物提供养分，以增加作物产量、改善农产品品质或能改良土壤、提高土壤肥力的一类物质。1840 年德国农业化学家李比希提出"矿质营养学说"，此后随着化学工业的发展，化肥生产和使用的数量逐年增加。

化肥的种类较多，根据作物生长必需的营养元素可分为氮肥、磷肥、钾肥和其他中量、微量元素肥料。根据其所含有效成分的种类可分为氮肥、磷肥、钾肥等单质肥料和氮磷钾多元复合肥料。

据 FAO 统计，2021 年度全球化肥用量（氮磷钾养分折纯）为 1.95×10^8 t，其中，中国用量为 0.41×10^8 t，占全球用量的 21%。2022 年，我国肥料年产 6.8×10^7 t，氮肥 4.5×10^7 t，其中尿素 2.5×10^7 t，占总量的 55%；磷肥 1.7×10^7 t；钾肥中硫酸钾 1.5×10^6 t，占 38%，氯化钾 2.4×10^6 t，占 63%，我国钾肥远远无法满足国内需求，每年需进口钾肥 4×10^6 t。

2. 化肥污染　化肥污染是指因过量或不合理施用化肥，使得土体、大气或地下水中的有毒物质的含量超过了国家规定的标准，由此给人畜带来严重危害的现象。就广义而言，化肥施用后所造成的土壤、水体和大气污染是发生在施用化肥的整个区域内，因此从类型上将化肥污染划分为面源污染。

化学肥料为作物提供养分这一点与化学农药是不同的，化肥是保持土壤肥力的关键，特别是在作物的关键生长期，只有提供充足的营养物质，才能维持良好的生长状态，提高农作物的产量和品质。也就是说如果使用合理，化肥对植物和环境应该是无毒无害的。然而，当前磷肥和氮肥、钾肥等化学肥料的使用较为普遍，导致土壤当中氮、磷等元素的浓度超标，就会引起严重的污染问题。过量施用化肥造成的污染类型主要有：

（1）放射性污染　磷肥和钾肥常含有放射性物质，因为磷矿石中大多含有天然放射性元素，而钾肥中的放射性元素是 K40，主要辐射 γ 和 β 射线。

（2）重金属污染　此类污染大多来自磷肥，长期使用磷肥时会增加氟的含量，影响作物的生长和有毒元素的污染，由废酸生产的磷肥中含有三氯乙醛，这种物质可对作物造成毒害。

由于化肥污染而产生的影响集中体现在以下 4 个方面：一是过量使用致使大气、水、土壤都受到严重的污染；二是长时间超量使用单一化肥，使土壤酸化，严重破坏土壤的结构，致使土壤退化，降低农作物的质量和品质；三是增加农作物的种植成本；四是过量施肥会增加蔬菜中的硝酸盐含量和土壤氮氧化物排放，降低蔬菜质量，造成空气污染。同时我国化肥使用技术仍以粗放的撒施、表施为主，农作物未能吸收的养分大多进入了土壤和水体中，导致土壤过度营养化和水体富营养化，从而影响土壤和水体质量。

（三）秸秆污染

秸秆是成熟农作物茎、叶（穗）的总称，通常指小麦、玉米、棉花、油菜、薯类及其他农作物在收获籽粒后的剩余部分。广义上是指收获作物主产品之后所有大田剩余的副产物及主产品初加工过程产生的副产物。

秸秆是由大量的有机物和少量的矿物质构成。有机物的主要成分为碳水化合物，此外，还有少量的粗蛋白和粗脂肪。其中，碳水化合物由纤维性物质和可溶性糖类构成。秸秆中的矿物质由硅酸盐及其他少量矿物质微量元素（氮、磷、镁、钙、硫等）组成。按照作物种类，可将秸秆分为大田作物秸秆和园艺作物秸秆。大田作物秸秆包括禾谷类、豆类和薯类等粮食作物秸秆，以及纤维类作物秸秆、油料类作物秸秆、糖料类作物秸秆等经济作物秸秆。园艺作物秸秆包括草本的蔬菜、果树和花卉植物的秸秆，但不包括苹果、桃等木本植物修剪或其他操作产生的剩余物。

秸秆具有协调土壤中水、肥、气、热的功能，可增加土壤中有机质、钾素、磷素的积累，促进土壤中微生物活性，改善土壤物理性状。根据相关统计结果显示，2022 年的全国共产生作物秸秆 8.1×10^9 t、绿肥 0.9×10^9 t、人畜禽粪便 4×10^{10} t。

秸秆污染是秸秆本身和对其处理过程中对土壤、大气、水源等造成的污染，在所有的农业环境污染问题中，秸秆污染的程度很高，且涉及的污染面积很大。因此，大量废弃处理的农作物秸秆引发了不容忽视的面源污染。出现秸秆污染问题的主要原因：一是作物产量增加，秸秆生产量增大，因其综合利用滞后出现秸秆过剩；二是区域秸秆综合利用技术落后，秸秆资源化利用程度低，引起环境污染；三是随作物复种指数的提高，灭茬机械和免耕播种技术滞后，个别因赶农时灭茬焚烧秸秆引起污染。其中，在田间焚烧秸秆会引起一系列的污染问题，燃烧过程中会产生较高含量的二氧化碳、一氧化碳等温室气体，引起大气污染。我国秸秆资源化利用主要有饲料化、肥料化、能源化、基质化和材料化 5 种途径。

(四) 畜禽粪便污染

畜禽粪便污染指畜禽养殖过程中畜禽排泄物本身及其分解所产生的大量硫化氢、醇类、酚类和氨苯，以及大量病原菌等对周围环境造成的污染。畜禽养殖规模越来越大，生产集约化程度越来越高，产生的畜禽粪污在一定的时空范围内没有足够的土地消纳，造成了很大程度的面源污染。

畜禽粪便引起的污染主要有 4 种：一是畜禽粪便降解会产生恶臭气体，含有硫化氢、氨气、二氧化碳、甲烷等多种有害气体，引起大气环境污染；二是饲料添加剂含有铜、锌、铅等重金属，随畜禽粪便还田，会引起土壤重金属污染；三是畜禽粪便含有大量病原菌、虫卵，施用还田会引起病虫害污染；四是畜禽粪便中含有大量钠盐和钾盐，过量施用会引起土壤次生盐渍化。

畜禽粪便的污染物主要来源：畜禽养殖过程中产生的粪便、尿、垫料、污水、动物尸体、饲料残渣和臭气等。其中，引起环境污染的主要是粪污，其主要成分是纤维素、半纤维素、木质素、蛋白质及其分解组分、脂肪、有机酸、酶和各种无机盐。目前，我国每年畜禽粪便产生量约 3.8×10^{10} t，但综合利用率不足 60%。其中，畜禽直接排泄的粪便 1.8×10^{10} t，养殖过程产生的污水量 2.0×10^{10} t。

畜禽粪便的主要存在形态和类型：以固体和液体两种形态为主。按粪污存在形态可细分为固体、半固体、粪浆和液体 4 种类型，固体物含量分别为＞20%、10%～20%、5%～10%、＜5%。根据粪污腐熟程度和特点，可分为生粪、熟粪、冷粪、热粪。其中，生粪指没有腐熟的畜禽粪便；熟粪指已经腐熟的畜禽粪便；冷粪指牛粪、猪粪等纤维素含量较低的畜禽粪便，在腐熟分解过程中释放热量较低、分解较慢；热粪指马粪、羊粪等纤维素含量较高的畜禽粪便，在腐熟分解过程中释放热量较高、分解较快。

(五) 农膜污染

农膜污染指在农田使用残留的农膜，因其难在短期内降解，破坏土壤结构，阻隔作物水肥吸收，抑制作物生长的现象。每年全球使用农业塑料薄膜已达 1.5×10^6 t，相当于全球大约 2×10^7 hm² 的农业用地是在使用塑料薄膜，其中，中国占据总量的 60%～80%。目前，农膜使用处理不当，引起农业面源污染，已得到广泛关注。

农膜污染的主要表现：一是残留农膜抑制土壤微生物活动，使土壤中有效养分转化率降低，影响有机肥养分的分解和释放，使肥效降低；二是破坏耕地土壤的通透性和土壤团粒结构的形成，使土壤形成断层，造成土壤板结，降低了土壤的吸水、保水能力；三是农膜残留引起土壤胶体吸附力降低，造成养分流失，作物生长受抑制，造成减产。据调查，残膜导致作物减产的幅度为玉米 11%～13%、小麦 9%～10%、大豆 5.5%～9%、蔬菜 15%～10%。

我国农业塑料薄膜的厚度多在 6～8 μm，而欧洲对农业塑料薄膜的要求厚度在 20 μm 以上，所以农业塑料薄膜的厚度，是造成我国农业用地中农膜残留的因素之一。大范围的农膜应用加之并没有得到合理的回收管理，成为农膜残留的另一个主要原因。农膜污染的主要成因：一是农膜过薄回收难。过去长期使用的农膜厚度为 0.005～0.008 mm，易破碎、难回收，难以资源化利用；二是农膜回收费工成本高，导致回收利用农膜积极性不高；三是农膜回收利用管理体系不健全，激励机制与政策措施不足，推动农膜回收加工利用力度不够。随着我国设施农业的发展，农膜使用量从 2000 年的 1.3×10^6 t 增加到 2022 年的 2.4×10^6 t，增幅达 78.9%，其中地膜覆盖面积从 1.0×10^7 hm^2 增加到 1.7×10^7 hm^2，增幅达 63.6%。根据国家统计局数据显示，农用塑料薄膜使用仍以地膜为主，2019 年地膜使用量占农用塑料薄膜使用量的 57.3%。目前，农膜回收资源化利用任重而道远。

二、农田土壤污染主要来源

随着我国农业现代化的不断推进和城市化进程的加速，土壤污染问题日益引起人们的关注。其中，农田土壤污染是影响农产品质量与安全的重要因素之一。农田土壤污染不仅直接危害农产品质量与安全，还会对农业生态系统造成严重影响，对人类健康和生态环境造成潜在威胁。

污染物进入土壤后，会对土壤功能产生负面影响，甚至引起土壤环境恶化，使土地资源的价值难以实现。同时，土壤污染也具有累加性，由于污染物在土壤中的迁移性较差，随着时间的推移，污染物含量和浓度也会随之增加，导致污染问题加剧。近年来，在人类活动逐渐增多的趋势下，土壤污染类型也更加丰富多样，比如农业污染型和水质污染型等，并且污染物成分也存在差异性。当土壤中氯元素和酸、碱性元素含量增大时，会导致无机污染问题；当氰化物和石油类污染物增多时，则会导致有机污染问题。此外还存在较多的重金属污染，包括镉、铅、砷、汞等污染。根据《全国土壤污染调查公报》，从污染类型看，以无机型为主，超标点位数占全部超标点位的 82.8%，有机型次之，复合型污染比重较小。从污染物超标情况看，镉、汞、砷、铜、铅、铬、锌、镍 8 种无机污染物点位超标率分别为 7.0%、1.6%、2.7%、2.1%、1.5%、1.1%、0.9%、4.8%；六六六、滴滴涕、多环芳烃 3 类有机污染物点位超标率分别为 0.5%、1.9%、1.4%。

（一）无机污染物及其来源

土壤无机污染物主要包括化学废料、酸碱污染物和重金属污染物 3 种。其中，硝酸盐、硫酸盐、氯化物、氮化物、可溶性碳酸盐等化合物是常见的土壤无机污染物。重金属也是重要的无机污染物，主要包括汞、镉、铅、铬、砷等生物毒性显著的元素，以及有一定毒性的锌、铜、镍等元素。

重金属污染土壤的主要途径：一是随施肥用药进入土壤；二是随污水灌溉进入土壤；三是随工矿"三废"排放进入土壤；四是随大气沉降和降水进入土壤。

（二）有机污染物及其来源

土壤有机污染物主要包括有机农药、多氯联苯、多环芳烃、合成洗涤剂、石油和石油制品等。现代农业离不开化肥农药，其中有机氯、有机磷等农药，能在土壤中长期残留，并在生物体内富集，成为有机污染物。土壤侵蚀是土壤污染范围扩大的一个重要原因，残留在土壤中的有机污染物，在发生地面径流或土壤风蚀时，就会向其他地方转移，扩大土壤污染范围。

（三）生物污染物及其来源

生物污染物主要包括病原菌、病毒、寄生虫等，主要来源于污水灌溉、污泥、人粪尿和畜禽粪污。生物污染物不仅会危害人体的健康，长期在土壤中存在的植物病原体还会严重危害动植物生长发育。

三、农田土壤污染主要特点

（一）隐蔽性

土壤污染需通过土壤调查分析化验才能做出判断。土壤污染物经作物吸收进入粮食、蔬菜、水果等农产品，通过食物链转移危害人体和动物健康，需经漫长、复杂的转化过程才能表现出危害，隐蔽性较强。

（二）累积性

污染物进入土壤达到污染临界值含量，一般需要一个逐年的累积过程。当污染物及其衍生物累积到一定数量，即超过临界值，才能表现出土壤污染现象，因此土壤污染具有累积性。

（三）不可逆性

农药、重金属、聚乙烯等有毒有害物质对土壤的污染是一个不可逆转的过程，需要较长的时间才能降解，一旦污染很难消除或修复，特别是重金属污染，几乎是不可逆的。

（四）持久性

污染物进入土体后，受土壤理化性质的制约其流动性小，很难排出土体，会在土壤中长期存留累积。积累在土壤中难降解的污染物很难通过土壤自净化消除，一旦污染产生不良影响，将持续几十年甚至上百年。

第二节　农田土壤污染修复

一、物理修复

物理修复是指通过物理手段修复受污染土壤的方法。常见的物理修复方法包括客土法、热脱附法、通风去污法、固化稳定化法等。

（一）客土法

客土法主要是向污染土壤中添加洁净土壤或者用洁净土壤置换被污染土层，降低土壤中污染物的浓度或减少污染物的一种物理修复方法。优点是修复彻底、见效快；缺点是工程量大、成本高。主要用于各种中度或重度污染土壤的修复。

（二）热脱附法

热脱附法是利用污染物的热挥发性，采用加热的方式将污染土壤的挥发性有机物或汞通过蒸发从土壤中解吸出来的一种修复方法。根据运行温度的不同，可以将该方法划分为低温热脱附法和高温热脱附法，其中低温热脱附的运行温度为 $90\sim320℃$，高温热脱附的运行温度为 $320\sim560℃$。优点是操作简单、效果较好；缺点是能耗高、成本高。主要适用于修复挥发性、半挥发性有机物污染土壤或汞污染的土壤。

在修复汞污染土壤时，首先将土壤破碎，向土壤中加入能够使汞化合物分解的添加剂，然后再分两个阶段通入低温气体和高温气体使土壤干燥，去除其他易挥发物质，最后使土壤汞汽化，并收集挥发的汞蒸汽。已有试验表明，应用热脱附法可使砂性土、黏土、壤土中 Hg 含量分别从 1.5×10^4 mg/kg、900 mg/kg、225 mg/kg 降至 0.07 mg/kg、0.12 mg/kg 和 0.15 mg/kg，回收的汞蒸汽纯度达 99%。已成功开发出商业化的汞污染土壤热修复技术，并成功治理了 2.3×10^3 t 以上受汞污染的土壤。

（三）通风去污法

通风去污法是通过强制新鲜空气流经污染区域，将挥发性有机污染物从土壤中解析至空气流，并引至地面上处理的一种原位修复方法。具体方法是在被污染土壤区打井，通过鼓风机和抽真空机，将空气中加入氮、磷等营养元素，为土壤的降解菌提供营养物质，强制注入土壤，然后随空气抽出土壤中挥发性有机物。大部分低沸点、易挥发的有机物直接随空气一起抽出，而高沸点组分在微生物的作用下，并通过抽提过程中不断加入营养物质，促进有机污染物的降解、矿化。优点是修复时间缩短、成本较低；缺点是需要专用设备、能耗较高。不仅适用于处理小分子石油组分，而且适用于修复原油重组分污染土壤。

在美国芝加哥附近甲苯、乙苯和二甲苯（TEX）污染砂质土壤，采用通风去污研究表明，现场约有 $20\sim140$ kg 的污染物（占总量的 $0.2\%\sim6\%$）通过挥发得以去除，根据产生 CO_2 量预计有 540 kg 的污染物（占总量的 $8\%\sim23\%$）通过生物降解被完全矿化。现场 TEX 浓度下降 88%，97% 以上 TEX 通过生物降解去除。

（四）固化稳定化法

固化稳定化法主要是将污染土壤与黏结剂或固化剂混合，使污染物受到物理封存，改变其在土壤中的存在状态，进而降低污染物的危害。常用的固化稳定剂有石灰、生石灰、磷酸盐、磷矿石、粉煤、炉渣灰等。另外，目前应用于修复重金属污染土壤的矿物主要有膨润土、沸石、海泡石、坡缕石等。优点是简便易行，费用较低；缺点是未去除土壤过度污染物，潜在"二次污染"。通常适用于修复重金属和放射性元素污染的土壤。

二、化学修复

化学修复法是通过对污染物的吸附、氧化还原、络合螯合、拮抗或沉淀作用，以降低污染物的迁移性或生物有效性的一种修复方法。常用的方法有化学氧化法、土壤淋洗法等。

（一）化学氧化法

化学氧化法是通过向土壤中添加氧化剂，使土壤中污染物分解成无毒或低毒物质的方法。常用的氧化剂有臭氧、芬顿试剂、高锰酸盐、过硫酸盐等。优点是能实现污染物快速钝化、操作简便；缺点是污染物并未去除，容易产生二次污染。主要适用于无机物污染的、渗透性强的土壤。

（二）土壤淋洗法

土壤淋洗法是向土壤中施加化学或生物化学溶剂，经过溶解、螯合等过程促进污染物的迁移，最后将包含污染物的淋溶液提取、处理的一种修复方法。土壤原位淋洗不需要对污染土壤进行挖掘、移动、运送等处理，直接在污染土壤中注入淋洗剂，再使用抽提等方式将含有污染物的淋洗剂抽出，并按期处置污染物的方法。优点是原位修复，去除污染物比较彻底；缺点是去除污染物效率低、成本较高。主要适用于可溶性重金属或有机物污染的土壤。

三、电动修复

电动修复法是把电极插入受污染的土壤并通入直流电，发生土壤孔隙水和带电离子的迁移，土壤中的污染物质在外加电场作用下发生定向移动并在电极附近累积，定期将电极抽出处理，从而将污染物去除的方法。基本原理是在被污染的土壤两端加上低压直流电流，利用电效应，阳极室水电解产生的 H^+ 在电迁移和电渗透流的作用下向阴极移动，引起土壤中 pH 下降，抑制土壤对金属离子的吸附并促使其向阴极迁移，重金属污染物迁移到阴极后，可通过电沉淀或与离子交换树脂混合等方式去除，阴极区产生的 OH^- 向阳极迁移会引起阴极附近 pH 上升，进而造成迁移到阴极区的重金属离子的再沉淀，从而得到了分离。电效应包括电迁移、电渗透流和电泳。优点是去除污染彻底、效率高；缺点是投资大成本高，易引起土壤肥力减弱。主要适用于小面积重度污染土壤区或场地修复。与化学修复相比，电动修复具有用工少、成本低、使用安全、经济效益高等优点。美国报道其功率消耗为 $29\sim60$ kW·h/m³，欧洲为 $60\sim200$ kW·h/m³。该方法更适合于治理渗透性较差的黏土。

近年来，国内外已在实验室和试验现场应用电动修复土壤重金属及部分有机污染物，证实了该方法的高效性。修复重金属污染物包括：镉、铅、砷、铬、汞等。美国路易斯安那州立大学报道在水饱和的土壤中插入石墨等电极，通 $1\sim5$ mA 低强度直流电，可将土壤铅从 100 mg/kg 降至 $5\sim10$ mg/kg，回收金属，运行费用为 $2.6\sim3.9$ 美元/m³，加上其他费用约为 $4.6\sim5.5$ 美元/m³。美国俄勒冈州一电镀厂土壤被金属铬污染，浓度范围在 $10\sim1500$ mg/kg 之间。污染区的表层土壤平均厚度为 1 m，黏土层平均厚度为 6 m，细沙土层平均厚度为 2.5 m，砂石层平均厚度为 5 m。在电压梯度为 1.0 V/cm 时，去除 95% 的铬需要 0.5 倍的淋洗液。而水力淋洗对照实验表明，去除同样量的铬，需要 1.1 倍的淋洗液。在欧洲，荷兰地质动力学公司也进行了大量现场实验，黏土层重金属离子的去除率一般能够达到 90% 以上。

四、生物修复

生物修复是近年来发展起来的用于治理土壤污染的一门新技术。其生物学机制主要是通过植物、微生物及其他生物对土壤重金属污染物转化或富集，从而达到清除污染物的目的。充分利用土壤生态系统的自净作用，减少对土壤环境的扰动。目前比较成熟的生物修复方法主要是植物修复法和微生物修复法。

（一）植物修复

植物修复是利用植物的忍耐性和超富集性，转移、容纳或转化污染物，使其对环境危害的土壤进行修复。污染土壤的植物修复机制主要可分为植物提取、植物降解、植物固定和植物挥发。优点是原位修复，对环境的扰动小、修复成本低、不产生二次污染；缺点是修复周期长，后期处理复杂等。主要适用于轻度、中度重金属、农药污染的土壤修复。

1. 植物提取　超富集植物通过对土壤污染物吸收，富集于植物地上部，通过收获将污染物移除。主要用于去除土壤中的铅、镉、镍、铜、铬等化学物质。目前，植物提取技术的研究逐渐深入，具有良好的发展前景。在选择合适的植物种植时需要满足生物量大、生长速度快、抗病虫毒害能力强的特点。该方法不仅能够有效地去除重金属物质，还能够减少加工和填埋的程序，节省人工费用。

2. 植物降解 通过植物或植物—微生物存在的共代谢作用，对土壤中残留的农药进行降解去除。利用植物与根系微生物的联合作用改善土壤污染状态。植物根系分泌物为土壤微生物的生长和繁殖提供了主要的能量和来源，同时根系分泌物还能够加强土壤微生物的活性，促进土壤有机物质的生成，对污染物产生降解作用。另外，微生物也能够将益处反作用给根系分泌物，二者相辅相成。

3. 植物固定 修复植物将土壤中污染物集聚于根系周围，降低污染物移动性，避免其向土壤更深层次垂直扩散或者在土壤表层水平迁移，从而降低对作物危害。利用植物根系上的一些特殊物质，将土壤中的重金属污染物质转化为无害物质，能有效防止土壤受到侵蚀和严重污染，避免土壤渗漏导致重金属污染扩散；利用金属根部的积累和沉淀，固定土壤中的污染物，防止作物受污染迫害，维护食物链安全。但植物固定并没有将土壤重金属去除，仅是暂时性固定，如果土壤环境发生转变，那么重金属污染会再次被激活，因此植物固定技术暂时还不能成为有效改善土壤污染，达到植物修复目的的根本方法。

4. 植物挥发 对易挥发性农药和汞，通过植物吸收，从植物叶片气孔挥发，从而降低土壤农药或汞污染。利用植物的根系吸收污染元素，并将污染元素的形态进行转化，使其挥发，从而改善土壤污染状况。植物能够将土壤中的硒、砷、汞元素进行甲基化转变，形成能够挥发的分子，从而释放到大气中。植物挥发适合应用在治理有机污染物和无机污染物方面，但是由于植物挥发将污染物释放到空气当中，有可能对空气环境造成污染，因此该技术需要继续进行深入的研究。

目前，世界上发现的超富集植物有 450 种以上，其中 75％为镍超积累植物，最重要的超富集植物主要集中在芸苔属、遏蓝菜属、庭荠属。能够被超量富集的其他元素还有 Al、Ag、As、Be、Cr、Cu、Mn、Hg、Mo、Pb、Pd、Pt、Se 和 Zn 等。此外，有机污染物萘也可被植物富集。我国科学家发现的超富集植物包括东南景天，其对锌的富集量达 $4.5×10^3$ mg/kg；宝山堇菜，其对镉的富集量达 $1.2×10^3$ mg/kg；蜈蚣草，其对砷的富集量达 $8.0×10^2$ mg/kg。

（二）微生物修复

微生物修复主要是通过细胞代谢、表面生物大分子吸收转运、生物吸附、空泡吞饮、沉淀和氧化还原反应等生物吸附和富集作用、分解和降解作用、溶解和沉淀作用、氧化还原作用，以降低土壤污染物的生物有效性，从而减轻对作物影响的一种修复方法。优点是原位修复，成本低；缺点是去除污染物不彻底，存在二次污染。广泛适用于土壤有机污染和无机污染。同物理修复、化学修复相比，处理费用低，处理成本仅相当于物理修复或化学修复方法的 1/3～1/2；就地原位修复，处理方法简便，对环境的影响低。因此，微生物修复土壤污染是一条高效而具有发展前景的生物修复途径。

五、农膜污染修复

农膜污染防治主要采取减量、回收、替代等有效措施。其中，减量主要是通过合理的农艺措施减少农膜使用；回收主要是使用厚度大于 0.01 mm 的可捡拾农膜，通过人工捡拾或机械回收；替代是开发可微生物降解农膜和纸膜等传统农膜替代品，不用回收即环保。

农膜回收包括：

1. 人工捡拾　在山地等不适合机械回收的地区，采用人工捡拾的方法回收农田残膜。在作物播种前或收获后，利用锄头、耙等工具沿膜两侧人工开沟，使压在土壤中的地膜完全暴露，然后沿覆膜方向人工捡拾。

2. 机械回收　在平地等适合机械回收的地区，采用机械回收方法进行农田残膜回收。在作物播种前或收获后，利用滚筒式残膜回收机、弹簧齿式残膜回收机、齿链式残膜回收机等，沿覆膜方向进行机械残膜捡拾。使用的机械符合《残地膜回收机》（GB/T 25412—2010）。

农膜机械回收研究，始于 20 世纪 80 年代末，研制的机具达 100 多种，主要类型包括弹齿式、卷膜辊式、伸缩杆齿式、链耙式、铲筛式、夹指链式等。按照农艺要求和作业时间分为三类：一是苗期地表残膜回收；二是耕前地表残膜回收；三是耕后耕层残膜回收。

苗期地表残膜回收。一般是在作物浇头水前将地膜揭去，以便于中耕除草、施肥和灌溉，此时地膜使用时间短、未老化，并有一定强度，而且膜上积土少，起膜容易，有利于收膜。此类机具工作方法是先起膜再卷膜，结构简单，工作可靠，地膜收净率一般在 80% 以上。

耕前地表残膜回收。在作物收获后、耕地前将田间的残膜收起。由于地膜在农田经过了一个作物生长季，存在不同程度的破损，以及地膜与土壤紧密粘连等，农作物秸秆尚存于农田中，回收难度较大，但优势是此时回收不会影响农作物。

耕后耕层残膜回收。适用于历年耕层内的残碎膜，结合秋翻、春耕犁地作业进行残膜回收作业。生产中应用的回收机主要是密排弹齿式搂膜机、平地搂膜联合作业机和加装搂膜耙、扎膜辊的整地机等，都采用搂或扎的方式回收，作业深度 5 cm 以内，残膜回收率 50%，一般需要人工卸膜，存在作业效率较低、劳动强度大等问题。

第三节 农田土壤培肥改良

一、土壤质量评价

土壤质量或土壤健康是指土壤在地球陆地生态系统界面内维持生物的生产力、产品品质，保护环境质量和环境稳定性，以及促进动物和人类健康行为的能力。美国土壤学会把土壤质量定义为：在自然或人类生态系统边界内，土壤具有动植物生产持续性，保持和提高水、气质量以及支撑人类健康与生活的能力。因此，土壤质量是指土壤提供植物养分和生产生物物质的土壤肥力质量，容纳、吸收、净化污染物的土壤环境质量，以及维护保障人类和动植物健康的土壤健康质量的总和。

土壤质量概念的内涵不仅包括作物生产力、土壤环境保护，还包括食物安全及人类和动物健康。土壤质量概念类似于环境评价中的环境质量综合指标，从整个生态系统中考察土壤的综合质量。专家认为：土壤科学的研究除了应继续重视土壤肥力质量的研究外，还必须向土壤环境质量和土壤健康质量方面转移。

土壤质量是衡量和反映土壤资源与环境特性、功能和变化状态的综合体现与标志，是土壤科学和环境科学研究的核心。土壤质量主要是依据土壤功能进行定义的，即目前和未来土壤功能正常运行的能力。土壤的功能质量包括 3 个方面：一是生产力，即土壤提高植物和生物生产力的能力；二是环境质量，即土壤降低环境污染物和病菌损害，调节新鲜空气和水质量的能力；三是动物和人类健康，即土壤质量影响动植物和人类健康的能力。土壤质量的定义已超越了土壤肥力的概念，也超越了通常土壤环境质量的概念，它不只是将食物安全作为土壤质量的最高标准，还关系到生态系统的稳定性，地球表层生态系统的可持续性，是与土壤形成因素及其动态变化有关的一种固有的土壤属性。

长期以来，土壤生产力及其所代表的土壤质量，以及人类活动引起空气与水资源的质量退化已被人们深刻理解和接受，然而作为地球表层环境系统之一的土壤圈层的环境功能及其所代表的土壤质量，即土壤圈层与其他圈层之间的相互影响和作用，特别是土壤圈层在地球陆地生态系统中，物质与能量生物地球化学迁移和转化过程所起的关键作用，对环境污染物的净化与缓冲性能，对地球表层环境系统水分与能量循环的调节和稳定作用，直到 20 世纪 70 年代后，随着"人口—资源—环境"之间的矛盾日趋尖锐，全球土壤质量退化的加剧，以及由土壤质量退化诱发的生态环境破坏和全球变化及其与植物、人类健康之间的关系，才开始引起人们的关注与重视。

土壤质量评价，一直是人类关心的问题，土壤质量评价已有悠久的历史。

远在 2000 多年以前的中国古籍《周礼·地官·司徒》中就把土壤划分为五类。战国时期的《管子·地员》更进一步作了系统的划分和详细的描述，把土地分为三大类和次一级的 25 个类型。

土壤质量评价的任务是评定各土壤单元的特点，研究各土壤单元的演变、形成过程和发展机理，从而为土壤质量区划提供依据。过去土壤质量评价的主要内容是评定土壤的肥力和生产性能。20 世纪 50 年代以来，由于土壤中农药的残留累积、重金属污染和生物污染等问题的出现，人们开始对土壤质量因人类污染造成的变化进行研究和评价。到 70 年代进入定量评价的阶段。土壤质量变异虽然受自然的影响，但主要取决于人类的活动。土壤的性质和人类活动影响的效应，又受区域条件的影响。因此，收集和整理有关土壤质量形成的区域条件和污染源的资料，是土壤质量评价的基础工作。

土壤质量评价是指按一定的原则、方法和标准，对土壤污染程度进行评定，是环境质量评价体系中的一种单要素评价。从内容上，一般分为单项评价和多项评价；在评价方法上，要以有效、可靠、敏感、可重复及可接受的指标为原则；在评价指标的选择上，则要以有效性、敏感性、实用性、通用性为原则。

土壤质量评价一般有单一污染物的单项评价和多种污染物的多项评价。污染物的种类不同，对土壤质量的影响也不同，因此也可按土壤污染的主要污染物分为有机物污染评价、重金属污染评价、生物污染评价和放射性污染评价等。如要了解土壤质量的变化，还可以进行土壤物理评价、土壤生物评价、土壤化学评价等。在单项和多项评价的基础上可进行综合评价。为了解不同时期的土壤质量状况也可进行回顾评价、现状评价和影响评价。

（一）评价指标选取原则

目前，国内外采用的评价土壤质量的指标体系不尽一致，可根据不同的土壤和不同的评价目的，选择不同的评价指标体系。大致可分为两类，一类是描述性的定性指标，而不是定量化指标，因此被视为"软"数据。如土壤颜色、质地、紧实性、耕性、侵蚀状况、作物长势、保肥性等，农民往往通过这些描述性指标定性认识土壤质量状况，但科学家和技术人员不太重视这些指标。另一类是分析性的定量指标，选择土壤的各种属性，进行定量分析，获取分析数据，然后确定数据指标的阈值和最适值。

土壤质量评价与耕地质量评价有所不同。多年来，我国耕地长期高强度、超负荷使用，耕地质量退化严重，土壤环境已亮起"红灯"。耕地质量关系到国家粮食安全、农产品质量安全及生态安全，是保障社会经济可持续发展、满足人民日益增长的物质需要的必要基础，耕地更是粮食生产的"命根子"。2015 年，国务院制定了《粮食安全省长责任制考核办法》，将"耕地质量等级情况"纳入考核指标,对耕地质量保护提出明确要求。2016 年,农业部颁布了《耕地质量调查监测与评价办法》,进一步加强对耕地质量的建设与保护,并于 2016 年 12 月 30 日起正式实施《耕地质量等级》(GB/T33469—2016)。该标准也是我国首部耕地质量等级国家标准,它的实施为耕地质量调查监测与评价工作的开展,提供了科学的指标和方法。

1. 土壤质量评价指标的选取原则

(1) 有效性原则 选取的土壤质量指标能正确反映出土壤的基本功能,是土壤中决定物理、化学及生物学过程的主要特性,对表征土壤功能是有效的。

(2) 敏感性原则 选取的土壤质量指标对土壤利用方式、人为扰动过程、土壤侵蚀强度及程度的变化有足够敏感的反应。如果所选指标对土壤变化反应不敏感,则对监测土壤质量变化没有使用价值。但是,指标的敏感性要以监测土壤质量变化的时间尺度而定。

(3) 实用性原则 选取的土壤质量指标要易于定量测定,简便实用。在田间或实验室测定时,测定过程稳定,测定误差低,具有较高的再现性与适宜的精度水平。

(4) 通用性原则 影响土壤质量的因素很多,必须立足于综合的、系统的观点。通过分析各种土壤特性在土壤质量形成中的主次作用,选取那些有重要影响的指标,尤其是不要遗漏制约土壤生产力的主要指标。另一方面,也不要无限制地扩大指标的选择面,使整个指标体系复杂化。

2. 耕地质量评价指标的选取原则

(1) 综合因素研究与主导因素分析相结合原则 土地是一个自然经济综合体,是人们利用的对象,对土地质量的鉴定,涉及自然和社会经济等多个方面,农田耕地质量也是各类要素的综合体现。所谓综合因素研究是指对地形地貌、土壤理化性状、相关社会经济因素等进行全面地分析、研究与评价,以全面了解农田耕地质量状况。主导因素是指对农田耕地质量起决定作用的、相对稳定的因子,在评价中要着重对其进行分析。因此,把综合因素与主导因素结合起来考虑可以对农田耕地质量做出科学而准确的评价。

(2) 专题研究与共性评价相结合原则 农田耕地利用存在农田类型、土壤理化性状、环境条件、管理水平等不均一,农田耕地质量水平也会存在差异。考虑到区域内农田耕地质量的系统性和可比性,针对不同农田耕地利用状况,选用统一的共同评价指标和标准。专题研究与共性评价相结合可以使整个评价和研究更具有针对性和实际应用价值。

(3) 定性和定量相结合原则 土地系统是一个复杂的灰色系统,定量和定性要素共存,相互作用,相互影响。因此,为了保证评价结果的客观性,采用定量和定性评价相结合的方法。在总体上,为了保证评价结果的客观合理,尽量采用定量评价方法，对可定量化的评价因子如有机质等养分含量、土层厚度等按其数值参与计算，对非数量化的定性因子如土壤表层质地、土体构型等进行量化处理，确定其相应的指数，并建立评价数据库，用计算机进行运算和处理，尽力避免人为随意性因素的影响。在评价因素筛选、权重确定、评价标准、等级确定等评价过程中，尽量采用定量化的数学模型，在此基础上，充分运用人工智能和专家知识，对评价的中间过程和评价结果进行必要的定性调整。定量与定性相结合，选取的评价因素在时间序列上具有相对的稳定性，如土壤立地条件、有机质含量等，保证了评价结果的准确性和合理性，可以使评价结果有效期延长。

（4）采用 GIS 支持的自动化评价方法原则　随着计算机技术，特别是 GIS 技术在土地评价中的不断应用和发展，基于 GIS 的自动化评价方法已不断成熟，土地评价的精度和效率也大大提高。农田耕地质量评价工作是通过数据库建立、评价模型及其与 GIS 空间叠加等分析模型的结合，实现了全数字化、自动化的评价流程，在一定程度上代表了当前耕地评价的最新技术方法。

（二）评价指标分类

1. 性质分类指标　根据分析性指标的性质，土壤质量的评价指标分为物理指标、化学指标、生物学指标。

物理指标：土壤物理状况对植物生长和环境质量有直接或间接的影响。土壤物理指标包括土壤质地及粒径分布、土层厚度与根系深度、土壤容重和紧实度、孔隙度及孔隙分布、土壤结构、土壤含水量、田间持水量、土壤持水特征、渗透率和导水率、土壤排水性、土壤通气、土壤温度、障碍层次深度、土壤侵蚀状况、氧扩散率、土壤耕性等。

化学指标：土壤中各种养分和土壤污染物质等的存在形态和浓度，直接影响植物生长和动物及人类健康。土壤质量的化学指标包括土壤有机碳和全氮、矿化氮、磷和钾的全量和有效量、CEC、土壤 pH、电导率（全盐量）、盐基饱和度、碱化度、各种污染物存在形态和浓度等。

生物学指标：土壤生物是土壤中具有生命力的主要部分，是各种生物体的总称，包括土壤微生物、土壤动物和植物，是评价土壤质量和健康状况的重要指标之一。土壤中许多生物可以改善土壤质量状况，也有一些生物如线虫、病原菌等会降低土壤质量。应用较多的指标是土壤微生物指标，而中型和大型土壤动物指标正在研究阶段。土壤质量的生物学指标包括微生物生物量碳和氮、潜在可矿化氮、总生物量、土壤呼吸量、微生物种类与数量、生物量碳/有机总碳、呼吸量/生物量、酶活性、微生物群落指纹、根系分泌物、作物残茬、根结线虫等。

2. 目的分类指标　根据土壤质量评价指标的目的，土壤质量的评价指标分为农艺指标、微生物指标、碳氮指标和生态学指标。

农艺指标：对土壤做出适宜性评价，直接与农业的可持续性相关联，需选择与土壤生产力和农艺性状直接有关的参数指标。有学者选用了 10 个参数指标，即质地、耕层厚度、pH、有机质、全氮、碱解氮、速效磷、速效钾、容重和 CEC。对这些参数项目进行分级赋值，可以得到定量评价值，这种以农艺基础性状为主的土壤质量评价对于农林业生产具有指导意义。

微生物指标：土壤微生物是维持土壤质量的重要组成部分，它们对施入土壤的植物残体和土壤有机质及其他有害化合物的分解、生物化学循环和土壤结构的形成过程起调节作用。土壤生物学性质能敏感地反映土壤质量的变化，是评价土壤质量不可缺少的指标。但由于土壤生物学方面的指标繁多，加上测定方面的难度，也可选择土壤微生物的群落组成和多样性、土壤微生物生物量、土壤微生物活性、土壤酶活性、生物活性碳氮等指标。

（1）土壤微生物的群落组成和多样性　土壤微生物十分复杂，地球上存在的微生物约有 1.8×10^5 种之多，其中包含藻类、细菌、病毒、真菌等，1 g 土壤就含有一万多个不同的生物种。土壤微生物的多样性，能敏感地反映出自然景观及其土壤生态系统受人为干扰（破坏）或生态重建过程中的细微变化及程度，因而是一个评价土壤质量的良好指标。

（2）土壤微生物生物量　微生物生物量能代表参与调控土壤能量和养分循环以及有机物质转化相对应微生物的数量。它与土壤有机质含量密切相关，而且微生物量碳或微生物量氮转化迅速，因此，微生物量碳或微生物量氮对不同耕作方式、长期和短期施肥管理都很敏感。

（3）土壤微生物活性　土壤微生物活性表示土壤中整个微生物群落或其中的一些特殊种群状态，可以反映自然或农田生态系统的微小变化。

（4）土壤酶活性　土壤酶绝大多数来自土壤微生物，在土壤中已发现 50～60 种酶，它们参与并催化土壤中发生的一系列复杂的生物化学反应。如水解酶和转化酶对土壤有机质的形成和养分循环具有重要的作用。已有研究表明，土壤酶活性和土壤结构参数有很好的相关性。它可作为反映人为管理措施和环境因子引起的土壤生物学和生物化学变化的指标。

高质量的土壤应具有稳定的微生物群落的组成、生物多样性及良好的生物活性。土壤微生物是表征土壤质量最有潜力的敏感性指标之一。因此，建立土壤质量的微生物学指标受到科学家的重视。有土壤微生物学家根据可接受的测定项目和方法，提出了下面土壤质量微生物学指标体系：有机碳、微生物生物量（如总生物量、细菌生物量、真菌生物量、微生物生物量碳氮比）、潜在可矿化氮、土壤呼吸、酶活性（如脱氢酶、磷酸酶、精氨酸酶、芳基硫酸酯酶）、生物量碳与有机碳比、呼吸量与生物量比、微生物群落（如基质利用、脂肪酸分析、核酸分析）。

（5）生物活性碳氮　通常把土壤有机质和全氮量作为土壤质量评价的一个重要指标。其实，更合适的指标是生物活性碳和生物活性氮，它们是土壤有机碳和有机氮的一小部分，能敏感反映土壤质量的变化，以及不同土地利用和管理如耕作、轮作、施肥、残留物管理等对土壤质量的影响。

所谓生物活性有机碳是通过实验法和数学抽象法来定义的。前者分离有机碳的活性组分，按有机碳的稳定性划分为若干组。后者根据土壤有机碳各组分在转化过程中的流程位置及其稳定性，用计算机模拟建立多个动态碳库，活性有机碳库的转化快，转化速率常数较大，土壤活性有机氮反映了土壤氮素供应能力，它可被视为一个单独的氮库，或根据土壤有机质分解动力学分成几个组分。活性有机氮，常用 3 种表示方法：微生物生物量氮（MBN）、潜在可矿化氮（MN）和同位素稀释法测定活性有机氮（ASN）。MBN 主要是微生物生物量氮和少量土壤微动物氮。PMN 是指实验室培养测定的土壤矿化氮，包括全部活性非生物量氮及部分微生物生物量氮。ASN 是指参与土壤中生物循环过程中的氮，即用同位素稀释法测定的活性非生物量氮及固定过程中的微生物生物量氮。

生态学指标：物种和基因保持是土壤在地球表层生态系统中的重要功能之一，一个健康的土壤可以滋养和保持相当大的生物种群区系和个体数目，物种多样性应直接与土壤质量关联。关于土壤与生态系统稳定性与多样性的关系，国内已有较多的研究，土壤质量的生态学指标主要有：

（1）种群丰富度　包括种群个数、个体密度、大动物、节肢动物、细菌、放线菌、真菌等。

（2）多样性指数　生物或生态复合体的种类、结构与功能方面的丰富度及相互间的差异性。

（3）均匀度指数　生物个体或群体在土壤中分布的空间特征。

（4）优势性指数　优势种群的存在及其特征。

某些土壤性状在土壤质量评价中显得十分重要。美国土壤学家提出了土壤质量分析最小指标矩阵，其参数为：团聚性、容重、至硬盘的距离、渗滤性、电导率、持水率、pH、有机质、可矿化氮、呼吸作用。

3. 内容分类指标　根据土壤质量评价指标涉及的内容，土壤质量指标可分为土壤肥力指标、土壤环境质量指标、土壤生物活性指标和土壤生态质量指标。

（1）土壤肥力指标　土壤肥力因素包括水、肥、气、热四大肥力因素，具体指标有土壤质地、紧实度、耕层厚度、土壤结构、土壤含水量、田间持水量、土壤排水性、渗滤性、有机质、全氮、全磷、全钾、速效氮、速效磷、缓效钾、速效钾、缺乏性微量元素全量和有效量、土壤通气、土壤热量、土壤侵蚀状况、pH、CEC等。土壤肥力退化主要是指土壤养分贫瘠化，为了维持绿色植物生产，土地（壤）就必须年复一年地消耗它有限的物质贮库，特别是植物所需的那些必要的营养元素，一旦土壤中营养元素被耗竭，土壤就不能满足植物生长。

（2）土壤环境质量指标　背景值、盐分种类与含量、硝酸盐、碱化度、农药残留量、污染指数、植物中污染物、环境容量、地表水污染物、地下水矿化度与污染物、重金属元素种类极其含量、污染物存在状态及其浓度等。

（3）土壤生物活性指标　微生物生物量、微生物生物量碳氮比、土壤呼吸、微生物区系、磷酸酶活性、脲酶活性等。

（4）土壤生态质量指标　节肢动物、蚯蚓、种群丰富度、多样性指数、优势性指数、均匀度指数、杂草等。

（三）主要评价方法

土壤质量的评价方法在国际上尚无统一的标准，国内外提出的土壤质量评价方法主要有多变量指标克立格法、土壤质量动力学法、土壤质量综合评分法和土壤相对质量法。

多变量指标克立格法（MVIT）：将无数量限制的单个土壤质量指标综合成一个总体的土壤质量指数，主要是根据特定的标准将测定值转换为土壤质量指数。各个指标的标准代表土壤质量最优的范围或阈值。优点是可以把管理措施、经济和环境限制因子引入分析过程，其评价范围可从农场到区域，评价的空间尺度弹性较大。

土壤质量动力学法：从数量和动力学特征上对土壤质量进行定量。某一土壤的质量可看作是它相对于标准（最优）状态的当前状态，土壤质量（Q）可由土壤性质 qi 的函数来表示：$Q=f(qi\cdots n)$。描述 Q 的土壤性质 qi，是根据土壤性质测定的难易程度、重视性高低及对土壤质量关键变量的反映程度来选择的最小数据集。例如，土壤生产力指数（PI）是由土壤 pH、容重、有效水容量对根系生长的满足度计算的，用来估计土壤侵蚀对土壤生产力质量及其变化的影响。该法适用于描述土壤系统的动态性，尤其适宜土壤可持续管理。

土壤质量综合评分法：土壤质量主要评价作物产量、抗侵蚀能力、地下水质量、地表水质量、大气质量和食物质量 6 个土壤质量元素。根据不同地区的特定农田系统、地理位置和气候条件，建立数学表达式，说明土壤功能与土壤性质的关系，通过对土壤性质的最小数据集评价土壤质量。

土壤相对质量法：通过引入相对土壤质量指数来评价土壤质量的变化。首先假设研究区有一种理想土壤，其各项评价指标均能完全满足植物生长的需要，以这种土壤的质量指数为标准，其他土壤的质量指数与之相比，得出土壤的相对质量指数（RSQI），从而定量地表示所评价土壤的质量与理想土壤质量之间的差距。这样，从一种土壤的 RSQI 值就可以表示土壤质量的升降程度，因而可定量地评价土壤质量的变化。优点是方便、合理，可根据研究区域的不同土壤选定相应的理想土壤，针对性强，评价结果比较符合实际。

在实际工作中，可根据评价区域的时间和空间尺度、评价的土壤类型、评价目的等，选择适宜的评价方法。

关于耕地质量的评价，《耕地质量等级》（GB/T 33469—2016）国家标准明确规定了耕地质量的评价方法和步骤，包括资料收集与整理；评价样点遴选与数据资料审查；建立数据库；获取评价单元划分与数据；确定耕地质量划分区域；确定耕地质量评价指标及权重；指标隶属度确定与隶属函数构建；计算耕地质量综合指数并划分区域耕地质量等级；耕地清洁程度调查与评价；耕地质量综合评估。

二、土壤障碍因子

通常认为，肥沃的土壤具备地面平整、温暖潮湿、土壤活土层厚、通气好、蓄水性能高、肥劲稳长易发苗、土松柔软好耕作、抗御旱涝能力强、适种作物种类多、适时管理能高产等条件。如果土壤缺少某些条件，肥力就可能不高或者是低产土壤。

据第二次全国土壤普查统计，在全国现有耕地中，一、二等耕地（通称高产田），仅占全国耕地总面积的 21.5%。有 1~2 种低产障碍因素，生产水平中等的耕地（三、四等耕地），约占耕地总面积的 37.2%。生产条件差、障碍因素多、土壤肥力低的低产耕地，约占耕地总面积的 41.3%。在这 78.5% 的中低产耕地中，水土流失面积约 4.5×10^7 hm²，盐化、碱化土壤面积约 1.5×10^7 hm²，沙化面积 1.0×10^7 hm²，潜育化面积约 3.7×10^6 hm²，渍涝面积约 6.8×10^6 hm²，其他为土壤耕层浅薄、贫瘠、石灰板结、过黏、过酸、沙漏、黏盘、矿毒等不良因素。

我国中低产田占耕地总面积的 70% 左右。耕地产能低下的主要原因是存在土壤障碍因子。根据我国退化土壤的主要特点，将土壤障碍划分为干旱型、侵蚀型、瘠薄型、沙化型、盐化型、碱化型、酸化型、污染型、渍涝潜育型、土体障碍型 10 种主要类型。

（一）干旱型

由于降水不足且季节分配不合理，缺少必要的调蓄工程，加之地形、土壤原因造成的保水蓄水能力差等原因，土壤不能满足作物生长发育所需水分的旱地。目前，全国旱地面积为 5.0×10^7 hm²，主要集中分布在长城沿线、内蒙古东部、华北平原、黄土高原以及江南红土丘陵，尤以黄土高原区和西北干旱区最多，旱地面积分别为 $1.1×10^7\,hm^2$ 和 $9.8×10^6\,hm^2$；东北、华北、西南三大区也在 $6.7×10^6\,hm^2$ 以上；长江中下游区为 $5.2×10^6\,hm^2$。

（二）侵蚀型

经受水蚀、风蚀或剥蚀等侵蚀危害的土壤。根据被侵蚀后残留的土壤发生层厚度，可将侵蚀土壤划分为不同的侵蚀等级或侵蚀程度，通常分为无明显侵蚀土壤、轻度侵蚀土壤、中度侵蚀土壤、强度侵蚀土壤和剧烈侵蚀土壤五级。无明显侵蚀土壤 A、B、C 三层保持完整；轻度侵蚀土壤 A 层保留厚度大于 1/2；中度侵蚀土壤 A 层保留厚度小于 1/2；强度侵蚀土壤 A 层无保留，B 层开始出露并被剥蚀；剧烈侵蚀土壤 A、B 层均无保留，C 层开始出露并被剥蚀。侵蚀土壤既反映过去的水土流失程度，也反映土壤的肥力水平。由于土壤剖面发生层的流失，土体构型随之恶化，在侵蚀严重的石质山区，基岩风化壳不同程度的裸露地表变成了无土层的岩性土，或称粗骨土。西北黄土高原的黄绵土和四川盆地的紫色土，均是原黑垆土或塿土以及黄壤或黄棕壤的剖面被侵蚀后残留下的母质型的侵蚀土壤。它们已丧失原土壤的肥力，重新处于幼年土壤阶段。侵蚀土壤在中国境内有较大的面积，侵蚀程度则因地而异。侵蚀土壤的研究对土被结构、土壤肥力演变、土壤基层分类以及对土壤的改良利用、制定水土保持措施等均有重要的理论和实践意义。

（三）瘠薄型

受气候、地形和成土母质等难以改变的因素影响，形成的土壤结构不良，耕作层浅薄，土壤养分含量不足，产量低而不稳。

（四）沙化型

经风蚀、泛洪和引水放淤等形成的沙化土壤，如西北部内陆沙漠，北方长城沿线干旱、半干旱地区，黄淮海平原黄河故道及老黄泛区沙化耕地。

（五）盐化型

盐分积聚而缓慢恶化的土壤。在蒸发作用下，地下浅层水经毛细管输送到地表被蒸发掉，毛细管向地表输水的过程中，也把水中的盐分带到地表，水被蒸发后，盐分就留在了地表及地面浅层土壤中，这样积累的盐分多了，又没有足够的淡水稀释并将其排走，就形成了土壤盐化。盐土是指含有大量可溶性盐类的土壤。其中以氯化钠（食盐）和硫酸钠（芒硝）为主。土壤中可溶盐含量达到对于一般农作物的生长开始有害时，这种土壤就叫盐土。这时可溶盐含量的限度是相当于烘干土重的 0.2%，这种盐类聚集地表形成白色结皮，因此又叫白碱土。我国盐土主要分滨海盐土、花碱土和内陆盐土三类。由于盐土的面积大，经改良后可提高地力，在农业生产上有着重要的意义。改良盐土，必须采用综合治理，改良与利用相结合，因地制宜，因时制宜，就能大幅度地增产。

（六）碱化型

土壤溶液中的钠离子与土壤胶体中的钙、镁离子相交换，使土壤胶体吸附较多的交换性钠，土壤呈强碱性反应，土壤 pH 在 8.5 以上，使土壤物理性质恶化，土壤高度离散，湿时膨胀，干时板结，通透性很差，严重妨碍作物的生长发育。

（七）酸化型

土壤吸收性复合体接受了一定数量交换性的氢离子或铝离子，使土壤碱性离子淋失过多，形成土壤 pH 偏低的酸性土壤。影响土壤中生物的活性，改变土壤中养分的形态，降低养分的有效性，促使游离的锰、铝离子溶入土壤溶液中，对作物产生毒害作用。酸雨可导致土壤酸化。我国南方土壤多呈酸性，再经酸雨冲刷，更加速了酸化过程。我国北方土壤呈碱性，对酸雨有较强缓冲能力。

（八）污染型

土壤中的污染物超过土壤的自净能力，或污染物在土壤中积累量超过临界值，通过食物链危害人体健康的土壤。污染型土壤污染物主要来源于污水、化肥、农药、畜禽粪便和农膜等。

（九）渍涝潜育型

因局部地势低洼、排水不畅，造成常年或季节性渍涝的土壤或由于季节性洪水泛滥及局部地形低洼，排水不良，以及土质黏重，耕作制度不当引起滞水潜育现象的土壤。主要是沼泽土、泥炭土、白浆土以及各种沼泽化、白浆化土壤，其主导障碍为土壤渍涝、土壤潜育化等。

（十）土体障碍型

土体障碍型土壤主要是指在剖面构型方面有严重缺陷的土壤，如土体过薄，剖面 1.0 m 左右内有沙漏、砾石、数盘、铁子、铁盘、砂姜、白浆层、钙积层等障碍层次。该障碍包括障碍层物质组成、厚度、出现部位等。

三、健康土壤培育

（一）干旱型土壤的改良

干旱型土壤的改良以调节"土壤水库"的蓄水保水能力为重点，配合其他措施，其作用不仅是以"库"的形式贮存植物生长所需的水分和养分，更重要的是通过土壤基质的能量转换，获得较多的生物潜能，保证农业持续增产。但是，土壤肥力的培育总是与农田生态以及区域生态环境和生产条件相联系的，因而旱地肥力的培育，应坚持工程措施与农艺措施相结合，山水林田湖草沙综合治理。

农艺措施：包括调整种植结构、加厚耕层、喧活土体、土壤培肥等。发展节水旱作农业根据当地自然条件调整种植结构，选育栽培抗旱品种，利用瘠薄旱地，田头地边和林间隙地等，采取混、间、套的办法，种植适合当地生长的牧草或绿肥、耐瘠草类，以利护土养土。种植牧草绿肥，既可直接翻压培肥，也可通过农牧结合、牲畜过腹还田培肥土壤。加厚活土层：主要是加深耕翻或客土增厚。采取深、浅、免耕相结合，既可加深耕层厚度，又可使耕层虚实并存，有利于蓄水保肥、供水供肥。客土改良暄活土体：我国有些地方引洪淤灌，可大面积改良土壤。对僵板的土壤，采取深翻曝晒、秋耕冻融和耙、耕、压等措施。土壤培肥：有机无机相结合，随着单产提高，年复一年要从土壤中携走大量养分，因此，为了均衡满足植物生长需求，必须通过施肥补充养分，其中有机肥与化肥配合施用是提高土壤供肥后劲的有效途径。

工程措施：包括拦蓄降水、平整土地等。具备水源条件的地方，建立灌排配套，是旱地高产的重要保障。在不具备水源的地方，做好拦蓄降水、蓄水保墒的耕作管理与田间工程设施。平整土地，既有利于稳定水土，也便于耕作管理，是培育高产稳产农田的基础条件。山丘、坡地修建梯田，防止冲刷，保持水土。不少平原旱地，也应在平整的同时建成方田、畦田。

（二）侵蚀型土壤的改良

加强植被恢复与保护：植被是保持土壤稳定的重要因素，因此加强植被恢复与保护是土壤侵蚀防治的重要措施之一。可以采取种植草本植物、树木等措施，增加植被覆盖率，防止水土流失。同时，合理利用生态资源，开展草原、森林、湿地等生态系统的保护和修复，提高土地的生态环境。

加强水土保持工程建设：水土保持工程建设是土壤侵蚀防治的重要手段之一。可以采取在坡地上修建梯田、沟渠等防止水土流失的措施，同时在河岸、河道上修建防洪墙、堤坝等措施，保护河道的生态环境，减少水土流失。

集成创新应用保护性耕作：耕作方式和技术对土壤侵蚀也有着重要的影响。可以通过合理的耕作方式和技术，如深翻、旋耕、轮作等措施，减少土壤表层的损失，增加土壤的肥力，提高土地的生产力。同时加强农业生产管理，合理利用农药、化肥等农业生产用品，减少对土壤的污染，保护土壤生态环境。

（三）瘠薄型土壤的改良

广辟肥源培肥改良：土壤有机质衰竭将导致土壤结构破坏，进而导致降雨时水分的入渗和储量减少，进一步是植被的破坏，风蚀、水蚀加剧，生态环境恶化，最终导致产量下降。瘠薄培肥型耕地的形成就是如此，所以其改良就必须从提高土壤有机质入手。首先，广泛开辟肥源，堆沤肥、秸秆肥、牲畜粪肥、土杂肥等一齐上，增加有机物质的投入，有机质是土壤肥料的基础，有机质的提高有利于改善土壤结构，增加土壤阳离子代换能力和土壤保蓄水肥的能力；其次，实行粮草轮作、粮（绿）肥轮作，实施绿肥压青、种养结合；第三，增加化肥投入，合理使用化肥，增加作物产量。

加强耕地质量改造提升：对于人少地多的边远山地丘陵区，耕作粗放，广种薄收，土壤极度贫瘠的乡村，在退耕还林还牧和粮草轮作的基础上，选择土地相对平整、土层较厚、质地适中、土体结构型良好的耕地作为基本农田，集中人力、物力、财力集约经营，集中较多的有机肥、化肥，进行重点培肥，用3～5年的时间，使其成为中产田，成为农民的口粮田、饲料田，其他瘠薄型耕地可作为牧草地，发展为牧草基地，逐渐走农牧业相结合的道路，形成草、牧、肥、粮的良性循环道路。

（四）沙化型土壤的改良

工程措施：主要是在干旱地区沙漠化土地上设置工程沙障，以固定流动沙丘。由于生态条件较差，在沙漠化治理中，工程措施必须与其他措施相配套。

植物措施：植物措施是沙漠化土地治理的关键措施，主要包括封沙育草育灌、种灌种草、飞播、建造防护林带（网）、建设人工草场等。

农牧生产措施：包括控制载畜量、控制农事面积、合理配置作物牧草、扩大农牧比重、合理开发地下水等。

（五）盐碱型土壤的改良

水利改良：水利改良措施又称为工程措施，它是通过一定的农田水利工程，排除地表积水和降低地下水位或引淡排盐排碱，或通过原有盐碱地土壤的改造，达到治理盐碱的目的。常见的水利改良措施主要有：沟渠排水，健全灌排系统，实行灌排分开，井渠结合，深浅井结合，咸淡混用，排盐补淡与咸水利用，改水浇盐，引淤压碱，暗管排水，渠道防渗等。

生物改良：农业与生物改良措施，是在水利改良措施基础上，通过一定的农业和生物措施，改善土壤理化性状，提高土壤保水透水性能，加速土壤淋盐，防止返盐，使原有的盐碱地在合理的利用过程中得到进一步治理和改良。常见的农业与生物改良措施主要有：稻改，增施有机肥料，培肥地力，深耕深翻，植树造林，调整农业用地结构等。

化学改良：对一些重碱地，除采用工程、农业和生物措施外，还应配合施用化学改良物质，如石膏、磷石膏、亚硫酸钙、风化煤、糖醛渣等。这些物质富含钙，作为土壤改良剂施入土壤后，可以改善土壤胶体中钙镁、钙钠离子的比例关系，同时，这些改良物质含有游离酸，游离酸与土壤中的碳酸钙作用使钙活化，增加了钙的有效性，而且还能中和土壤的碱性，降低 pH，从而消除碱害，达到治碱的目的。

（六）酸化型土壤的改良

施用石灰，调酸补钙。施用石灰，一调酸二补钙，调节酸碱，可以增加养分的有效性，所以，调酸（施石灰）就相当于施肥。秋收后，把地里的秸秆杂草收拾干净，亩撒生石灰 100 kg，翻耕，耙匀。施有机肥，平衡酸碱。有机肥有极大的缓冲性，有调节土壤酸碱度的作用，长期施用，可以平衡酸碱，培肥地力。覆盖栽培，减轻淋溶。测土配方，精准施肥。按作物需求进行测土配方施肥，降低化肥的施用量，能有效地防治土壤酸化。

（七）渍涝潜育型土壤的改良

排洪除涝：渍涝潜育型土壤不论平原洼地或是山垄谷地，都因地处低洼地形部位而易受洪涝威胁，建设排洪除涝水利工程，是堵截洪涝外来水、改造渍涝潜育型土壤的先行措施。平原洼地的渍涝潜育型土壤改良，主要是建立圩田的大包围工程，配置机电排灌和联圩建闸，控制外来水入侵，并控制圩区外河水位，确保不同圩区实行分片治理。

降潜治渍：渍涝潜育型土壤的主要矛盾是"水害"，全层土体潜育化；或虽经初步水利改良，尚处于上渍下潜的多水状态。挖降农田地下水，改善土体内排水性能，克服土壤水气矛盾障碍，是改良冷浸田的关键措施。

水旱轮作：渍涝潜育型土壤初步改良后，应尽量实行水旱交替种植，安排旱作茬口，使土壤脱水，促进土壤颗粒团聚化，增加通气孔隙数量。水旱轮作能促进养分释放，降低土壤还原性物质含量，有利于作物根系生长。

垄畦栽培：渍涝潜育型土壤水、肥、气、热矛盾大，采取适应性的半旱式垄畦栽培管理，增产效果显著。垄畦栽培是在免耕基础上，把田面起垄成畦形，抬高原有田面，形成宽行垄或高畦的半式稻田生态环境。

第五章 农业生态环境治理

第一节 农业大气污染及其防控

一、农业大气污染现状

随着现代农业的快速发展，农业活动排放的污染物对大气的影响逐渐引起重视。农业活动排放大量温室气体（GHGs），如二氧化碳（CO_2）、甲烷（CH_4）和一氧化二氮（N_2O），占人类活动中温室气体排放总量的 10％～12％。N_2O 可以在大气中停留很长一段时间，其全球变暖的潜力高于 CH_4，是 CO_2 的 298 倍。全球氮含量近 40％的 N_2O 排放是由人类活动引起的，包括农田施肥和燃料燃烧，农业活动约占 60％。

农业活动也是氨的主要来源，农田施肥和畜牧业可以产生大量的 NH_3。据统计全球对流层 80％的氨来自农业排放。大量的 NH_3 在大气中可以与酸性气体反应产生消光系数比较高的二次级气溶胶，这是造成雾霾污染的关键因素之一。在过去的几十年里，全球的 NH_3 排放量增加了一倍多，主要是由于农业排放量的增加。相比之下，非农业人为来源的占比非常低。据估算未来的氨排放量将大幅增加。此外，农药使用和作物秸秆燃烧可直接或间接产生持久性有机污染物（POPs）、挥发性有机化合物（挥发性有机物）和颗粒物（PM），从而降低周围空气质量，危害人类健康。近年来，农业空气污染越来越受到人们的关注。

二、农业大气污染来源

（一）施肥污染

农业活动是氮排放的一个重要来源，在农业中使用氮肥会直接或间接地排放大量的 NH_3 和 N_2O。氨排放随肥料类型而异，取决于氮含量、挥发性和水解过程。具有高氮含量的尿素，释放出高浓度的 NH_3，并在施肥后产生亚硝酸（HONO）。相比之下，氮含量较低但挥发性较高的碳酸氢铵肥料会导致更多的氨排放。高浓度的 NH_3 在大气中发生反应产生次生气溶胶，如硫酸铵和硝酸铵，可以长距离运输，造成区域污染。全球来自于化学氮肥和有机肥的氨排放系数分别为 12.56% 和 14.12%，中国、印度和美国作为前三位氨排放大国，其排放量之和占全球氨排放总量的一半以上，而三大主要粮食作物（水稻、小麦和玉米）生产的氨排放系数平均为 11.13%～13.95%，分别占全球农田化学氮肥施用来源氨排放总量的 72%。

每年排放到大气中的 N_2O 约 2/3 来自土壤。其中农业土壤 N_2O 排放量占 35%。土壤 N_2O 产生的主要途径包括硝化作用（自养硝化、异养硝化、全程氨氧化）、硝化菌反硝化、反硝化作用（生物反硝化、化学反硝化）、硝态氮异化还原为氨等作用。硝化作用和反硝化作用产生的 N_2O 占整个生物圈释放到大气中总量的 70%～90%。

（二）农药污染

在对作物喷施农药的过程中，农药或以气态形式停留在大气中，或溶解在水蒸气中，或吸附在固体颗粒上。农药在大气中分解成各种难以降解的有毒物质，可长距离迁移，造成区域污染。目前虽然多种杀虫剂已被禁止，但它们在许多地区仍被广泛用于杀死害虫和处理传染病。近年来，随着科技的发展，农作物种植面积规模化，对于大面积的农作物都是使用无人机喷洒农药，尤其是遇大风、高温天气，化学农药挥发性更强，空气污染面积更大，此时对空气污染最为严重。有研究，通过对不同季节深圳市大气中的有机氯农药（OCPs）进行取样、检测发现，冬季 OCPs 含量为 742～3 522 pg/m^3，平均值 1 769 pg/m^3，其中，87% 为滴滴涕、氯丹、七氯、林丹、六氯苯。夏季 OCPs 含量为 507～2 197 pg/m^3，平均值 1 163 pg/m^3，其中，89% 为滴滴涕、林丹、氯丹。

（三）秸秆燃烧污染

燃烧秸秆是一种常见的农业做法，特别是在发展中国家，因为它是一种简单且经济的去除残留物的方法，这种做法也是一个低效的燃烧过程，秸秆的露天不完全燃烧向大气中释放出大量的颗粒物和有机污染物，对区域大气环境和气候变化产生了不利影响。

烟尘污染是农业大气污染产生的主要因素之一，烟尘污染的主要来源是焚烧小麦秸秆或其他秸秆产生的大量有毒有害烟雾，烟尘方面的污染会导致空气中有毒有害物质快速增加，严重影响到当地人的健康。在烟尘较为严重的情况下，还可能造成雾霾天气的出现，对当地的环境造成较为严重的影响。

烟尘按粒径大小可分为降尘和飘尘。降尘的粒径大于 $10\mu m$，靠其自重能自然降落。单位面积的降尘量可作为评价大气污染程度的指标；飘尘的粒径小

于 $10\mu m$，粒小体轻，能长期在大气中飘浮。飘浮的范围从几千米到几十千米。因此它会在大气中不断蓄积，使污染程度逐渐加重。飘尘成分复杂，包括无机物和有机物。无机物有石棉、二氧化硅、金属物质（汞、铅、铬、镉、锰、铁等）及其化合物。有机物有多种烃类，特别是多环芳烃等碳氢化合物。飘尘有吸湿性，在大气中易吸收水分，形成表面具有很强吸附性的凝聚核，能吸附有害气体和经高温冶炼排出的各种金属粉尘以及致癌性很强的苯并〔a〕芘等。有些飘尘颗粒表面还具有催化作用，如钢铁厂排出的三氧化二铁能催化其表面的二氧化硫成为三氧化硫，吸水成为硫酸。飘尘表面的这种作用，往往增大其毒性。因此环境监测和卫生部门把它作为评价大气污染对健康影响的重要指标。常见的烟尘按形态特征分为黑烟、红烟、黄烟和灰烟。不同颜色的烟尘，其组成和来源各不相同。黑烟含有大量焦油、炭黑，主要来源于燃煤、燃油业。红烟含有大量氧化铁，主要来源于钢铁厂。黄烟含有大量氮氧化物，主要来源于化工厂。灰烟主要来源于水泥厂和石灰厂。

中国露天秸秆燃烧占亚洲秸秆燃烧总量的 44% 以上。近 30 年，我国农田燃烧碳排放增加了 25 倍，其中山东公开焚烧秸秆量最大。在作物类型方面，玉米、水稻和小麦秸秆燃烧排放量最高，占秸秆燃烧总排放量的 80%。

（四）畜禽养殖污染

畜禽养殖业对大气环境的影响，主要表现在释放到大气中的一系列气态污染物和生物气溶胶。其中，气态污染物包括二氧化碳、甲烷、氨、硫化氢、挥发性酸、硫醇和具有低气味阈值的胺等，主要来自畜禽饲养及粪尿分解；颗粒物和生物气溶胶污染物中的细菌、内毒素以及植物和动物来源的颗粒等，主要来自干燥粪尿中的灰尘和颗粒。同时在农业活动中，牲畜饲养被认为是温室气体排放的主要来源之一。据联合国粮农组织（FAO）统计表明，畜禽养殖业温室气体年排放量约占全球温室气体排放量的 18%，主要包括养殖过程中肠道或粪尿发酵产生的 CH_4 排放，以及畜禽粪尿管理过程中 CH_4 和 N_2O 的排放等。这些污染物会影响大气质量，对大气造成严重污染。如果在这种空气质量差的环境中生活，就会造成神经系统和呼吸系统的影响，危害身体健康。

其中，畜禽舍内的有害气体会直接刺激畜禽呼吸道黏膜，进而导致畜禽出现呼吸道疾病，畜禽长期处于这种充满有害气体超标的环境中，其身体素质将会越来越弱，食欲逐渐下降，畜禽产能降低，对各类病原菌微生物的抵抗力减弱，导致畜禽患病的概率大幅度提升。同时，畜禽养殖环境被空气污染后，空气中的病原菌将会大幅度传播，原本健康的畜禽也可能会因此而染病。而对于饲养人员，空气中长期含有大量的有害气体会引发呼吸道疾病，比较常见的有哮喘、鼻炎等疾病。

三、农业大气污染危害

(一) 硫氧化物

硫氧化物是最为常见的大气污染物。主要为二氧化硫（SO_2）和三氧化硫（SO_3），当 SO_2 气体排出后，进入大气可在大气中被氧化成 SO_3，SO_3 遇水后又形成 H_2SO_4，以硫酸雾的形式存在，它们都会对植物产生危害，统称为硫氧化物。

硫是作物生长必需的元素，作物体内的硫元素主要来自根部，也来自作物叶片气孔吸收。进入叶肉组织的二氧化硫，与水反应生成亚硫酸及其盐类，亚硫酸离子可以再被慢慢地氧化成硫酸根离子。这些硫酸根离子只有极少部分被同化而用于氨基酸的合成，绝大多数则以硫酸根的形式在叶片组织内储存起来，这样既可解毒，又可作为硫库为以后作物需硫时所利用。作物体贮存硫的能力较强，作物受到硫氧化物危害时，叶片内硫的含量可达其正常量的 5～10 倍而不明显受害。但当亚硫酸根离子和硫酸根离子过量存在时，就会抑制作物光合作用和氨基酸蛋白质的代谢，干扰光合磷酸化等生理过程。

由于亚硫酸根有较强的还原能力，其毒性要比硫酸根大 30 倍左右，即亚硫酸根转变为硫酸根是一个解毒过程，所以当大气中二氧化硫浓度较低而接触时间较长，植株叶片内亚硫酸盐积累速度缓慢且未超过其被氧化为硫酸盐速度时，一般就不会产生急性危害，而是随着硫酸根或硫酸盐的积累表现为单一盐分的影响。受害症状为作物叶片轻度褪绿，双子叶作物脉间黄化，单子叶作物叶尖变白，此时虽然叶片外观表现正常，但其生理功能已被破坏。

当大气中二氧化硫浓度较高，作物体内硫酸盐形成速度超过了细胞将其氧化成硫酸盐的速度时，就会发生急性危害。此时作物受害的典型症状是叶片上出现形状为点状、块状或条状，颜色为白色、黄色或褐色的伤斑。功能叶片首先受害，受害较重时其他叶片也出现伤斑。双子叶作物叶片上的伤斑主要分布在叶脉之间，形状为点状或块状，受害部位与健康组织之间界限分明。对大多数作物来说，接触时间越长，二氧化硫浓度越高，伤斑越向叶缘扩展，受害严重时叶片先呈水浸渍状软萎，日晒后失水干枯，最后整个叶片坏死或脱落。水稻等单子叶作物受害时叶片先变成淡绿或灰绿色伤斑，通常分布在叶尖和叶中部的平行叶脉之间，并沿叶脉两侧向基部发展。伤斑为白色或黄褐色的条纹状微细斑点，严重时整个叶片褪色为白色，同时枯萎。麦类的麦芒对二氧化硫极为敏感，在叶片仅出现轻微伤害时，麦芒的前半部就褪色、干枯，出现白尖，麦类的这一特点可用于大气二氧化硫污染的生物监测。

在清洁大气中，二氧化硫浓度通常在 $0.000\ 1\sim0.001\ ml/m^3$ 之间，当二氧化硫浓度超过该值时，可能对作物产生一定的负面影响，通过整理资料数据，获得不同剂量二氧化硫对作物生长发育的影响，具体见表5-1。

表5-1　不同剂量二氧化硫对作物生长发育的影响

二氧化硫浓度（ml/m³）	接触时间	单位	对作物的影响
0.010	1	年	一些蔬菜和花卉受害程度可达98%
0.027	60	天	影响水稻干物质产量
0.065	13	天	荞麦可见伤害
0.065	14	天	葡萄可见伤害效应
0.050~0.500	8	小时	敏感作物可受到损害
0.100	1	月	一般作物可受害
0.200	4	天	
0.200	10	分钟	作物出现可见伤害症状
0.300	10	小时	
2.000	8	小时	抵抗能力强的作物受到伤害
10.000	30	分钟	

此外，不同作物种类对二氧化硫危害的敏感性相差很大，通常将其分为敏感、抗性中等和抗性强三类，部分作物的敏感性见表5-2。

表5-2　部分作物对二氧化硫的敏感性

敏感性	作物
敏感	紫花苜蓿、大麦、烟草、棉花、萝卜、莴苣、甘薯、菠菜、南瓜、胡萝卜、蚕豆、芝麻、大豆、荞麦、辣椒、水稻（部分品种，苗期）、油菜（苗期）
抗性中等	番茄、茄子、苹果、甘蓝、豌豆、黑麦、葡萄、桃树、杏树、水稻（部分品种）、油菜（生育后期）、花生、菜豆、黄瓜
抗性强	樱桃、西瓜、马铃薯、蓖麻、洋葱、玉米、葫芦、芹菜、柑橘、甜瓜、高粱、谷子、水稻（部分品种，后期）

（二）氟化物

氟不是作物生长的必需元素，氟化氢从叶片气孔进入叶片组织后，并不直接损害气孔附近的细胞，而是溶于组织液内从细胞间隙进入导管，随水分运动流向叶片的尖端边缘，并在这些部位逐渐积累。当积累到一定程度且与叶片内钙质反应生成难溶性氟化钙类，沉淀于局部时，作物的钙镁营养会发生障碍，造成作物体内酶活性和代谢机能受到干扰，叶绿素和原生质遭到破坏，叶片出现伤害症状。因此，作物受到大气氟化物危害的症状首先是发生在嫩叶和新芽上，受到危害时最初叶尖和叶缘呈现水浸渍状，再渐渐变为浅黄白色，最后出现褐红色伤斑。另外，在受害叶片上被害组织（伤斑部分）与正常组织（绿色部分）交界处形成一条明显的红色或深褐色分界线，受害组织逐渐枯死，严重时伤斑从叶缘向较大的叶脉间发展，并向叶的基部延展，有的作物受到危害后还大量落叶。

禾本科作物一般在生长发育后期，尤其在开花期受氟化物危害减产最为明显。水稻和小麦受害时，首先在新叶尖端和边缘出现黄色斑点，这些小而不规则的斑点在叶脉内进一步发展，再逐渐合并成黄化带，受害严重时叶片大都要变黄。作物受氟化氢急性危害与慢性危害所表现的症状基本相同。另外，当落在作物叶片上的雨水、露珠中的氟化氢、氟硅酸浓度过高时，还会对作物造成直接危害。

氟化氢对作物的毒性要比二氧化硫大 $10\sim100$ 倍，并具有在作物体内积累危害的特点，相比之下危害的接触时间长短就显得更为重要，也使作物氟化氢污染受害剂量标准的确定变得更加困难。不同剂量氟化氢对作物生长发育的影响见表 5-3。

表 5-3　受不同剂量氟化氢影响的作物

氟化氢浓度（ml/m³）	接触时间	单位	受害作物
0.003	2～3	天	唐菖蒲
0.029	20	小时	
0.003	20～60	小时	葡萄、樱桃
0.140	7～9	天	杏、李
0.003	1	年	柑橘
0.014	7～9	天	水稻
0.029	10	天	番茄
0.286	10	天	
0.114	3	小时	玉米
0.143	3	小时	桃树
1.430	6～9	小时	棉花

一些较为常见作物对氟化氢的敏感性见表 5-4。其中唐菖蒲对氟化氢敏感性最强，被广泛应用于大气氟化物的生物监测。

表 5-4　作物对氟化氢的敏感性

敏感性	作物
敏感	唐菖蒲、萝卜、荞麦、杏、葡萄、李、梅、桃、樱桃、玉米、芝麻
抗性中等	菠菜、马铃薯、胡萝卜、向日葵、大麦、花生、大豆、高粱、燕麦、核桃、苹果、黑胡桃、西瓜
抗性强	番茄、扁豆、油菜、黄瓜、南瓜、甜菜、甘蓝、花椰菜、洋葱、芹菜、莴苣、苜蓿、棉花、小麦、梨、柑橘、草莓

（三）氯气

氯气是黄绿色、有强烈窒息臭味的有毒气体，相对于空气的密度为 2.48，是一种强氧化剂，可溶于水，溶于水后生成盐酸和次氯酸。在潮湿的空气中氯气易形成气溶胶态的盐酸雾粒子，加之比重较大，故自污染源排出后多沿风向或坡面扩散，其危害范围多在距污染源半径 1~2 km 的圆形或扇形区域内。

氯气这种强氧化剂遇到作物后，能很快破坏作物叶片里的叶绿素，使叶片出现褪绿伤斑，严重时可使全叶漂白、枯卷，甚至脱落。作物受氯气急性危害的症状与受二氧化硫危害相似，伤斑首先出现在充分展开的功能叶片的叶脉间，呈不规则的点状或块状；与二氧化硫危害伤斑不同的是受伤组织与正常组织之间常常没有明显的界线。也有的作物受到氯气的袭击后，先在叶尖或叶缘处出现褪色伤斑，然后扩展到整个叶片，水稻、玉米等单子叶作物受害症状为叶脉间出现条状失绿伤斑，萝卜、大白菜、菠菜受害后，伤斑先变白然后变为黄色，但轮廓不明显。

氯气对作物危害的毒性是二氧化硫的 2~4 倍，据报道，空气中氯气达到 0.46~4.67 ml/m³ 时许多敏感作物在 1 h 内即可出现伤害症状，受不同剂量氯气影响的作物，具体见表 5-5。

表 5-5　不同剂量氯气对作物生长发育的影响

氯气浓度（ml/m³）	接触时间	单位	受害作物
0.100	2	小时	苜蓿、萝卜
0.560	3	小时	桃树
0.500~0.800	4	小时	大多数作物

较为常见作物对氯气的敏感性，具体见表 5-6。

表 5-6　作物对氯气的敏感性

敏感性	作物
敏感	苜蓿、荞麦、玉米、大麦、芥菜、洋葱、萝卜、白菜、韭菜、葱、冬瓜、向日葵、苹果、樱桃
抗性中等	甘薯、水稻、棉花、马铃薯、茄子、扁豆、黄瓜、番茄、葡萄、桃、西瓜
抗性强	谷子、高粱、大豆、豇豆、梨、枣、胡椒、橄榄

（四）臭氧

作物受到臭氧危害其症状多出现在成叶上，嫩叶上的可见症状较少，臭氧主要是破坏作物叶片的栅栏组织，使受害细胞的细胞壁局部变厚，形成新的作物色素，扩散在周围的细胞里，所以受害后作物的叶片上表面出现密集的红棕色、紫色、褐色或黄褐色的细小斑点。有时叶面细胞受到损害也使叶片上表皮出现变白或无色的坏死小斑点。受害严重时叶片上表面可发生大面积坏死，并扩展至叶片的下表面。对于禾本科单子叶作物由于其叶片无栅栏组织，受害后叶片出现褪绿现象或产生白色至黄色的坏死条斑，随着受害程度的加重，叶片两面均坏死，且遍及全叶。

不同作物的臭氧伤害剂量不同，敏感作物当臭氧浓度为 $0.05\sim0.07$ ml/m³，接触时间为 $2\sim4$ h 时就会发生伤害，而大多数作物在浓度 0.1 ml/m³，接触时间 5 h 时也都会受到严重损伤。苜蓿、菠菜、燕麦、萝卜、玉米和蚕豆等作物，在与臭氧浓度为 $0.1\sim0.2$ ml/m³ 的空气接触 2 h 后出现伤害症状，有的烟草品种甚至在 0.05 ml/m³ 低浓度下接触 4 h 也会出现伤害。有人提出将浓度 0.05 ml/m³，接触时间不超过 2 h 作为臭氧对作物危害的允许剂量。

作物对臭氧的敏感性：在常见的作物中烟草对臭氧最为敏感，常被用于臭氧大气污染的生物监测。此外，所有豆科作物均较敏感，部分作物对臭氧的敏感性，具体见表 5-7。

表 5-7 作物对臭氧的敏感性

敏感性	作物
敏感	烟草、苜蓿、大麦、扁豆、玉米、洋葱、花生、马铃薯、黑麦、菠菜、番茄、小麦、葡萄、葱、白杨、豇豆
抗性中等	红松、黄松、樱、梨、蔷薇、鸡冠花、莴苣
抗性强	唐菖蒲、胡椒、银杏、杉、扁柏、黑松、樟、夹竹桃、甜菜

（五）过氧乙酰基硝酸酯

作物受到过氧乙酰基硝酸酯危害后表现的症状与受其他大气污染物危害表现的症状有较大的不同。作物受害后叶片背面呈银灰色或青铜色，而叶片上面却看不到受害症状，只有受害严重的叶片背面变为褐色时上表面才有可能显露出症状来。开始时受害叶片为水渍状，干后变为白色或浅褐色的坏死带，横向通过叶片。对于双子叶作物，可破坏叶片下表面气室周围的海绵组织或下表面细胞的原生质，形成半透明状或白色的较大气囊。过氧乙酰基硝酸酯危害作物的另一个特点是受害症状多发生在幼叶上，受害后叶片生长受阻，变得扭曲、皱褶。过氧乙酰基硝酸酯和臭氧一样，也能够促使作物体内红色色素的形成，使整个叶片变为红色或仅叶片的上表面变成紫红色。另外，过氧乙酰基硝酸酯还能够促使作物整株老化，抑制作物的生长发育。

过氧乙酰基硝酸酯对作物的毒性很强，其造成伤害的最低浓度要比臭氧低一个数量级。据报道，空气中过氧乙酰基硝酸酯的体积浓度为 1 ml/m³ 时，接触半小时即能造成豆科作物的严重伤害。不同作物对过氧乙酰基硝酸酯的敏感性差异很大，有人提出把体积浓度 0.05 ml/m³，接触时间 8 h 作为作物的受害剂量。

部分作物对过氧乙酰基硝酸酯的敏感性见表 5-8。

表 5-8　作物对过氧乙酰基硝酸酯的敏感性

敏感性	作物
抗性中等	苜蓿、大麦、甜菜、胡萝卜、菠菜、烟草、小麦
抗性强	玉米、棉花、黄瓜、洋葱、萝卜

（六）氮氧化物

大气中的氮氧化物污染主要包括一氧化氮、二氧化氮和硝酸雾，以二氧化氮为主。一氧化氮是无色、无刺激气味的不活泼气体，微溶于水，相对于空气的密度为 1.037，可被氧化成二氧化氮。二氧化氮是棕红色有刺激性臭味的气体，不溶于水，性质比较稳定。作物受二氧化氮危害表现的症状与受二氧化硫和臭氧的危害相似，先在叶脉间或叶缘出现形状不规则的水渍斑，逐渐坏死，而后干燥变成白色、黄色或黄褐色斑点，受害严重时斑点可扩展至整个叶片。禾本科作物则多沿叶脉，在叶的中心部位产生条状被害斑。二氧化氮的毒性虽较一氧化氮强，约为一氧化氮的 5 倍，但又较其他大气污染物要弱，一般不会产生急性危害，而慢性危害能抑制作物生长。

作物受二氧化氮危害的程度和光照强度以及阴晴天气条件有关，在弱光照条件下作物体内酶的活性受到抑制，进入作物体内的硝酸盐不能顺利地还原为氨而积累起来，达到一定程度后即产生毒害作用。所以在阴暗多云、弱光照天气，作物对二氧化氮敏感程度提高。阴天作物受害程度常常较晴天成倍地增加。

二氧化氮对作物的毒性较低，即使是对二氧化氮敏感的番茄，也只有当大气中二氧化氮的浓度达到 2~3 ml/m³ 以上时才会产生危害；扁豆接触体积浓度 3 ml/m³ 的二氧化氮气体 4~8 h 开始出现受害症状，在 30 ml/m³ 条件下接触 2 h 产生明显伤害。

部分作物对二氧化氮的敏感性见表 5-9。

表 5-9　作物对二氧化氮的敏感性

敏感性	作物
敏感	扁豆、番茄、莴苣、芥菜、烟草、向日葵
抗性中等	柑橘、黑麦
抗性强	石刁柏、石楠、藜

（七）乙烯

乙烯是一种无色、略带气味的气体，广泛存在于作物体内，是作物的内源激素之一，起着调节和控制作物生长发育的作用。空气中的乙烯对作物的影响主要是生理学上的，当大气受到乙烯污染并超过某一浓度时，作物正常生长发育过程发生改变，或加速或延缓，或落花落果，失去协调与平衡。

乙烯能引起多种作物发生称作"偏上反应"的叶片下垂现象，较为常见的有番茄、棉花、芝麻、向日葵、马铃薯等，有时单子叶作物如水稻也能发生这种反应。受害作物的表现是叶子自叶柄向下弯曲，叶片下垂，这种现象在幼嫩叶子上明显，而老叶反应则不敏感。这种异常生长反应，只有在适宜的条件下，在生长旺盛的植株上才能发生。

乙烯还能引起作物器官脱落。脱落的器官可以是叶片、花蕾、花、果实，较易发生器官脱落的作物有棉花、芝麻、番茄、尖辣椒、美人蕉、凤仙花等。作物叶片和果实失绿变黄也是作物受到乙烯危害表现出的常见症状之一。这种症状和正常情况下作物衰老、成熟的表现相同，而且叶片变黄总是从叶基部及叶脉开始，落叶的顺序是先老叶，后功能叶，最后嫩叶。乙烯还能对小麦、荞麦、番茄幼苗等多种作物生长产生抑制作用，或使一些作物花朵关闭、畸形、花期缩短，或使一些水果形成畸形果和开裂果。

一般认为乙烯使作物受害出现反应所需的最低浓度为 $0.01 \sim 0.1\ ml/m^3$，发生急性危害的阈值浓度为 $0.05 \sim 1.0\ ml/m^3$。不同剂量乙烯对作物生长发育的影响，具体见表 5-10。

表 5-10　不同剂量乙烯对作物生长发育的影响

乙烯浓度（ml/m^3）	接触时间	单位	对作物的影响
0.001	24	小时	非洲金盏菊出现偏上反应
0.025	连续熏气		抑制菜豆、小麦、黄瓜生长发育
0.050	6	小时	卡特米兰花萼尖端出现枯萎，石竹生长异常
0.040～0.100	27	天	棉花生长速率降低 25%～50%
0.100	2	天	番茄出现偏上反应
0.100	12	天	四季海棠落花
0.100	28	天	小麦、荞麦、番茄生长受到抑制
0.500	3	天	蜜橘叶变为浅黄色
1.500	7	小时	黄瓜幼苗卷须发生弯曲变形

作物对乙烯敏感性差别很大，部分作物对乙烯的敏感性，具体见表 5-11。

表 5 - 11　作物对乙烯的敏感性

敏感性	作物
敏感	芝麻、棉花、向日葵、茄子、辣椒、蓖麻、番茄、紫花苜蓿、甘薯、桃
抗性中等	豌豆、蚕豆、豇豆、扁豆、大豆、菜豆、黄瓜、丝瓜、西瓜、菊花、胡萝卜
抗性强	水稻、小麦、玉米、高粱、白菜、甘蓝、莴苣、萝卜、洋葱、葱

（八）多种大气污染物的复合污染及危害

实际上大气污染对作物造成的伤害常常是由两种或两种以上的污染共同作用的结果，这种由多种污染物同时作用危害的现象，叫作复合污染。复合污染的危害作用有增效作用、相加作用和拮抗作用等。增效作用是指几种污染物同时存在时造成的危害，超过各种污染单独存在时危害的总和，例如二氧化硫和臭氧对豌豆的复合污染，二氧化氮与二氧化硫对黄瓜、番茄的复合污染，均表现为增效作用。相加作用是指几种污染同时存在造成的危害，与各种污染物单独危害之和相等，如二氧化硫与氟化氢的复合污染常表现为相加作用。拮抗作用则是指几种污染物同时存在造成的危害，比各种污染物单独危害的后果要小，污染物间危害作用相互抵消，如氯化氢与氨共存时，其危害表现为拮抗作用。复合污染的作用是十分复杂的，不仅因污染物种类不同而不同，各种污染物之间浓度比例不同，作物种类不同，所表现的总效应也不同，而这种效应在农业环境保护工作中应予以注意。

四、农业大气污染防控

（一）施肥污染防控

施肥污染防控主要采取三项措施，一是不盲目加大肥料用量或长期过量使用同一种肥料，科学掌握施肥时间、次数和用量，采用分层施肥、深施肥等方法，减少化肥在空气中的挥发，提高肥料利用率；二是采用绿色安全高效施肥技术；三是健全完善防控施肥污染的法律法规，使农产品生产过程中肥料的使用有章可循、有法可依，有效控制施肥对大气产生的污染。有研究表明，通过机械化深施，化肥可显著减少肥料有效成分的挥发和流失，提高土壤肥力，降低农业生产成本，增加农作物的产量，保护生态环境，目前，机械深施化肥技术已在精少量播种、机械化沟播、保护性耕作等技术上被广泛应用。

（二）农药污染防控

农药污染防控措施主要采取三项措施，一是无人机喷洒农药必须远离居民区，化学药剂厂的建立必须与居民区及农田保持一定距离；二是无人机喷洒农药时对大气污染最为严重，所以在使用无人机施药时最大限度地降低施药高度，有效减少对大气的污染；三是减少粉剂农药的使用，尽量选颗粒状农药，或乳剂和水剂。随着我国农业的不断发展，化学农药虽然在提高农作物产量方面起到很大的推动作用，但是对环境污染的影响也非常严重，我国农业环境遭受了严重破坏，因此，必须采取积极有效的措施保护农业生态环境，提高农作物产量，实现生态平衡及环境保护。

（三）秸秆燃料污染防控

秸秆燃料污染防控主要采取三项措施，一是秸秆直接还田，秸秆中含有大量的新鲜有机物料，在归还农田之后，经过一段时间的腐解作用，就可以转化成有机质和速效养分，可以起到节水、节少成本、增产、增效的作用；二是秸秆离田，组织拾草机械捡拾耕地里的秸秆，然后进行全部离田处理，利用秸秆进行饲料加工，卖给养殖场；三是秸秆离田后再还田，把秸秆通过生物能变成有机肥料，然后再次返回农田，对于土壤环境和地力保护可以起到很好的作用，也是农民增产增收的一种方式。

（四）畜禽养殖污染防控

畜禽养殖污染防控主要采取两项措施，一是加强宣传教育和引导，定期组织开展畜禽污染治理政策法规、治理措施、成功典型的舆论宣传，加强畜禽污染治理技术培训，提高养殖户的养殖技术和环保意识，增强农民的责任意识和主人翁意识，使畜禽养殖污染的治理成为广大养殖户的自觉行动；二是畜禽养殖场不得随意直接排放畜禽粪便、污水等污染物至周围环境，畜禽粪便处理应采取科学手段，如干燥法、发酵法等进行无害化处理。采取可靠的密闭、防泄漏等卫生、环保措施。临时储存畜禽养殖废弃物，应设置专用堆场，周边应设置围挡，具有可靠的防渗、防漏、防冲刷、防流失等功能，减少污染气体泄漏造成的大气污染。

（五）植物绿化防控

当空气流过茂密的林丛时风速降低，气流中携带的较大颗粒——烟尘、粉尘及尘粒就会沉降下来。又由于树叶上生有绒毛，有的还分泌有黏液和油脂，能吸附大量的飘尘，而吸附灰尘的叶片经过降水的冲洗后尘埃落地，其拦截、过滤功能又得以恢复。一般说来这种过滤作用以针叶树为最差，常绿阔叶树中等，落叶阔叶树最强。

据测定每公顷生长茂盛的草地在白天光合作用时，每小时可吸收二氧化碳1.5 kg，通常1 hm^{2}的阔叶林每天可吸收二氧化碳1 000 kg，放出氧气750 kg，每公顷公园绿地每天能吸收二氧化碳900 kg，制造氧气600 kg。据此，若以每人每天消耗0.75 kg氧气、排出0.9 kg二氧化碳计算，每一城市居民平均拥有10~15 m^{2}的林地面积，就可以得到充足的氧气供应而维持大气组分的新陈代谢。

二氧化硫是大气中常见的污染物质，硫也是植物生长的必需元素，只要空气中的二氧化硫浓度不超过受害阈值浓度，植物就不会受害而能吸收二氧化硫，使之在大气中的浓度降低。据测定 1 hm^2 的柳杉林每年可吸收二氧化硫 720 kg，受二氧化硫污染的空气通过一条高 15 m、宽 15 m 的英国梧桐林带可使二氧化硫浓度降低 25%～75%。吸硫能力较强的植物有垂柳、臭椿、洋槐、夹竹桃、梧桐、柑橘、山楂、板栗、丁香、枫、黄瓜、芹菜、菊花等。吸氟能力较强的植物有拐枣、油菜、泡桐、大叶黄杨、女贞及美人蕉、向日葵、蓖麻、菜豆、菠菜等。吸氯能力较强的植物有垂柳、银桦、女贞、黑枣、洋槐、紫穗槐、合欢、红柳等。对臭氧净化能力较强的植物是银杏、柳杉、日本扁柏、樟树、海桐、日本女贞、夹竹桃、栎树、刺槐、悬铃木、冬青等。较易吸收氨气的植物有向日葵、玉米、大豆等，能吸收汞蒸气的有夹竹桃、棕榈、桑、大叶黄杨等，而栓皮槭、桂香柳、加拿大杨则能吸收空气中的醛、酮、醇、醚等有机化合物气体，而且这些树木在生长过程中挥发出柠檬油、肉桂油和天丝葵油等多种物质，能杀死一些病原菌。

第二节 农业水污染及其防控

一、农业水污染现状

我国是一个水资源十分短缺的国家，农业生产严重依靠灌溉，据统计，约占全国耕地面积50%的灌溉面积上生产着全国粮食总产量的75%～80%。我国各地河流、湖泊等地表水体污染的不断增加，更加重了水资源短缺的矛盾。在水资源日益短缺与水体污染不断加剧的双重压力下，清洁无害的灌溉水源就显得极为珍贵。为弥补水源的严重不足，农区利用污水进行农业灌溉的现象在我国已较为普遍，尤其在我国北方地区，污水已成为农业灌溉用水的一个主要水源。

我国从 20 世纪 50 年代就开始引用污水进行农田灌溉，60 年代初，全国污水灌溉面积有 $4.2×10^5$ hm^2。近些年，随着水资源的短缺和污水排放量的增加，污水灌溉面积也迅速增加，到目前为止，污水灌溉面积 $3.0×10^7$ hm^2，90%分布在北方地区，污水已成为许多城郊农田不可缺少的灌溉水源。我国污灌技术的研究重点还在于污灌对作物与土壤的影响方面。

水是农业的命脉，水质的好坏会影响农产品的产量和质量。因此，要使我国的农业生产可持续发展，不但要保证用水，而且还要保证水质，防止农业用水受到人为的严重污染。国家环保总局和国家统计局联合发布的《中国绿色国民经济核算研究报告》表明，全国因水污染造成的经济损失为 $5.2×10^{11}$ 元以上，约占当年 GDP 的 4%。以黄河为例，由于农业是黄河上的用水大户，占黄河总用水量的 90%。因此，黄河水污染给农业造成的损失每年最高达 3.3×

10^9 元。另据河北省环境状况公报显示，由于水资源匮乏，部分地区农民使用污水灌溉，全省污水灌溉面积为 5.23×10^5 hm^2，累计废耕农田面积达 9.4×10^6 hm^2。

二、农业水污染来源

（一）施肥污染

据统计，我国化肥使用量为 531.9 kg/hm^2，约是世界平均水平的 3.9 倍。与此同时，我国化肥对粮食增长的贡献率也从 20 世纪 80 年代的 30%～40% 下降到目前的 10% 左右，施用化肥在时间、数量和方法方面的不合理导致了我国较低的化肥利用率。未被利用的大量氮、磷营养元素通过地表径流、地下淋溶的方式进入地表和地下水体，导致地表水体的恶化、富营养化和地下水体的硝酸盐污染。

（二）农药污染

我国农药的生产和使用量居世界首位，虽然农药在农作物病虫害防治方面起到重要作用，但过量使用对水环境产生了严重的威胁。农药的利用率通常较低，只有 10%，剩余未被利用的通过降水、渗滤和径流进入到水体，其中某些有机金属农药如有机汞杀菌剂等性质稳定，降解产物的残留毒性强，对生态水环境危害很大。由于我国大部分农业生产仍处于粗放生产经营阶段，投入过多、产出质量低下，农民的科学文化素养普遍不高，对病虫害防治的专业程度不高，所以在配置农药时，也没有进行科学的比配，在防治病虫害的过程中，这些未能实现科学配比的农药可能会对作物本身造成一定的危害，进而对当地的环境造成一定的污染，最后形成农业面源污染。

（三）畜禽养殖污染

畜禽养殖对水质的污染主要是指冲刷污水和粪尿。由于畜禽养殖场产生的粪便等废弃物不能全部还田，加之畜禽养殖户的环境保护意识淡薄，造成了畜禽养殖场的污水随意排放。含有大量的氮、磷和有机污染物的污水排入河中，使水质不断恶化，水生动植物缺氧死亡。水质的发黑和变臭，也给周边居民的生产生活带来了恶劣影响。同时，污水下渗，造成氮污染和有机物污染，使水中硝态氮、微生物等含量超标。水体污染，不仅是许多疾病的潜在发病源，甚至也是集中饮用水源地的严重威胁。根据国家统计局《全国第二次污染源普查公报》显示，2017 年，水污染物排放量：化学需氧量 1.0×10^7 t，氨氮 1.1×10^5 t，总氮 6.0×10^5 t，总磷 1.2×10^5 t。其中，畜禽规模养殖场水污染物排放量：化学需氧量 6.0×10^6 t，氨氮 7.5×10^4 t，总氮 3.7×10^5 t，总磷 8.0×10^4 t。

（四）农膜污染

农药容器、化肥包装袋等其他农业投入品被随意丢弃，会造成环境污染。这是因为这些农用薄膜和地膜大多由聚乙烯材料制成，这些材料易碎、易破碎，但不易降解。同时，随着育苗技术的不断发展，大多数种植者已经开始使用塑料营养板进行水果、甜瓜和蔬菜的育苗活动，用农膜或地膜覆盖农田表面，起到提高地面温度的作用，进而促进作物的生长。作物地膜覆盖能有效调节作物生长环境，为作物提供温度和养分的作用，所以地膜覆盖技术已开始全面普及。但是在苗圃使用结束后，人们通常会随意丢弃塑料营养托盘，当农作物不再需要覆盖时，农民们并没有将农膜深埋或者进行无害处理，并且由于人工去除方法落后、单一，造成大量农膜残留物长期分散，因此对土地、地下水源等周边环境造成污染。《全国第二次污染源普查公报》显示，2017 年，地膜使用量 1.4×10^6 t，多年累积残留量 1.2×10^6 t。

三、农业水污染危害

（一）离子态物质

水中离子态物质是指由活泼金属失去电子形成的带正电荷的阳离子，或由活泼非金属得到电子形成的带负电荷的阴离子，以及一些酸根离子。其中最常见的有 Na^+、K^+、Ca^{2+}、Mg^{2+}、Cl^-、CO_3^{2-}、HCO_3^-、SO_4^{2-} 等。

利用含盐较高的污水进行灌溉，导致农田土壤盐分含量增加，会对作物造成生理盐害。对于水稻来说，盐害的主要表现是叶片枯萎，分蘖减少；如果灌溉水中盐分过高，甚至能在短时间内使全部叶片失水干枯致死。水稻发生盐害的浓度，因水稻生育时期和环境条件及其他因素不同而异。如以叶片枯萎而论，生育初期比后期容易发生；以产量为标准，则生育后期易受影响。根据大部分试验及现场调查结果，水稻发生可见危害的盐分临界浓度，以土壤水分中氯离子浓度计，返青期为 500～700 mg/L，分蘖期为 700～1 000 mg/L。一般情况下，使用含氯离子 500 mg/L 以下的污水灌溉，不致引起危害。

据调查，用含氯化钠的污水灌溉，植物体内氯离子的含量会有明显增加，尤其是根系中氯离子含量变化最为明显，因此受氯化钠污水危害的植物可通过测定植物体的氯离子含量进行鉴定。

（二）耗氧有机污染物

耗氧有机物在水体中分解消耗大量的氧气，对水体污染较严重。耗氧有机物，又称需氧有机物、有机无毒物、可生物降解有机物。生活污水和食品、造纸、制革、印染、石化等工业废水中含有的糖类、蛋白质、油脂、氨基酸、脂肪酸、酯类等都属于有机污染物质。虽然耗氧有机污染物没有毒性，但其在水中含量过多时，会大量消耗水中的溶解氧，从而影响作物正常生长。

对作物生育的影响。污灌会明显影响作物的生育进程。这种影响具有双重性，既有有利的一面，也有不利的一面。作物不同，受影响的程度也不同，小麦较水稻受影响小。多年污灌后某些有利的效应也将转为不利的反应。污灌条件下水稻的叶龄（一生叶片数）增加了，小麦减少了；水稻苗期不宜污灌，小麦苗期生育因污灌受抑制，但能正常生育；污灌抑制了水稻、小麦的营养生长，但对穗部性状发育有好处；污灌使水稻、小麦的叶面积、干物质生产发生变化；污灌使作物的源库关系发生变化，使水稻源小、库小、源/库小，经济系数下降，却使小麦源大、库大、源/库大，经济系数上升；污灌小麦的前期净光合生产率低而后期高。这就是初期污灌下小麦增产的生育原因。但长期污灌对上述生育有利方面的影响会向不利方向转化，从而导致减产。

对作物产量的影响。由于水质不同，作物类型不同，污灌对作物产量的影响也不同。水质坏的灌溉水更容易引起作物减产；相同水源也会因灌溉时水质情况的变化，如 C/N 比值的不同，产生的影响也不同。污灌的作物产量效应常表现为污灌初期可能增产，也可能减产；长期污灌，如果水质污染程度不变或进一步恶化，则可能导致减产。水稻、小麦的产量是由单位面积的穗数、穗粒数和千粒重 3 个因素构成，污灌对产量的影响是通过这 3 个因素反映出来。污灌的小麦和水稻以穗数减少为主，对穗粒数的影响次之，而对千粒重的影响较小，有增有减，以减为主。

对作物品质的影响。污灌不仅影响作物的生育和产量，还影响到作物品质。对表观品质的影响，表现为增加出糙率、死米率和碎米率，降低净谷率。好米率初期增加，长期污灌则可能下降。

表 5-12　城市污水灌溉对麦粒粗蛋白含量的影响

污溉处理时间	污水灌溉麦粒粗蛋白含量（%）	清水灌溉麦粒粗蛋白含量（%）	污水较清水灌溉对麦粒粗蛋白含量影响（%）	备注
1982	12.40	13.74	−9.36	
1983	13.00	13.08	−0.61	麦粒粗蛋白含
1984	16.40	18.60	−11.23	量＝麦粒含 N 量
1985	16.73	17.36	−3.63	×5.7
均值	14.63	15.70	−6.80	

稻麦籽粒的营养品质主要表现在籽粒中蛋白质的含量及其组成，即各种氨基酸尤其是必需氨基酸的含量。从表 5-12 的试验结果可以看出，多年连续试验结果，污灌小麦粗蛋白含量低于清水灌溉，其降低率为 6.8%。

污灌对作物的品质影响随作物品种不同而产生差异。如污灌会导致小麦氨基酸总量与必需氨基酸含量下降，对水稻米粒的粗蛋白含量、氨基酸与必需氨基酸含量的影响却有增高现象。但随污灌年限的延长其增加率逐渐下降，此现象与污灌对水稻产量的影响一致。产生这种明显差异的原因是水质条件、土壤条件和作物类型的生理条件不同所引起。

（三）酸、碱类物质

土壤具有一定的缓冲性能，所以只有酸性、碱性较强的污水或灌溉时间较长，使土壤 pH 发生较大变化时，才会对农作物产生危害。用酸性较强的污水灌溉农田，土壤发生酸化，会使土壤中铝离子等的溶解度增加，这些物质浓度的提高，对作物根系生长有毒害作用；另一方面，土壤酸化对磷的固定作用进一步加强，会引起植物磷营养的缺乏；此外土壤发生酸化，会使一些重金属的溶解度提高，加重重金属危害。酸性污水污染土壤后，地表常常呈红褐色。在水田受酸性污水危害后，水稻叶片上出现褐色斑点，并自叶尖开始卷缩，根也会变成深红褐色。

用碱性污水灌溉农田，土壤 pH 升高，会使土壤中植物生长所需的许多微量元素的溶解度大大降低，导致作物发生营养缺乏症，特别容易产生缺锌症，不利于作物生长。同时也会降低土壤中磷的有效性，使作物表现出缺磷症状。受碱性污水危害后，水稻植株生长受到抑制，叶片常呈深绿色。有时因土壤碱化而引起缺锌，也可使作物生长发育停滞，叶片上出现赤枯状斑点。农田土壤和作物受到酸、碱污水危害后，一般可通过测定土壤 pH 来鉴别。

（四）重金属

重金属随灌溉水或以其他方式进入土壤后，在土壤—作物系统中进行着迁移、形态转化与富集过程；一方面在土壤中残留、富集，另一方面被作物吸收，表现出毒害效应。重金属除了在农作物各器官中积累外，还使作物在形态特征、生长发育和产量上表现出受害症状或反应，通常可以从作物的具体表现判断其受害状况。

汞（Hg）。Hg 对作物的生育有明显不良影响，其影响程度因农作物种类、生育时期及土壤环境条件的不同而异。随投入汞量的增加，对水稻和小麦的危害加重，表现为植株主茎的叶面积数减少，分蘖增多（但有效分蘖减少），植株生育不良，根系短，根数减少，干物重下降。受 Hg 危害后作物的产量构成因素，如有效穗数、每穗粒数及千粒重均明显下降，以致产量降低。

镉（Cd）。低浓度 Cd 对植物生长略有刺激作用，浓度过高时植物受害。水稻受害后叶片失绿，叶尖干枯，叶片出现褐色斑点与条纹。小麦 Cd 危害后，叶色发黄，出现灼烧状枯斑，叶脉发白，分蘖减少，生长迟缓；严重受害时不开花结实，直至植株死亡。

铅（Pb）。低浓度 Pb 对作物危害的症状不明显，当土壤含铅量大于 1 000 mg/kg 时，秧苗叶面出现条状褐斑，苗身矮小，分蘖苗减少，根系短而少。

当土壤含铅量为 4 000 mg/kg 时，秧苗的叶尖及叶缘均呈褐色斑块，最后枯萎致死。

铬（Cr）。小麦遭受 Cr 的毒害后，开始叶鞘出现褐斑，叶片上有缺绿斑点或铁锈黄斑，整个叶片呈黄绿色。经镜检可见叶脉周围的薄壁细胞受到破坏，根部变细，呈黄褐色，最后植株严重枯萎致死。受害较轻时症状不明显，仅生长发育受抑制。

砷（As）。As 对农作物的营养生长具有明显的抑制作用，表现为生长不良，植株低矮，分蘖减少，叶色浓绿。水稻受害后根系生长受抑制，呈铁黄色，抽穗期延迟，不结实率增加，严重的能致死。

四、农业水污染防控

（一）减施化学肥料

化肥的过量使用不仅会破坏土壤环境，也会对水体环境及大气环境造成一定影响，同时增加不必要的农业生产成本。因此，在农业生产过程中应采取科学的施肥管理手段来提升肥料利用率。具体而言，农业生产时应结合当地气候因素和土壤条件对氮、磷、钾肥进行科学配比，尽量采取有机肥与无机肥混合施用的方式，保持肥效平衡，以免化学肥料的过量使用而危害农业生态环境。主要施肥措施包括测土配方施肥法、化肥深施法等。测土配方施肥法指通过对土壤肥力的检验了解土壤中的营养元素分布状况，然后根据作物生长需求制定科学可行的施肥方案。此种施肥管理方法既可促进作物健康生长，也可减少化肥使用量及其在土壤中的残留量。

（二）减施化学农药

为了对农药用量进行合理控制，应首先明确农药在农业生产中发挥的作用。在针对农作物生产过程中病虫害问题进行全面调研的基础上，结合前期的农业生产资料分析病虫害防治要点，并科学选择农药产品以及合理控制农药用量，以免盲目用药。此外，可以采取生物防治措施代替药物治理，即结合当地的病虫害发展特点，制定合理的生物防治措施，通过生物防治技术减少农药使用频率。在选用农药时也应优先选择毒性较低、对生态环境影响较少的农药产品。

（三）粪污排放治理

为了能够有效解决畜禽养殖污染问题，养殖人员应从源头上控制畜禽粪便的污染量，提升饲料转化率是一种切实可行的手段。在实际工作中，养殖人员可以在饲料中添加一些植酸酶、复合酶等物质，在提高饲料转化率的同时也能够减少畜禽粪便中的氮磷含量。养殖人员要根据畜禽不同阶段的养分需求，合理设计饲料喂养方案，确定饲料的喂养量，从根本上避免投食过多的现象发生，不然就会产生多余的废弃物。

在畜禽养殖过程中要进行严格控制，养殖人员要根据实际情况运用有针对性的技术手段，合理处理畜禽养殖过程中产生的废弃物，切实有效提高畜禽粪污处理效率。在实际工作中，可以科学利用腐生生物，将畜禽粪污转化为动物蛋白，并将其制作加工成饲料的方式对外出售。对于一些规模较大的养牛场来说，利用自动刮粪板将粪污进行发酵处理和固液分离处理，也可以利用牛床垫料的形式。

养殖人员在畜禽养殖过程中要重视末端处理和利用环节，通过农牧循环和种养结合等模式将畜禽粪污合理转化。落实到具体工作中，就是引入先进的工艺技术，将种植业与畜牧业有机结合，这样不仅能够有效解决畜禽养殖过程中产生的环境污染问题，同时也能够提高畜禽粪污资源的利用效率。例如，可以通过畜禽—沼—种的一体化模式对畜禽粪污进行发酵处理，并在农业生产活动中施用沼液，将沼气应用于发电领域内，为农业生产提供良好的清洁能源。种植业可以为养殖业提供饲料，从而形成一套完整的良性循环系统。

（四）农业污水治理

农业污水治理主要采取四项措施。一是人工湿地。组成包括基质、植物、水、动物和微生物，污水经过滤吸附、沉淀、植物吸收及微生物生物降解等处理；二是稳定塘。人工设置围堤和防渗层形成的纳污池塘，通过微生物降解、有机颗粒沉降和截滤作用净化污水；三是植草沟、前置库。促使农民减少化肥的使用量，可利用现有沟渠，并新建前置库、人工湿地等处理面源；四是污水土地处理。该方法将污水投配到土地上，通过土壤和植物的物理化学及生物净化作用来处理污水。微生物能降解废水中复杂的有机物为无机物，土壤通过过滤、吸附、离子交换等改善废水的化学组成，净化产物又能为植物所利用。

第三节　农业废弃物资源化利用

一、农业废弃物利用现状

目前，我国已相继出台多部规划和指导意见推动农业废弃物资源的高效利用，并进一步加大了政策支持以及财政支持的力度。农业废弃物综合利用率已成为我国乡村振兴评价指标体系构建的主要指标之一。在国家政策的积极引导和大力扶持下，在地方政府和农业生产主体的积极配合下，各地区通过积极示范推广各类农业废弃物资源化利用技术模式，加大重点领域技术研发创新，提升了农业废弃物的肥料化、饲料化、原料化、能源化以及基料化利用水平，农业废弃物资源化利用的规模化、标准化日趋完善，产业链不断延伸，经济效益日益凸显。各地区加快探索因地制宜的农业废弃物处理方式，如种养结合、农牧循环等农业生产方式，建立了绿色高效的农业发展模式，并呈现出多样化、特色化、品牌化的发展趋势。农业废弃物资源综合利用率及综合效益得到显著提高，秸秆露天焚烧现象大幅度下降，农业面源污染得到有效控制，农业生产及生活环境得到大幅度改善，农产品质量得到有效保障。

已有研究显示，我国每年的农业废弃物产生量巨大，但地区之间利用率差异较大。其中，养殖业畜禽粪污年产量在 3.8×10^9 t 左右，综合利用率在 60% 左右；种植业主要作物秸秆年产量近 9×10^8 t，综合利用率在 75% 左右；农膜使用量每年超过 2×10^6 t，回收利用率在 65% 左右。从全国范围来看，地区之间的农业废弃物资源化利用存在差异。就种植业而言，我国东部地区及粮食主产区农业废弃物综合利用率达到 90% 以上，其中作物秸秆作为饲料的比重为 30% 左右，其余大部分则通过就地还田以及秸秆堆沤等方式实现秸秆资源化利用。就养殖业而言，有的地区粪污处理综合利用率能达到 80% 以上，主要是依靠沼气工程、肥料化处理，实现畜禽粪污的就地消纳。

二、秸秆与粪便资源化利用

（一）肥料化利用

1. 秸秆肥料化 秸秆的肥料化利用以秸秆还田为主，秸秆中富含大量的有机物及土壤营养元素，还田方式主要有翻埋还田、耕层混拌、覆盖还田。

翻埋还田：主要形式为农作物机械收获后，将秸秆段长粉碎至小于 5 cm，将其深埋至地表下 20 cm，起垄镇压，待腐熟后进行次年作业，虽成本较高，但可增加土壤有机质含量。耕层混拌：耕层混拌机机械化收获后，对秸秆进行粉碎、灭茬、旋耕，但腐化速度慢，不利于次年作物发芽。覆盖还田：收获后秸秆整株还田，可控制水土流失，但雨季会阻塞河道，未起到改善土壤的效果。

秸秆还田使土壤养分不流失，可增加有机质含量，但在实际生产中由于采用了机械化作业的还田方式，造成生产成本偏高，补贴难以覆盖支出，常选用简易的还田方式。秸秆还田对次年作物病虫害具有重要影响，不当的还田方式将增加病虫害发生概率，如稻瘟病、纹枯病等，影响产量，所以在推广秸秆还田中存在一定困难。

结合相关国家标准，以水稻秸秆为例，建议收获时配备带秸秆切碎抛洒装置的联合收获机，或是单独使用秸秆粉碎机将秸秆粉碎；秸秆切碎长度不大于 15 cm，均匀抛洒在田面；犁耕翻压时，视情况可在秸秆表面施加腐熟剂，土壤相对含水量 75% 为宜，土壤完全覆盖秸秆；还田后需要进行肥水管理，合理施用磷、钾、锌肥。

2. 粪便肥料化 从当前畜禽养殖整体现状来看，肥料化利用是一种应用较为广泛的畜禽粪污资源化利用措施，具体来讲，这种方法就是通过高温发酵处理畜禽排出的粪污，将发酵后的复合肥应用到农业生产活动中，这不仅能够从根本上减少畜禽粪污的污染问题，同时也可以在一定程度上减少农业种植成本，对于土壤条件的改善也有良好的效果。在实际工作中，养殖人员要根据畜禽的种类选择不同的技术手段，进行集中化的发酵处理，控制好粪污中的有机元素比例，然后再将其应用到农业生产活动中。

从当前肥料化利用技术来看，主要将其分为两种方式，畜禽散养户会将经过处理后的粪污排放到林地或农田中，而有些地区将会采用水洗式，将粪尿进行冲洗，并在其中加入秸秆或稻草作为吸收粪尿的垫料，制成化肥之后还田，能切实提高资源利用率。通过将畜禽粪尿进行还田处理，也能够进一步提高污染物的治理效率，在减少化肥用量的同时也能够保证土壤肥力，从而推动生态化农业发展。

粪便垫料利用技术：比如奶牛的粪便当中含有大量纤维素，且质地松软，在粪污处理中使用固液分离技术，之后集中收集固体粪便，通过好氧发酵，用于制作牛床垫料，而分离之后的污水可用作肥料施用在农田当中。达标排放技术：畜禽养殖场的污水经过厌氧发酵和好氧处理之后，经检测污水达到排放标准后可直接排放。对于固体粪便，先进行堆肥发酵，之后实现集中处理或用于农田施肥。

（二）饲料化利用

1. 秸秆饲料化　秸秆的饲料化处理是将秸秆经压块加工和揉搓丝化加工，进行青贮、微贮、黄贮、氨化等处理后，便于运输保存，增加了粗蛋白含量，利于牲畜消化吸收，提高了采食量和消化率，可用于饲喂草食动物等，具有节约生产成本，生产资料可快速获取，饲料营养价值高的特点，但本技术对于操作人员的工序要求较高，若不按照生产流程严格执行，则会影响饲料品质，降低动物生产性能。

秸秆的饲料化处理包括"秸秆—饲料—有机肥—秸秆"的种养循环利用。为大力发展草原畜牧业，提高农作物秸秆资源化利用，推动畜牧产业结构调整和农业供给侧结构性改革，2019年四川省政府提出"以秸秆换肉奶"工程，将作物种植、秸秆收集、饲料加工、畜禽规模化养殖、有机肥生产等环节有机结合，节本增效。

传统的青贮技术是把新鲜的秸秆填入密封的青贮塔或青贮窖内，经微生物发酵作用，以达到长期保存秸秆青绿多汁的营养特性。它具有饲草利用率高、养分流失少、保存期长、有利消化、占用空间小、省工省时等优点，被广泛采用。

机械化青贮技术包括小型裹包青贮技术，是将收割好的新鲜牧草、玉米秸秆、稻草等各种青绿植物揉碎后，用打捆机高密度压实打捆，然后用裹包机把打好的草捆用青贮塑料拉伸膜包裹起来，创造一个最佳的密封、厌氧发酵环境。经3~6周时间，最终完成乳酸型自然发酵的生物化学过程。袋式青贮技术是将秸秆切碎后，用袋式灌装机械将秸秆高密度地装入由塑料拉伸膜制成的专用青贮袋，在厌氧条件下实现青贮。适合于玉米、牧草、高粱等秸秆的大量青贮。

2. 粪便饲料化 由于畜禽粪污中富含蛋白质、脂肪、矿物质和微量元素等，尤其是氨基酸含量，其和饲料中氨基酸含量相差无几，除了制成有机肥料"反哺"土壤外，还可以通过科学加工制成动物饲料来"反哺"畜禽。

畜禽粪便可以通过鲜喂、青贮法、干燥法、氧化发酵法等再生成动物饲料。鲜喂粪便即将新鲜畜禽粪便直接饲喂给动物，该方法简便，但需做好畜禽疾病的防疫工作，必须保证畜禽粪便中无病原微生物。如给蛋鸡饲喂新鲜貉粪，蛋鸡饲料报酬率可显著提高7.6%。合理利用新鲜畜禽粪便，可以为畜禽粪污处理和提高养殖效益提供新的途径。

青贮法是当前畜禽粪便饲料化利用的基本方法之一，操作难度低，且制成的饲料含水量高，便于存贮。如新鲜鸡粪+细红苕+麦麸+玉米粉+骨粉+食盐，经过21~35 d的青贮加工，可直接饲喂奶牛，每头奶牛饲喂量为6 kg/d，干物质占全部精饲料的50%。研究发现，青贮制作工艺不仅能有效杀灭畜禽粪便中的有害微生物，还能降低粗蛋白损失。

干燥法是将畜禽粪便通过自然晒干或机械烘干，去除粪便臭味和杂质后，加入适量的糠麸辅料等，粉碎、过筛制成动物饲料。

氧化发酵法是利用微生物对粪便的固形物进行分解，通过氧化发酵方式去除粪污中的病原菌和虫卵。如将鲜牛粪与酒糟（比例为95∶5）混合发酵后饲喂生猪，当在全价饲料中的添加量为10%时，每头生猪饲料成本价格可降低66.5元，明显提高了生猪的养殖效益。

（三）燃料化利用

1. 秸秆燃料化 秸秆的燃料化利用包括秸秆打捆直接燃烧、秸秆固化、液化、气化等。传统秸秆的燃料化利用方式为将秸秆直接作为生产生活燃料，但利用效果差，对环境影响较大。近年来，随着科学研究的不断发展，开发出了颗粒化燃料、固体燃料等，改变了秸秆的燃料存在形式，增加了农业生产的效益，提升了资源利用效率，并减少了环境的污染。秸秆燃料化的发展需融合物理、化学、生物等领域，以降低环境污染，提高附加值，形成高附加值燃料及其产物。鼓励研发规模化、自动化和智能化的秸秆燃料化加工设备。

田间秸秆晾晒或干燥至固定水分后，将秸秆用破碎机破碎，为避免在挤压过程中发生炭化，需加入一定水分进行混合，将秸秆混合物倒入混合机搅拌均匀，通过制粒机获得颗粒燃料。

2. 粪便燃料化　我国北方养殖户会将牛粪晾干后直接燃烧，以此获取热量来做饭或取暖，这也是粪便作为能源的最原始最简单途径。但是直接燃烧会污染大气环境，且该种能源利用途径不充分，需要乙醇化途径预处理粪便中的木质纤维素，水解成糖，微生物发酵，蒸馏制成酒精，提高粪便能源化利用效率。这种畜禽粪便乙醇化途径制成的酒精能够减少粮食作为乙醇原料的浪费，但目前我国粪便乙醇化制作工艺还不完善，大部分的粪便仍作为沼气生产原料，即粪便在厌氧菌的作用下，可把粪便内的有机物分解成有机酸，有氧条件下形成二氧化碳，无氧条件下形成甲烷，因此准备密闭的沼气发酵池，保障厌氧环境可收集沼气。沼气是一种可再生资源，燃烧无污染，也可直接发电，沼渣也可作为土壤肥料。一般沼气发酵池温度超过 20℃，每天的沼气产量约为 $0.4 \sim 0.5 \ m^3$，温度越高，产气越多。

（四）基料化利用

1. 秸秆基料化　秸秆的基料化是指以秸秆为主要原料，加工或制备的产品能为动物、植物及微生物生长提供一定的营养有机固体物料。主要用于：食用菌生产栽培基质，植物育苗与栽培基质，动物饲养过程中所使用的垫料、固体微生物制剂生产所用的吸附物料，逆境环境条件下用于阻断障碍因子或保水、保肥等功能的秸秆物料，如盐碱土土壤上植树，需要在根部以下填充大量基质材料以防止盐分上移等。以食用菌生产为例，秸秆中含有大量微量元素，对于菌类生长有很好的促进作用，可降低食用菌成本，增加生产利润。

回收未受重金属污染、过度施肥的秸秆，将主料秸秆粉碎至固定长度，加入辅料麦麸、米糠、玉米粉、大豆粉、禽畜粪等，加入生产用水保证主料、辅料混合物充分混合且含水率达到要求，静止后发酵装袋，高温高压灭菌，杀菌后加入生物菌，保持温度湿度，等待食用菌成熟。

2. 粪便基料化　首先，要开展农牧结合的方式。通过制定农牧结合的战略发展目标，能够将畜禽产生的粪便及时消化，构建良好的循环系统，从而有效保护生态环境不遭到破坏。其次，要进行土壤修护工作。对于一些土壤已经逐渐劣化的问题，养殖人员可以合理利用畜禽粪便对其进行修护和治理。在具体工作中，可以先干燥粉碎处理畜禽粪便，然后将其添加到淤泥当中，将二者进行充分融合。在缺氧环境中实施高温溶解处理，便可以产生改良土质的生物炭。最后，为蔬菜育苗提供基质。制备基质是蔬菜育苗过程中的重要环节，由于畜禽粪便中含有丰富的有机质，所以将其用到蔬菜育苗中也有着较大的价值。在具体应用过程中，可以将畜禽粪污与珍珠岩、草炭等材料进行发酵与混合处理，并将其埋设在土壤下方，这就能够为蔬菜育苗提供良好的基质。

此外，畜禽粪污还可用于培养食用菌，具体是先由工作人员对粪便实现预湿处理，之后采取有效措施使畜禽粪便进行二次发酵，以便后续资源化利用。

（五）原料化利用

农业农村部发布《关于做好 2022 年农作物秸秆综合利用工作的通知》指出，鼓励以秸秆为原料，生产非木浆纸、人造板材、复合材料等产品，延伸农业产业链。秸秆原料化利用以造纸为主，约占据 40%，也常被用来生产各种建材产品、人造板材等。随着生态防护林保护项目的开展，板材工业原料来源受到限制，秸秆含有木质纤维，在人造板材中应用较多，且秸秆来源广泛、资源丰富，市场发展潜力巨大。原料化利用对于秸秆的回收要求较高，且加工技术水平要求高，应加大相关胶合材料及设备的研发投入，尽快形成产业化发展模式，带动秸秆的多元化利用。

秸秆通过原料化应用后，密度接近普通木材，强度与硬木相似，防潮抗蛀吸水率低，具有保温节能功能，材料再加工性能好，表面适应多种工艺，可塑性强，产品变化多等，具有良好的材料特质。秸秆原料化产品还具备吸附性、隔音性、屏蔽性、防静电等功能，用其与相变材料、LED 技术、太阳能技术、雨水收集、与污水处理系统结合，可以转化成多种化学品，用于造纸、纺织、板材加工和化工原料等。利用秸秆等农业废弃物可生产聚乳酸，聚乳酸是一种可降解材料，符合资源环保要求，因此，秸秆原料化发展应用前景广阔。

三、农用残膜资源化利用

严格按照《塑料回收与再生利用污染控制技术规范（试行）》（HJ/T 364—2007）的要求执行，采取节水、节能、高效、环保的方法和设备。回收的农用残膜通过加工可制成大棚骨架、井盖、灌溉管道、滴灌带、塑料凳等再生塑料产品利用。

（一）加工成塑料颗粒

从农田回收的残膜，经除杂、清洗、干燥、粉碎和造粒等工艺，可生产成塑料颗粒，作为再生塑料制品的原料。

除杂：对运输到加工车间的农田残膜进行分类，剔除里面的杂草、树枝、石头等。

清洗：将分类出来的农田残膜送入清洗机中进行清洗，彻底除去残膜上粘有的泥土等杂质。

干燥：将清洗后的残膜进行干燥，干燥方法有土法和机器干燥法 2 种。土法是直接将湿的残膜摊开放在露天空旷的地方，利用太阳照射将其晒干；机器干燥法是利用烘干机将其烘干。

粉碎：将烘干后的农田残膜放入粉碎机中粉碎成 5～6 cm 的丝状物，挤压成型。将粉碎后的丝状物放入挤压机中，经过高温高压使塑料熔融，熔融的塑料被挤压成致密的线束，冷却。

造粒：将冷却后的塑料线束放入切割机中，切割成塑料颗粒用来生产其他塑料产品。

（二）制成再生塑料制品

将利用农田残膜制成的塑料颗粒原料，通过热熔、磨具成型或挤压成型等工艺，制成大棚骨架、井盖、灌溉管道、滴灌带、塑料凳等再生塑料制品。

（三）制取液体燃料

将利用农田残膜制成的塑料颗粒原料，经热解、冷凝、分馏，制成汽油、柴油等液体燃料制品。

热解：将农田残膜制成的原料送入裂解釜，在送料过程中加热，以熔融状态进入裂解釜与催化剂混合反应，裂解生成混合油气。

冷凝：将裂解生成的油气混合物送入冷凝塔进行冷凝，生成液体混合物。

分馏：将冷凝的液体依次送入汽油精馏塔和柴油精馏塔，经两次精馏分离，制成汽油、柴油等液体燃料。

第六章　农业生态环境调控管理

第一节　农业生态环境质量评价

农业生态环境是指影响农业生产发展的水资源、土地资源、生物资源以及气候资源数量与质量的总称。

农业生态环境质量评价是对农业环境质量按一定的方法和标准进行定性和定量的描述，对影响区域农业发展的因素进行分析、判定，研究农业环境各组成要素及其整体的组成、性质、变化规律，以及对农业生产和人类生存、发展的影响。旨在了解农业活动对生态环境的影响及其质量状况。

一、常用农业生态环境标准

从农业生态环境的角度出发，农业生态环境标准可界定为：人们为保持农业生态系统健康和实现农业生态系统功能，通过监测、评价、防控和恢复等活动，对农田子系统、森林子系统、海洋子系统、淡水子系统和草原子系统干预和控制过程中涉及的农业生态环境基础、农业生态环境质量、农业生态保护与控制、农业生态监测与评价方法的规范性技术文件的总和。主要的标准有：

（一）中华人民共和国国家环境保护标准

依据《中华人民共和国环境保护法》和《中华人民共和国环境影响评价法》，环保行业制定了《环境影响评价技术导则生态影响》（HJ 19—2011），建设项目环境影响技术评估导则（HJ 616—2011），指导和规范生态影响评价工作，加强生态环境保护，评价我国生态环境状况及变化趋势，该标准规定了生态影响评价的评价内容、程序、方法和技术要求，适用于建设项目的生态影响评价。区域和规划的生态影响评价可参照使用。《生态环境状况评价技术规范》（HJ 192—2015），该标准规定了生态环境状况评价指标体系和各指标计算方法，该标准适用于县域、省域和生态区的生态环境状况及变化趋势评价，生态区包括生态功能区、城市/城市群和自然保护区。

（二）农田灌溉水质标准

依据《中华人民共和国环境保护法》《中华人民共和国土壤污染防治法》《中华人民共和国水污染防治法》，国家制定了《农田灌溉水质标准》（GB 5084—2021），加强农田灌溉水质监管，保障耕地、地下水和农产品安全。该标准规定了农田灌溉水质要求、监测与分析方法和监督管理要求，适用于以地表水、地下水作为农田灌溉水源的水质监督管理。城镇污水（工业废水和医疗污水除外）以及未综合利用的畜禽养殖废水、农产品加工废水和农村生活污水进入农田灌溉渠道，其下游最近的灌溉取水点的水质按该标准进行监督管理。

（三）土壤环境质量农用地土壤污染风险管控标准

依据《中华人民共和国环境保护法》，国家制定了《土壤环境质量农用地土壤污染风险管控标准》（GB 15168—2018），加强保护农用地土壤环境，管控农用地土壤污染风险，保障农产品质量安全、农作物正常生长和土壤生态环境质量。该标准规定了农用地土壤中镉、汞、砷、铅、铬等基本检测项目及其污染风险管制值，以及六六六、滴滴涕、苯并（a）芘等其他项目的风险筛选值，主要适用于耕地土壤污染风险筛查和分类。

（四）温室蔬菜产地环境质量评价标准

依据《中华人民共和国环境保护法》《土壤环境质量标准》《地表水环境质量标准》《保护农作物的大气污染物最高允许浓度》《环境空气质量标准》《食用农产品产地环境质量评价标准》，农业行业制定了《温室蔬菜产地环境质量评价标准》（HJ/T333—2006），加强农业生态环境保护及环境污染防治，保障温室蔬菜生产安全，维护人体健康。该标准规定了以土壤为基质种植的温室蔬菜产地温室内土壤环境质量、灌溉水质量和环境空气质量的各个控制项目及其浓度（含量）限值和监测、评价方法。

（五）食用农产品产地环境质量评价标准

依据《中华人民共和国环境保护法》《土壤环境质量标准》《农田灌溉水质标准》《保护农作物的大气污染物最高允许浓度》和《环境空气质量标准》，国家环保行业部门制定了《食用农产品产地环境质量评价标准》（HJ/T332—2006），落实国务院关于保护农产品质量安全的精神，保护生态环境，防治环境污染，保障人体健康。该标准规定了食用农产品产地土壤环境质量、灌溉水质量和环境空气质量的各个项目及其浓度（含量）限值和监测、评价方法。主要适用于食用农产品产地，不适用于温室蔬菜生产用地。

（六）《畜禽养殖业污染物排放标准》

依据《环境保护法》《水污染防治法》《大气污染防治法》，国家制定了《畜禽养殖业污染物排放标准》（GB 18596—2001），控制畜禽养殖业产生的废水、废渣和恶臭气味对环境的污染，促进养殖业生产工艺和技术进步，维护生态平衡。主要适用于集约化、规模化的畜禽养殖场和养殖区，不适用于畜禽散养户。

（七）《农用污泥中污染物控制标准》

国家制定了《农用污泥中污染物控制标准》（GB 4284—2018），为农用污泥的合理化利用和环境保护提供了重要的法律保障和技术支持。该标准规定了城镇污水处理厂污泥农用时的污染物控制指标、取样、检测、监测和取样方法，主要适用于城镇污水处理厂污泥在耕地、园地和牧草地利用时的污染物控制。

为贯彻《中华人民共和国环境保护法》和《中华人民共和国环境影响评价法》，指导和规范生态影响评价工作，制定本标准。本标准规定了生态影响评价的一般性原则、方法、内容及技术要求。本标准适用于建设项目对生态系统及其组成因子所造成影响的评价。区域和规划的生态影响评价可参照使用。

二、农业生态环境评价方法

人们对农业生态环境的要求和关注的角度不同，对农业生态环境状态的理解不同，导致评价指标体系和评价方法也不同，对同一区域农业生态环境质量的评价结果往往差异很大。

（一）评价指标选取原则

科学性原则。选取的评价指标应科学、准确，要选取能反映所评价农业生态环境质量特征以及生态环境质量现状的综合指标。为了使选取的目标具有可比性，相邻地区的指标应统一量化，方便横向与纵向比较。

代表性原则。制约农业生态环境的因素很多，利用单一因子对农业生态环境质量及变化做出全面、科学的评价，指标过多又很难操作，应选择具有代表性的、可比较的，能直接反映区域农业生态环境质量特征的主导性指标。

适用性原则。环境的可持续发展与农业生态环境管理的目标是一致的，故选取的指标应具有一致性，即适用性。

可操作性原则。指标体系的建立必须具有可行性，评价指标的设计必须考虑其指标采集工作的可操作性，没有办法量化的资料不能称其为指标。

（二）评价指标

评价指标体系建立，需完整准确地反映农业生态环境质量状况，并尽最大可能使指标体系简单化。一般来说，农业生态环境质量评价指标体系分为一级指标体系和多级指标体系。通常情况下，一级指标体系不能完整而清晰地反映多层次属性的特点。而农业生态环境又是由多个子系统构成的，各个系统之间的相互作用将直接影响整个生态系统的质量。因此，多级指标体系能够清晰准确地反映各子系统之间的差异以及生态环境的不同层次。

（三）评价方法

农业生态环境评价方法包括现状质量评价和生态影响评价，根据评价目标选择合适的方法。

1. 现状调查方法 调查方法主要有资料收集法、现场勘察法、专家和公众咨询法、生态监测法、遥感调查法。

资料收集法。收集现有的能反映生态现状或生态背景的资料，从表现形式上分为文字资料和图形资料，从时间上可分为历史资料和现状资料，从收集行业类别上可分为农、林、牧和环境保护部门，从资料性质上可分为环境影响报告书、有关污染源调查、生态保护规划和规定、生态功能区划、生态敏感目标的基本情况以及其他生态调查材料等。使用资料收集法时，应保证资料的时效性，引用资料必须建立在现场校验的基础上。

现场勘察法。现场勘察应遵循整体与重点相结合的原则，在综合考虑主导生态因子结构与功能完整性的同时，突出重点区域和关键时段的调查，并通过对影响区域的实际踏勘，核实收集资料的准确性，以获取实际资料和数据。

专家和公众咨询法。专家和公众咨询法是对现场勘察的有益补充。通过咨询有关专家，收集评价工作范围内的公众、社会团体和相关管理部门对项目影响的意见，发现现场踏勘中遗漏的生态问题。专家和公众咨询应与资料收集和现场勘察同步开展。

生态监测法。当资料收集、现场勘察、专家和公众咨询提供的数据无法满足评价的定量需要，或项目可能存在潜在的或长期累积效应时，可考虑选用生态监测法。生态监测应根据监测因子的生态学特点和干扰活动的特点确定监测位置和频次，有代表性地布点。生态监测方法与技术要求须符合国家现行的有关生态监测规范和监测标准分析方法，对于生态系统生产力的调查，必要时需现场采样、实验室测定。

遥感调查法。当涉及区域范围较大或主导生态因子的空间等级尺度较大，通过人力踏勘较为困难或难以完成评价时，可采用遥感调查法。遥感调查过程中须辅助必要的现场勘察工作。

2. 质量评价方法 现状评价常用的评价方法主要包括综合评价法、指数法与综合指数法、类比分析法、列表清单法、图形叠置法等。

（1）综合评价法 综合评价法是对多个农业生产环境要素进行的总体评价。主要有均权平均综合指数法和加权综合指数法。

均权平均综合指数法：计算公式为：

$$P_{综合} = \frac{1}{n} \sum_{m=1}^{n} P_m$$

式中：$P_{综合}$ 为多环境要素的综合质量指数；n 为参与评价的环境要素数目；P_m 为第 m 个环境要素的多因子环境质量指数。

加权综合指数法：计算公式为：

$$P_{综合} = \sum_{m=1}^{n} W_m P_m$$

式中：$P_{综合}$ 为多环境要素的综合质量指数；n 为参与评价的环境要素数目；P_m 为第 m 个环境要素的多因子环境质量指数；W_m 为第 m 个环境要素在环境质量综合评价中的权重系数。

综合评价法的优点是能够充分利用指标体系和模型的优点，使评价结果更加准确。但是，综合评价法需要对指标体系和模型进行合理的组合，否则评价结果可能会失真。

（2）指数法与综合指数法　主要分为单因子指数法和综合指数法。

单因子指数法。主要用于单个污染因子的评价。其基本表达式为：

$$P = C_i / C_{oi}$$

式中：P 为评价指数；C_i 为第 i 个评价因子的浓度；C_{oi} 为第 i 个评价因子的评价标准。是一种使用最多的指数评价方法。

环境污染指数是无量纲数，它表示某种污染物在环境中的浓度超过评价标准的程度，即超标倍数。P 值越大，表示环境质量越差；P 值越小，表示环境质量越好；P 为1时表示环境质量处于临界状态。单因子评价指数是其他各种评价方法的基础。

当参与评价的因子大于1时，就要采用多因子评价指数。当参与评价的环境要素大于1时，就要使用综合评价指数，包括代数叠加型多因子环境质量评价指数、计权型多因子环境质量评价指数和几何均值型多因子环境质量评价指数。

代数叠加型多因子环境质量评价指数。若某一环境要素中多种污染物之间没有明显的相互作用，可以近似地认为它们是各自独立地发生作用，那么环境质量指数可认为是各污染物指数之和，即：

$$P = \sum_{i=1}^{n} \frac{C_i}{S_i}$$

式中：C_i 为第 i 种污染物在环境中的浓度；S_i 为第 i 种污染物的环境质量评价标准值或设定值；n 为污染物的种数。

计权型多因子环境质量评价指数。如果各种因子对环境质量的相对重要性不同，则可以用下式计算：

$$P = \sum_{i=1}^{n} W_i \frac{C_i}{S_i}$$

式中：W_i 为第 i 个因子的权重系数；C_i 为第 i 种污染物在环境中的浓度；S_i 为第 i 种污染物的环境质量评价标准值或设定值；n 为污染物的种数。

计算计权型环境质量评价指数的关键是科学、合理地确定各个环境因子权重系数值。

几何均值型多因子环境质量评价指数。这是一种兼顾了某种污染物最大污染水平和多种污染物的平均污染水平的质量指数。其计算公式为：

$$P = \sqrt{(P_i)_{最大} \cdot (P_i)_{平均}}$$

式中：$(P_i)_{最大}$ 为参与评价的最大的单因子指数；$(P_i)_{平均}$ 为参与评价的单因子指数的平均值。

上述指数既考虑了主要污染因子，又避免了确定权重系数的主观影响，是目前应用较多的一种多因子环境质量指数。

（3）类比分析法 类比分析法是一种比较常用的定性和半定量评价方法，一般有生态整体类比、生态因子类比和生态问题类比等。根据已有的开发建设活动（项目、工程）对生态系统产生的影响来分析或预测拟进行的开发建设活动（项目、工程）可能产生的影响。类比对象的选择条件是：工程性质、工艺和规模与拟建项目基本相当，生态因子（地理、地质、气候、生物因素等）相似。类比对象确定后，则需选择和确定类比因子及指标，并对类比对象开展调查与评价，再分析拟建项目与类比对象的差异。根据类比对象与拟建项目的比较，做出类比分析结论。

主要应用：进行生态影响识别和评价因子筛选；以原始生态系统作为参照，可评价目标生态系统的质量；进行生态影响的定性分析与评价；进行某一个或几个生态因子的影响评价；预测生态问题的发生、发展趋势及危害；确定环保目标和寻求有效、可行的生态保护措施。

（4）列表清单法 列表清单法是将拟实施的开发建设活动的影响因素与可能受影响的环境因子分别列在同一张表格的行与列内，逐点进行分析，并逐条阐明影响的性质、强度等，由此分析开发建设活动的生态影响。

主要应用：进行开发建设活动对生态因子的影响分析；进行生态保护措施的筛选；进行物种或栖息地重要性或优先度比选。

（5）图形叠置法 图形叠置法是把两个以上的生态信息叠合到一张图上，构成复合图，用以表示生态变化的方向和程度。本方法的特点是直观、形象、简单明了。图形叠置法有两种基本制作手段：指标法和 3S 叠图法。指标法首先确定评价区域范围；进行生态调查，收集评价工作范围与周边地区自然环境、动植物等信息，同时收集社会经济和环境污染及环境质量信息；进行影响识别并筛选拟评价因子，其中包括识别和分析主要生态问题；研究拟评价生态系统或生态因子的地域分异特点与规律，对拟评价的生态系统、生态因子或生态问题建立表征其特性的指标体系，并通过定性分析或定量方法对指标赋值或分级，再依据指标值进行区域划分；将上述区划信息绘制在生态图上。3S 叠图法，选用地形图，或正式出版的地理地图，或经过精校正的遥感影像作为工作底图，底图范围应略大于评价工作范围；在底图上描绘主要生态因子信息，如植被覆盖、动物分布、河流水系、土地利用和特别保护目标等；进行影响识别与筛选评价因子；运用 3S 技术，分析评价因子的不同影响性质、类型和程度；将影响因子图和底图叠加，得到生态影响评价图。

主要应用：用于区域生态质量评价和影响评价；用于具有区域性影响的特大型建设项目评价及土地利用开发和农业开发。

三、农业生态环境现状评价

农业生态环境现状评价从农业物资投入、耕地利用、土壤及水域变化等方面对农业区域总体环境污染进行数据分析和总结，并对各农业环境要素质量变化原因进行深入分析，提出对应的农业环境质量提升对策与建议。环境质量是各个环境要素优劣的综合概念，衡量环境质量优劣的因素很多，通常用环境中污染物质的含量来表达。环境质量指数可以反映一定时空范围内的环境质量状况，具有一定的客观性和可比性，既可以表示单因子的环境质量状况，也可以表示多因子的环境质量状况，常用于环境质量现状评价。

（一）农业生态环境现状评价目标

农业生态环境现状评价的主要目标是评估农业生产过程中各要素，如水体、土壤、农业生物、大气等的质量状况，以及农业活动对生态系统的稳定性与可持续性的影响，为农业生产环境保护和可持续发展提供科学依据。

在理论上，农业生态环境现状评价有助于深入理解农业活动与生态环境之间的相互关系，为农业生态学的研究提供基础和参考；在实践上，评价结果可为政府决策提供科学依据，指导农业生产管理、资源调控和环境治理。

农业生态环境现状评价目的是较全面揭示环境质量状况及其变化趋势，找出污染治理对象，研究环境质量与人群健康的关系，预测和评价拟建设项目对周围环境可能产生的影响，为制定环境综合防治方案和区域总体规划提供依据，使之与农业生产和人类生存发展相适应。

（二）农业生态环境质量现状调查

生态现状调查是生态现状评价、影响预测的基础和依据，调查的内容和指标应能反映评价工作范围内的生态背景特征和现存的主要生态问题。在有敏感生态保护目标（包括特殊生态敏感区和重要生态敏感区）或其他特殊保护要求对象时，应做专题调查。生态现状调查应在收集资料基础上开展现场工作，生态现状调查的范围应不小于评价工作的范围，不同级别评价目的调查的指标有所不同。根据生态影响的空间和时间尺度特点，调查影响区域内环境质量的非生物因子特征气候、土壤、地形地貌、水文及水文地质，以及生物因子的重要经济物种、物种结构、功能、类型、分布、保护级别、保护状况等；如涉及特殊生态敏感区和重要生态敏感区时，应逐个说明其类型、等级、分布、保护对象、功能区划、保护要求等。涉及主要生态问题调查需重点调查影响区域内已经存在的制约本区域可持续发展的主要生态问题，如水土流失、沙漠化、石漠化、盐渍化、自然灾害、生物入侵和污染危害，指出其类型、成因、空间分布、发生特点等。

（三）生态环境现状评价工作内容

生态环境现状评价主要是在区域生态基本特征现状调查的基础上，对评价区的生态现状进行定量或定性的分析评价，评价应采用文字和图件相结合的表现形式。评价内容，一是分析影响区域内生态系统状况的主要原因、结构与功能状况（如土壤污染、水源涵养、生物多样性、防风固沙等主导生态功能）、生态系统面临的压力和存在的问题、生态系统的总体变化趋势等，二是分析和评价受影响区域内动、植物等生态因子的现状组成、分布。当评价区域涉及受保护的敏感物种时，应重点分析该敏感物种的生态学特征。当评价区域涉及特殊生态敏感区或重要生态敏感区时，应分析其生态现状、保护现状和存在的问题等。

（四）农业生态环境现状评价报告编制要点

1. 农业生态环境现状调查与数据获取　从人口、农药、化肥和农膜、养殖业废弃物、生活污水和垃圾、饮用水、植被覆盖状况、水域面积、耕地利用现状资料（遥感资料等）、土壤侵蚀面积和百分率、气象状况等方面完成数据一手资料的获取，可通过实地踏勘、政府资料查阅等方式获取。

2. 农业生态环境评价指标筛选　农业生态环境质量指标涉及多领域多学科，选取时一方面指标体系需完整准确地反映农业生态环境质量状况；另一方面指标体系最简最小化，"简"是要求指标概念明确，调查度量方便易行，"小"是要求指标总数尽可能小，使资料易取易得。

3. 确定评价方法　农业生态环境评价方法是指为了满足生态环境过程中的一系列目标要求，所采用的程序步骤和相应的技术方法。目前常用的评价方法包括综合评价法、指数法、专家打分法、类比分析法、层次分析法等。

4. 评价标准与农业生态环境质量等级划分　对于各参评因子，通过野外调查和室内分析处理的方式获取原始数据后，再将原始数据转换到评价的分级数据，即原始指标数据到因子得分数据的读取。在确定分级标准时，根据相关的标准，首先做初始标准化即确定分级的阈值。对于处于阈值之间的数据，再进行参数标准化，这样既可以消除参数之间的差别，又可以最大程度上体现小区域内时间和空间上的农业环境差别。

5. 农业生态环境现状评价 从农业物资投入、耕地利用、土壤及水域变化等方面对农业区域总体环境污染进行数据分析和总结，并对各农业环境要素质量变化原因进行深入分析，提出对应的农业环境质量提升对策与建议。

四、农业生态环境影响评价

农业环境影响评价是对人类开发建设活动可能导致的生态环境影响进行分析与预测，并提出减少影响或改善生态环境的策略和措施。因为影响评价可以防止开发建设活动对环境产生的不利影响，促使人们从开发建设活动的开始，就注重保护农业环境，合理布局，采取有效措施，把人类活动对农业环境的影响限制在最低程度，求得经济效益、社会效益和环境效益的统一。

农业环境影响评价目的是针对一些新实施的工程建设及建筑物等，预测会给农业生产环境和生态平衡带来影响前给予科学的预测，并对可能产生的不利影响提出解决对策，以消除这些不利影响。

世界上最早实行环境影响评价制度的是美国（1969年），其后是瑞典、澳大利亚、法国、加拿大、英国、日本、新西兰等国家。多年来，由于实行环境影响评价制度，避免了很多环境问题的发生。我国自20世纪70年代末实行环境影响评价制度，特别是1989年12月颁布《中华人民共和国环境保护法》以来，环境影响评价工作不断向深入发展。

2003年9月，《中华人民共和国环境影响评价法》（以下简称《环境影响评价法》）正式实施，2018年12月29日，第十三届全国人民代表大会常务委员会第七次会议第二次修正。

（一）农业生态环境影响评价工作范围

农业生态环境影响评价，与现状评价相对应，依据项目区域生态保护的需要和受影响生态系统的主导生态功能来确定主要影响因子评价指标。即规划和建设项目实施后对农业环境可能造成的影响进行分析、预测和评估，提出预防或者减轻不良影响的对策和措施。生态环境影响评价应能够充分体现生态完整性，涵盖评价项目全部活动的直接影响区域和间接影响区域。评价工作范围应依据评价项目对生态因子的影响方式、影响程度和生态因子之间的相互影响和相互依存关系进行确定。可综合考虑评价项目与项目区的气候过程、水文过程、生物过程等生物地球化学循环过程的相互作用关系，以评价项目影响区域所涉及的完整气候单元、水文单元、生态单元、地理单元界限为参照边界。

（二）农业生态环境影响判定依据

（1）国家、行业和地方已颁布的资源环境保护等相关法规、政策、标准、规划和区划等确定的目标、措施与要求。

（2）科学研究判定的生态效应或评价项目实际的生态监测、模拟结果。

（3）评价项目所在地区及相似区域生态背景值或本底值。

（4）已有性质、规模以及区域生态敏感性相似项目的实际生态影响类比。

（5）相关领域专家、管理部门及公众的咨询意见。

（三）农业生态环境影响评价内容

农业环境影响评价，需要对项目的各个环节进行全面的分析和评估，包括土地利用、水资源、大气环境、生态系统等多个方面。通过分析这些因素影响的方式、范围、强度和持续时间来判别农业生态系统受影响的范围、强度和持续时间，预测评价项目对区域发展存在的主要生态问题，提出相应的措施来减轻或避免这些问题的发生，可以避免项目对环境造成不可逆的损害，最大程度地保护环境资源，保护生态环境的完整性和稳定性，重点关注其中的不利影响、不可逆影响和累积生态影响。对于敏感生态保护目标的影响评价应在明确保护目标的性质、特点、法律地位和保护要求的情况下，分析评价项目的影响途径、影响方式和影响程度，预测潜在后果的影响趋势。

（四）农业环境影响评价报告编制要点

农业环境影响评价工作大体可分为 3 个阶段。第一阶段为准备阶段，其主要工作为研究有关文件，进行初步的工程分析和环境现状调查，筛选重点评价项目，确定各单项环境影响评价的工作等级，编制评价大纲；第二阶段为正式工作阶段，其主要工作为进一步进行工程分析和环境现状调查，并进行环境影响预测和评价环境影响；第三阶段为报告书编制阶段，其主要工作为汇总分析第二阶段工作所得的各种资料、数据，给出结论，完成环境影响报告书的编制。

报告主要包括：总则（总论），包括项目的背景、编制依据、评价原则、评价标准、评价等级、评价范围、评价重点、污染控制及保护目标；建设项目概况及工程分析，包括地理位置、地形地貌、气象气候、地表水文、土壤植被、大气、地表水、地下水、社会环境概况；环境质量现状评价，包括地下水环境影响评价、地表水环境影响评价、声环境影响评价、固体废物环境影响评价、生态环境影响评价、大气环境影响评价；环境影响预测及分析，包括地下水环境质量现状预测与分析；地表水环境质量现状预测与分析；大气环境质量现状预测与分析；声环境质量现状预测与分析；周围生态质量现状预测与分析；生活垃圾运输过程中环境影响分析；污染防治措施与对策，包括地下水污染防治措施；渗滤液防治措施；废气防治措施；噪声防治措施；生态环境影响减缓措施；结论与建议，环境影响评价结论；污染防治措施。

第二节　农业生态环境管理

农业生态环境管理的目标是在发展农业生产的同时，改善和保护农业生态环境，防治农业生态环境污染。开展农业生态环境综合治理要从各地实际情况出发，采取针对性的对策和措施，通过强化环境管理，有计划、有重点、分阶段地解决农业生态环境问题。目前，我国农业生态环境管理的内容日益丰富、具体，管理方式、手段也更加科学化、多样化，推动了我国农业生态环境保护事业的发展。

农业生态环境管理的核心问题是正确处理农业经济发展与环境保护的关系。农业生态环境是农业发展的物质基础和制约条件，不合理的经济发展模式可能给农业生态环境带来污染和破坏，反过来制约农业的发展，而农业生态环境质量的改善又建立在农业经济不断发展的基础上。因此，必须全面规划，合理地开发和利用农业资源，使经济、技术、社会相结合，使经济发展与环境保护协调发展。

一、农业生态环境管理措施

（一）农业生态环境管理

农业生态环境管理是指为了使农业经济与环境保护协调发展，依据生态学、环境科学的基础理论和经济学的规律，运用经济、法律、行政、教育等手段，对农业生态环境保护工作进行决策、计划、组织、指挥和控制，达到既满足农业生产发展，又不超过环境容许极限要求的一系列活动的总称。它具有综合性、社会性、区域性和科学技术性。

综合性：农业生态环境管理的对象综合性强，大气、土地、水、森林、草原等农业自然资源都在管理的范畴之内。人类的各种活动几乎都和农业生态环境保护有着直接或间接的关系，而农业生产产品的质量又影响着人类的身体健康。

社会性：农业生态环境管理与全社会成员都有直接关系。农业生态环境质量差，农产品中残留有毒物质，都将直接威胁人类的生活和生存，所以，全社会的每一位成员都应积极参与到农业生态环境保护中来。

区域性：我国各地农业生态环境状况受当地地理、气象、人口、资源、经济技术发展等条件影响和制约，使农业生态环境问题具有明显的区域性。因此，农业生态环境管理必须根据区域农业生态环境的特征，因地制宜地采取不同措施，以地方为主进行管理。

科学技术性：农业生态环境管理具有很强的科学技术性，要遵循生态学的规律，农业生态环境问题的解决，更要借助有效的科学技术手段。

农业生态环境管理的任务是农业作为主体对生态环境客体的具体表现，存在环境管理过程之中。基本任务主要有：遵循自然生态规律，不断改善和提高农业生态环境质量，促进农业生态系统良性循环，保障农产品质量和人体健康；保护和合理开发利用农业自然资源，防治农业生态环境污染和破坏，促进农业持续、稳定、协调发展；研究制定有关农业生态环境保护的方针、政策和法规，正确处理农业经济发展与农业生态环境保护的关系；开展农业生态环境科学研究和宣传教育，为农业生态环境保护提供人才和先进技术，不断提高广大群众对农业生态环境保护的认识水平。

随着社会、经济、文化、技术的发展，农业生态环境管理在农业现代化建设和农业生态环境保护中的作用越来越重要。具体表现：协调农业生产发展与生态环境保护的关系，强化农业生态环境管理，从根本上保持和改善农业生态环境，使农业生产建立在稳固、良好的环境基础之上；控制工业农业、城乡交叉污染，通过农业生态环境管理，合理利用农业生态环境容量和自净能力，治理乡镇企业和农村生产中的污染，建立新的更高级的农村生态系统，使工农业、城乡交叉污染得到控制，从根本上改善农业生态环境质量；建立法律、经济、行政、教育、技术等手段综合使用的管理体系，综合运用法律、经济、行政、教育、技术等多种手段，建立起综合性的农业生态环境管理体系；通过农业生态环境管理，保持农业生态平衡，保障农业生产可持续发展。

农业生态环境管理涉及农业资源环境管理、农业区域环境管理、农业专业环境管理。农业资源环境管理是指农业资源的保护和最佳利用，其主要内容包括矿产资源管理、生物资源（森林、草地、物种等）管理、土地资源管理等；农业区域环境管理是指以特定区域为管理对象，以解决该区域内农业生态环境问题为内容的一种环境管理，其主要内容是制定区域农业生态环境保护规划，包括研究并贯彻农业生态环境政策和保证实现规划的措施，协调区域农业发展目标与农业生态环境保护目标；农业专业环境管理主要是农业、林业、牧业、渔业、乡镇企业、农村能源等各个领域的环境管理。

管理性质划分：农业生态环境计划管理、农业生态环境质量管理、农业生态环境技术管理。农业生态环境计划管理是通过制定农业生态环境保护规划和计划，把农业生态环境保护目标和任务纳入农业发展规划和计划之中，以此来指导农业生态环境保护工作，并对农业生态环境规划的实施情况进行检查、监督和调整等；农业生态环境质量管理是一种以环境标准为依据，以农业生态环境质量评价和环境监测为内容，以改善农业生态环境质量为目标，运用环境保护技术，治理和防止农业生态环境恶化，农业生态环境质量管理的主要内容包括农业生态环境标准的制定、农业生态环境质量及污染源的监控、农业生态环境质量评价，以及农业生态环境质量报告书的编制；农业生态环境技术管理的主要内容包括农业生态环境技术政策、技术标准、技术规程、技术路线的制定与完善；农业生态环境监测与信息管理系统的建立；农业生态环境科技支撑能力的建立；农业生态环境教育的深化与普及等。

（二）农业生态环境管理措施

1. 管理措施分类　农业生态环境管理的措施是指为实现农业生态环境管理目标，管理主体针对客体所采取的必需、有效的手段。农业生态环境的复杂性和管理工作的特点，决定了农业生态环境管理措施的多样性和综合性。农业生态环境管理的措施主要包括以下几种形式：

行政管理措施。是指国家和地方各级农业生态环境保护行政管理机关，根据国家行政法规所赋予的组织和指挥权力，结合经济手段和法律手段，制定方针、政策，建立法规、制定标准，进行监督协调，对农业生态环境保护工作实施行政决策和管理，以达到保护和改善农业生态环境的目的。

经济管理措施。是指在农业生态环境管理活动中，运用价格、成本、利润、信贷、利息、税收、保险、收费和罚款等经济杠杆调节有关农业生态环境保护各方面的经济利益关系，调动各方面保护农业生态环境的积极性和创造性，限制损害环境的经济行为，奖励保护环境的经济活动是对农业生态环境保护和改善起督促作用的一种有效的管理手段。

法律管理措施。是行政管理和经济管理的依据和保证。首先，正确地运用法律手段，可以保证必要的农业生态环境管理秩序，使管理系统渠道畅通、职责分明，各个子系统正常发挥各自的作用，使整个管理系统能够稳定、有效地运转；其次，正确运用法律手段，能有效地调整有关农业生态环境保护的各种社会关系，保证管理主体、管理对象之间关系的协调，使农业生态环境保护过程中发生的矛盾得到及时有效地解决。目前，中国已初步形成了由国家宪法、环境保护法、环境保护相关法、环境保护单行法和环保法规等组成的农业生态环境保护法律体系，这是强化环境监督管理的根本保证。

技术管理措施。是指管理者为实现农业生态环境保护目标，采取的环境工程、环境监测、环境预测、评价、决策分析等技术，强化农业生态环境执法监督力度，协调技术发展与农业生态环境保护的关系，使农业经济的发展、农业生态环境质量的改善与科学技术的发展相结合，提高农业生态环境的保护和管理水平。

教育管理措施。是农业生态环境管理的一个极其重的组成部分，其实质是通过开展各种形式的农业生态环境保护宣传教育，提高人们的农业生态环境保护专业知识水平，并加强环境保护意识。农业生态环境教育的根本任务是增强群众的环境保护意识和培养农业生态环境保护方面的专业化人员，改变人们的生态价值观念，调动人们保护农业生态环境的积极性。

党的二十大报告不仅对我国过去的生态文明建设工作进行了总结，也指明了未来持续深入推进环境污染防治的新思路，中国式现代化是人与自然和谐共生的现代化，大自然是人类赖以生存发展的基本条件，再次指明了生态文明建设的重要意义。同时，生态文明要求公民应当具有生态意识、环境保护意识、环境法治意识等生态文明意识，从而能够形成良好的生态环境保护氛围。在农业生态环境保护方面，应当加强农民的农业生态环境保护意识，通过教育宣传农业生态环境法律知识，增强农民的文化素养和生态文明意识，从而引导农民走上生态农业、科学生产的农业现代化生产道路。

2. 管理范围　现阶段我国农业生态环境的管理范围主要包括：

一是农业农村生产和生活引起的农业生态环境问题。主要包括：工业和乡镇企业生产排放的污染物和产生的污染因素，如：废气、废水、废渣、粉尘、噪声等；农业生产过程中不合理或过量施用农用化学物质，如：农药、化肥、塑料薄膜等造成的污染；交通储运过程中有毒、有害物品的逸散引起的污染，以及交通工具本身排放的污染物；城镇、乡村居民生活排放的污染物，如：烟尘、污水、垃圾和杀虫剂等；畜牧业、水产业生产过程中造成的污染，如：畜禽粪便、污水、网箱养鱼、海水养殖对水域的污染等。

二是农业生态破坏问题。主要包括：大型水利工程建设、大型工业、交通建设项目对农业生态环境的影响；开山造田、围湖造田、开垦草原、围海造田、海岸带和沼泽地的开发、森林和草原资源的开发、矿藏资源的开发等对农业生态环境的影响和破坏；新城镇、新工业区、农村居民点的设置和建设对农业生态环境的影响和破坏；军事设施和军事活动对农业生态环境的影响和破坏。

三是有特殊价值的农业自然资源。根据国家各部门对自然资源管理的分工，农业部门负责管理以下方面的自然资源：草原、草地资源和水生、野生动物资源；名、特、优、稀、新农作物品种及其生境；农业商品基地和农产品出口创汇基地；城市副食品基地。

二、农业生态环境管理体系

(一)农业生态环境管理体制

农业生态环境管理集自然资源、生态保护与污染防治任务于一身，涉及许多经济部门和农业内部的各个行业，是农业生态环境保护工作的核心。农业生态环境管理体制是否健全，是决定农业生态环境保护事业能否正常运行和发展的关键所在。我国的农业生态环境管理体制贯穿着"统一管理，分工负责"的原则，赋予有关部门一定的管理权，既要归口管理，又要分工负责。因此，建立权威的环境管理机构，并建立从上到下比较完整的农业生态环境管理系统，并纳入国家和地方各级政府的序列是非常必要的。《"十四五"环境影响评价与排污许可工作实施方案》提出健全环评和排污许可管理链条，明确"三线一单"、规划环评、项目环评、排污许可等各自功能定位、责任边界和衔接关系，避免重复评价。我国已基本构建了"六位一体"全链条管理模式："三线一单"实现空间管控；规划环评指导行业或项目的环境准入；项目环评严把环境准入关；排污许可管理固定污染源；监察执法是环境保护工作实施到位的关键环节；督察问责是落实前五项管理要求的重要保障。

我国的农业生态环境保护管理体制分为以下几个层次：

（1）国家成立国务院环境保护委员会，农业农村部主要领导任国务院环境保护委员会副主任。农业农村部设环保能源司，负责组织全国农业生态环境保护管理工作。同时，农业农村部成立环境保护委员会，组织协调农业内部各行业的环境保护工作。

（2）各省（自治区、直辖市）农业部门设置处级环境管理机构；地市级农业部门设置相应的环境管理机构；县级农业部门设置环境管理与环境监测统一的环境保护机构。

（3）理顺环境管理与环境监测的关系，国家一级成立农业生态环境监测总站，负责农业生态环境监测的业务技术指导。同时，协调渔业、农垦、畜牧等行业的环境监测工作。省、自治区、直辖市及地市级农业部门成立事业性农业生态环境监测机构，为同级环境管理提供科学依据。

（4）巩固、完善农业生态环境保护科研机构，建立以农业农村部环境保护研究所为骨干、以各有关农业科研单位和高等农业院校环境保护科研机构为主体的农业环保科研系统，以此作为农业生态环境管理体系的技术支持系统。

总的来说，农业生态环境管理体系的组成，从纵向上看，由国家、省（自治区、直辖市）、地市和县级 4 个层次组成，从横向上看，有管理部门、监测部门、科研部门 3 个部门。其中监测、科研是农业生态环境管理的技术支持系统。

（二）农业生态环境管理机构职能

农业生态环境管理体制不仅包括建立必要的机构，还需要对机构进行合理的职能划分。农业生态环境管理机构具有以下职能：

1. 综合管理　农业生态环境管理的对象涉及因素很多，不仅包括所有影响农业生态环境的自然要素，如气候、土壤肥力、病虫草害等，而且涉及农业内部各种开发、经营和管理活动，如乡镇农业企业经营主体、农资销售公司、农产品销售等，是跨行业、跨部门、跨地区的综合管理业务。农业生态环境综合管理不仅要直接管理单项污染因素，更要加强对各个行业、部门的组织协调和管理，以预防或减轻对农业生态环境造成污染和破坏。

2. 制定农业生态环境保护规划　农业生态环境保护规划是指对未来的农业生态环境管理目标、对策和措施进行规划和安排。开展农业生态环境管理工作之前，应预先拟订出具体内容和步骤，包括确立短期和长期的管理目标，以及选定实现农业生态环境管理目标的对策和措施。

3. 防止农业生态环境污染　必须做好农业生态环境保护规划，并将规划渗透到有关经济发展和农业发展计划中，这是农业生态环境管理机构最重要的工作之一。

4. 发挥协调作用　协调职能是指在实现农业生态环境管理目标的过程中协调各种横向和纵向关系的职能。农业生态环境管理涉及范围广，综合性强，需要各部门分工协作，各尽其责。因此，要统筹各个领域、各个部门、不同社会主体的各种需求并协调好经济利益关系。

5. 监督管理　监督是指对农业生态环境质量的监测和对一切影响农业生态环境质量行为的监察，重点是对危害农业生态环境行为的监察和保护农业生态环境行为的督促。具体形式：一是执法监督。依照《中华人民共和国环境保护法》和其他有关法律、法规，对违反法律规定，破坏农业生态的行为进行监督和处理；二是监测监督。通过各级农业生态环境监督机构和农业生态环境监督检查员，对向农业生态环境排污的污染源和各种破坏农业生态环境的行为进行监督；三是污染事故调查处理监督。

6. 开展农业试点和推广　制定保护和改善农业生态环境的计划，并组织实施；指导市、县开展农业生态环境保护工作和队伍建设，组织农业环保职工岗位培训和继续教育；管理农业生态环境科研、监测、技术推广和环境保护宣传教育工作。

三、农业生态环境法律法规

目前，国家已经发布实施了若干条有关农业生态环境保护的行政法规、规定、管理办法和相关的资源法规。2014 年 4 月 24 日，十二届全国人大常委会第八次会议表决通过了《中华人民共和国环保法修订案》，已经于 2015 年 1 月施行。2017 年 11 月进行修订《中华人民共和国肥料管理条例》，2019 年实施由生态环境部起草的《中华人民共和国土壤污染防治法》，2022 年 8 月施行《中华人民共和国黑土地保护法》。但是，现有的这些环境保护行政法规、条例和管理办法还不能满足农业生态环境管理的需要，这就要求加强地方立法，加快制定和出台地方性的农业生态环境保护法规和管理办法。

（一）农业生态环境保护法

1. 农业生态环境保护法的概念　所谓农业生态环境保护法，是指调整人们在保护、管理与改善农业生态环境、开发利用农业自然资源以及防治农业生态环境污染和生态破坏活动中所产生的法律规范的总称。它所规定的保护与防治农业生态环境的方针、政策、原则、制度等，既反映了生态规律的要求，又反映了经济规律的要求。

由此可见，农业生态环境保护法的调整对象主要是：调整人们在保护、管理和改善农业生态环境活动中所产生的社会关系；调整因开发利用农业自然资源而产生的社会关系；调整因防治农业生态环境污染和破坏而产生的社会关系。

2. 农业生态环境保护法的任务　农业生态环境和农业自然资源，是进行农业生产的物质基础。按照自然生态规律和社会经济规律的要求，保护和改善农业生态环境，合理开发利用农业自然资源，促进农业生态系统良性循环，关系到我国的农业和国民经济发展。《中华人民共和国环境保护法》第十六条规定："地方各级人民政府，应当对本辖区的环境质量负责，采取措施改善环境质量。"第二十条规定："各级人民政府应当加强对农业生态环境的保护，防治土壤污染、土地沙化、盐渍化、贫瘠化、沼泽化、地面沉降化和防止植被破坏、水土流失、水源枯竭、种源灭绝以及其他生态失调现象的发生和发展，推广植物病虫害的综合防治，合理使用化肥、农药及植物生长激素。"因此，根据相关法律的规定，可以把农业生态环境保护法的任务概括为，在农业现代化建设中，保护和改善农业生态环境，合理开发利用农业自然资源，防治农业生态环境污染和生态破坏，保障农产品质量和人体健康，促进农业生产持续、稳定发展。

为农业农村可持续发展、实现乡村振兴战略目标提供良好的生态环境基础和强有力的科技支撑，促进社会和经济的健康可持续发展；为农产品质量安全和数量提升提供坚实技术保障，满足广大人民群众对安全、营养、健康食物的供应需求；科学合理地开发农业生态系统，提供良好的多功能农业生态化产品，为进一步提高广大人民生活质量和水平、丰富广大人民群众的生活内涵提供坚实的技术保障和服务；为构建稳定、安全、可持续发展的农业生态系统提供支撑，进一步夯实国家生态安全和生态文明建设的基础。

3. 农业生态环境保护法的作用　农业生态环境保护法是有效地保护和改善农业生态环境、防治农业生态环境污染和破坏的重要法律手段，是保障城乡人民身体健康，促进农业生产持续发展的法律武器，对有关保护和改善农业生态环境以及防治农业生态环境污染和生态破坏的方针、政策、基本原则和制度、基本措施，以及公民在保护和改善农业生态环境方面的权利和义务，违反农业生态环境保护法应负的法律责任等做了明确的规定，以法律形式把有关防治农业生态环境污染和生态破坏，保护农业生态环境等问题明确规定下来，推动人们在对农业生态环境有影响的生产、建设、开发等活动中自觉地保护农业生态环境，保障农产品产量和质量，增强农业发展后劲，促进农业生产持续、稳定、健康发展。同时，为行政手段和经济手段提供保证。只有根据农业生态环境保护法的规定，采取以法律手段为主的综合手段，才能有效地保护和改善农业生态环境，防治农业生态环境污染和生态破坏。农业生态环境保护法的实施，使农村生态环境保护工作制度化、法律化。

（二）农业生态环境保护法制体系

1. 农业生态环境保护法体系　　宪法是一切农业生态环境立法的依据。《中华人民共和国宪法》第二十六条中规定："国家保护和改善生活环境和生态环境，防治污染和其他公害。"第九条中规定："国家保护自然资源的合理利用，保护珍贵的动物和植物，禁止任何组织或者个人用任何手段侵占或者破坏自然资源。"第十条中规定："一切使用土地的组织和个人必须合理利用土地"。以上这些规定，是制定农业生态环境保护法的根本依据和指导原则。

《中华人民共和国环境保护法》是关于农业生态环境保护的规定，是环境保护领域的母法。《中华人民共和国环境保护法》第十九条规定："开发利用自然资源，必须采取措施保护生态环境。"第二十条规定："各级人民政府应当加强对农业生态环境的保护，防治土壤污染、土地沙化、盐渍化、贫瘠化、沼泽化、地面沉降化和防止植被破坏、水土流失、水源枯竭、种源灭绝以及其他生态失调现象的发生和发展，推广植物病虫害的综合防治，合理使用化肥、农药及植物生长激素。"这是我国农业生态环境保护的主要任务，也是制定农业生态环境保护法的重要依据。

《中华人民共和国农业法》第八章农业资源与农业生态环境保护中第五十七条规定："发展农业和农村经济必须合理利用和保护土地、水、森林、草原、野生动植物等自然资源，合理开发和利用水能、沼气、太阳能、风能等可再生能源和清洁能源，发展生态农业，保护和改善生态环境。县级以上人民政府应当制定农业资源区划或者农业资源合理利用和保护的区划，建立农业资源监测制度。"第五十八条规定："农民和农业生产经营组织应当保养耕地，合理使用化肥、农药、农用薄膜，增加使用有机肥料，采用先进技术，保护和提高地力，防止农用地的污染、破坏和地力衰退。县级以上人民政府农业行政主管部门应当采取措施，支持农民和农业生产经营组织加强耕地质量建设，并对耕地质量进行定期监测。"第五十九条规定："各级人民政府应当采取措施，加强小流域综合治理，预防和治理水土流失。从事可能引起水土流失生产建设活动的单位和个人，必须采取预防措施，并负责治理因生产建设活动造成的水土流失。各级人民政府应当采取措施，预防土地沙化，治理沙化土地。"

环境保护法将环境作为一个整体，对环境保护的方针、政策、基本原则、基本法律制度进行全面的规定，法律地位仅次于宪法，它在环境保护立法体系中处于最高层的地位。农业生态环境保护法体系是环境保护法的主要组成部分，其基本法、各项单行法规、标准制度及实施等，都应受环境保护法宗旨、性质、任务、原则、制度、对策措施等要求的制约和指导。

农业生态环境保护法体系，是指农业生态环境保护法的内部层次和结构，是由相互联系的关于保护和改善农业生态环境，合理开发利用农业自然资源，防治农业生态环境污染和生态破坏的法律规范组成的有机整体。

农业生态环境保护法体系作为一个统一的整体，具有以下特征：一是整体性。农业生态环境保护法体系，不是各种不同的农业生态环境保护法律、法规的简单叠加，而是相互间有内在联系的、符合自然生态和社会经济规律的、具有科学性的、适应农村需要的统一整体；二是目的性。农业生态环境保护法体系作为一个系统，是为实现特定目的而构成的，即保证建立一个良性循环的农业生态系统；保障农产品质量和城乡人民身体健康；促进农业生产持续、稳定发展；三是层次性。农业生态环境保护法体系，是由不同层次的农业生态环境保护法律和法规构成的。这些法律和法规在法律效力上存在着差异性，即上一层次的法律、法规效力大于下一层次的法律、法规效力；下一层次的法律规范是上一个层次法律规范的具体化和必要的补充，并且不能和上一个层次的法律、规范相抵触；四是变动性。农业生态环境保护法是一个开放的系统，它与外界条件相互联系、相互影响、相互制约，并随着农业经济、农业生态环境的不断发展而发展。因此，应当根据农业现代化建设和农业生态环境保护的需要，不断地充实和改善农业生态环境保护法体系。

我国农业生态环境保护法体系的基本构成，是由保护和改善农村生态环境、防治污染和其他公害而产生的各种法律规范形成的有机联系的统一整体。从法律的效力层级来看，农村生态环境保护法体系主要包括宪法关于农业生态环境保护的规定、环境保护基本法关于农业生态环境保护的规定、农业法中关于环境保护的规定、农业生态环境保护单行法规、地方性农业生态环境保护法规、农业生态环境保护标准、相关法中有关农业生态环境保护的规定。

关于农业生态环境保护的规定，主要有《中华人民共和国农业经济法》《中华人民共和国能源法》《中华人民共和国自然资源法》《中华人民共和国海洋环境保护法》《中华人民共和国水污染防治法》《中华人民共和国大气污染防治法》《中华人民共和国固体废物污染防治法》等。地方性农业生态环境保护法规是指省、自治区、直辖市以及省、自治区、直辖市人民政府所在地市和经国务院批准的市人民代表大会及其常委会依照法定程序制定，根据该行政区域的具体情况和实际需要制定的，具有地方特色的各种条例、规定、办法等规范性文件的总称。地方性农业生态环境保护法规是根据国家环境保护法规和地区的实际情况制定的综合性或单行性环境保护法规，是对国家环境保护法律、法规的补充和完善，以解决本地区某一特定的农业生态环境问题为目标，具有较强的针对性和可操作性。地方性农业生态环境保护法规的制定应贯彻宪法、环境保护法、多项环境保护单行法、行政法规、部门规章等精神，是对较高层次法律规范原则的具体化和必要的补充，但不与其相抵触。如《广州市农业生态环境保护条例》：主要针对农村地区的农业生产环境进行保护，包括农药、化肥使用的管理、农田水土保持、农业废弃物处理等方面；《北京市农作物秸秆禁烧管理办法》：旨在规范和管理农作物秸秆的清理、处理方式，严禁使用焚烧等方式处理秸秆，鼓励农民运用秸秆进行生态农业和生态养殖等方面；《上海市农业面源污染治理办法》：主要针对农业面源污染进行管理，包括农药、化肥的使用管理，农业废水、农业废弃物的处理等方面；《浙江省农业面源污染治理条例》：对农业面源污染进行治理，包括农田水土保持、农业面源污染防治设施的建设等方面。需要注意的是，这些地方性农业生态环境保护法规的具体内容可能会因地方政府的制定和调整而有所变化，具体情况还需要根据各地的相关政策和法规来考虑。

2. 农业生态环境保护法基本原则　农业生态环境保护法的基本原则，是农业生态环境保护方针、政策在法律上的体现，是调整农业生态环境保护各方面社会关系的基本指导方针和规范，是对农业生态环境保护实行法律调整的指导思想，是农业生态环境保护立法、执法和守法必须遵循的基本准则，反映了农业生态环境保护法的本质，是贯穿在农业生态环境保护条例各章各条中的基本指导思想。

农业生态环境保护法的基本原则：一是经济建设和环境保护协调发展的原则。农业经济建设和农业生态环境保护协调发展的原则是指农业经济建设和农业生态环境保护必须统筹兼顾、有机结合、同步实施，以实现经济和社会持续发展；二是统筹规划、综合防治的原则。农业生态环境问题具有整体性、复杂性和社会性。造成农业生态环境污染和破坏的因素是多方面的，防与治的方式也是多种多样的。这种自然与社会之间相互作用的复杂性以及农业生态环境要素之间的相互联系性，决定了保护农业生态环境不能只用单一的防治措施，而必须实行统筹规划，综合防治的原则，把多种措施和手段都运用起来，综合运用行政的、经济的、法律的、教育的等多种手段，采取一系列工程技术措施，协调经济发展与农业生态环境保护的关系；三是农业自然资源的开发利用和保护相结合的原则。珍惜和合理开发利用农业自然资源是农业生态环境保护的首要任务，是保障农业生产持续稳定发展的基本前提；四是污染者、破坏者负担原则。是指开发利用农业生态环境资源或者排放污染物对农业生态环境造成不利影响的单位和个人，应当按照有关法律的规定，承担治理或恢复农业生态环境的责任，并负担其费用；五是公众参与原则。这五条原则既相互联系，又相互补充，贯穿于农业生态环境保护法的各个方面，为农业生态环境保护和管理提供了最基本的准则。

第三节　农业生态环境保护规划

"两山"理论是新时代生态文明建设的根本遵循。农业生态环境保护规划是生态文明建设的重要组成部分，也是农业环境管理的重要职能，对加强实现农业社会经济与环境协调发展起着重要的作用。我国环境保护法第13条规定："县级以上人民政府应当将环境保护工作纳入国民经济和社会发展规划。国务院环境保护主管部门会同有关部门，根据国民经济和社会发展规划编制国家环境保护规划，报国务院批准并公布实施。"土壤、地下水和农业农村生态环境保护关系"米袋子"、"菜篮子"、"水缸子"的安全，关系到美丽中国建设战略的实施。2022年，生态环境部、发展改革委、财政部、自然资源部、住房和城乡建设部、水利部、农业农村部联合印发《"十四五"土壤、地下水和农村生态环境保护规划》（以下简称《规划》），对土壤、地下水、农业农村生态环境保护工作作出系统部署和具体安排。

一、农业环境保护规划原则

（一）农业环境保护规划

农业环境保护规划是为保护农业生态系统而采取的调整农业生产结构，合理利用土地资源、防止农业污染、保护农林牧副渔生态环境和自然生态环境，使自然资源得到合理开发和永续利用，实现农业生态环境效益、经济效益和社会效益的协调统一等一系列措施和对策。

农业环境保护规划是一种克服农村经济社会活动和农业环境保护活动盲目性和主观随意性的科学决策活动。由于农业环境是一个开放型的动态系统，是农村居民从事生产、生活、经商、娱乐的集中场所。农业环境中各因素相互交错，形成了一个复杂的"社会—经济—环境"系统。因此农业环境保护规划必须强调掌握充分的信息，运用科学方法，以保证规划的科学性和合理性。

农业环境保护规划任务和要求：对农业环境和生态系统的现状进行全面的调查和评价，搞清规划范围内农业环境资源的家底；依据社会经济发展规划、国土规划、农村建设总体规划、农业发展规划等，对规划期内环境与生态系统发展的趋势，以及可能出现的环境问题作出分析和预测；根据具体的农业经济技术水平，确定规划期内所要达到的环境保护目标，以及为实现规划目标所应完成的环境保护任务；按照确立的环境保护目标和任务的要求，提出切实可行的对策、措施，以保证规划目标和任务的实现；掌握国家环境保护的战略方针、政策、法规、标准，以及地方性的环境保护法规、标准和政策规定，使所制定的环境保护目标、任务和提出的规划对策、措施，都必须符合国家和地方的环保方针、政策和法规、标准的要求。

（二）农业环境保护规划基本原则

农业环境保护规划是以生态经济学理论作为指导思想，全面贯彻经济建设、城乡建设和环境建设同步规划、同步实施、同步发展的方针，实现经济、社会和环境 3 个效益的统一，使农业环境与农村社会经济持续、协调发展。

制定农业环境保护规划应遵循基本原则：

生态平衡原则。在调查、分析与研究农业生态系统中各种物质和能量的转化运动的基础上，制定出适宜的尺度，使其保持着相对稳定的平衡状态。

相互联系又相互制约原则。农业生态系统是一个多因素的复杂系统，包括生命物质和非生命物质，并涉及自然、社会、经济等许多方面的问题，系统中的各个因素彼此之间相互联系、相互制约，并产生直接或间接的影响。农业环境保护规划必须对各因素之间的相互关系加以研究，并通过各种结构模型进行计算、分析和评价。

极限性原则。环境生态系统中的一切资源都是有限的，环境对污染和破坏的承载能力，也是有一定限度的，如果超过这个限度，就会使自然生态系统失去平衡，引起质量上的衰退，并造成严重后果。农业生产活动与自然环境有着直接的、紧密的联系，农业生产是一种以生物为主体而进行的一项生产活动，它直接涉及资源、环境、经济和社会。因此，在对环境资源进行开发利用的过程中，必须维持自然资源的再生功能和环境质量的恢复能力，以实现自然资源的永续利用。在制定环境规划时，应该根据事物的极限性原理，控制人类的开发利用程度，使其不超过生物圈的承载容量或容许极限。

整体性原则。"社会—经济—环境"系统中的各因素相互联系、相互制约，构成了一个有机的统一体，其中任何一个因素变化或不协调，都会影响到其他因素，甚至使整个系统失调，因此农业环境保护规划必须从整体角度出发，将社会、经济、环境作为统一整体来考虑，才能做到三者的协调。

预防为主原则。坚持以防为主，防治结合，全面规划，合理布局，突出重点，统筹兼顾，把工作重点转向环境综合整治。

保护优先、节约优先的原则。顺应自然规律，通过最严格的管控，把节约资源和保护环境摆在优先位置，不走"先污染后治理"的老路，以保护和节约促进可持续利用，降低资源利用强度，推动生态环境恢复发展。

改革创新、完善机制原则。强化科技支撑，创新体制机制，发挥新型经营主体在绿色发展中的引领作用，建立以绿色生态为导向的农业补贴制度，强化法治保障，培育资源和环境保护新动能，建立长效机制。

环境和经济协调发展原则。保障环境和经济社会协调、持续发展是农业环境保护规划最重要的原则。农业环境保护规划必须将环境、经济、社会作为一个大系统来规划，从环境的系统性和整体性出发，将经济、社会和自然系统作为一个整体来考虑，研究经济和社会的发展对环境的影响，环境质量和生态平衡对经济和社会发展的反馈。

（三）农业环境保护规划的编制程序

农业环境保护规划与其他环境规划一样，是在规划区内适应经济发展而对环境污染、生态破坏进行控制和综合整治做出时间和空间上的科学安排和规定，这是一个正确认识、把握"人类—环境"系统运动、变化与发展的过程，也是一个科学决策的过程，因此必须按照一定程序来进行，具体见图 6-1。

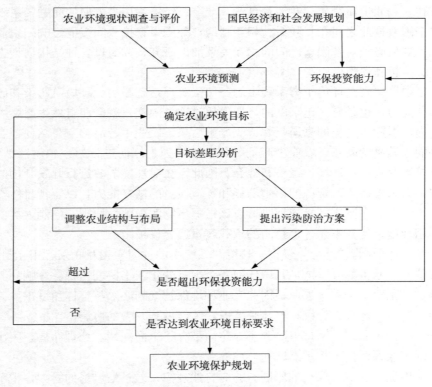

图 6-1　农业环境保护规划流程示意图

二、农业环境保护规划方法

农业环境保护规划应该包括农业环境现状调查与评价、农业生态经济预测、农业环境区划、农业环境保护目标确定、环境保护规划方案的拟定与筛选等内容。

（一）农业环境现状调查与评价

农业环境现状调查与评价是编制环境规划的基础，它主要通过对农业生产和农村生活的环境状况、环境污染与自然生态破坏的调研，找出主要的问题，以便在规划中采取相应的对策。

1. 自然环境特征调查内容 农业是以自然资源为基础的生产活动。自然资源优劣将对农业生产的效益产生极大的影响。因此进行农业环境规划时，必须对农业环境资源现状进行充分的调查。调查内容具体如下：

（1）地质 一般情况只需根据现有资料，概要说明调查范围内的地质状况，如地层概况、地壳构造的基本形式、物理与化学风化情况、已探明或已开采的矿产资源情况等。对一些规划区有特别危害的地质现象，如地面下沉等应加以详细调查。调查资料应以文字为主，辅以图表说明。

（2）地形地貌 地形地貌的调查包括应用适宜比例尺的地形图来展示规划区的地形起伏特征、地貌类型（山地、平原、沟谷、丘陵、海岸等）以及岩溶地貌、冰川地貌、风成地貌等地貌特征。除此之外，对一些有危害的地貌现象，如崩塌、滑坡、泥石流等现象也应做调查。

（3）气候与气象 气候与气象资料主要描述了一个地区的大气环境特征，它不仅与人们的居住生活密切相关，而且与各种生产活动密切相关。在进行农业环境规划时，必须对规划区域范围内气候气象资料进行充分的调查。调查内容包括一般气候特征（如年平均风速、主导风向、风向风速频率分布、平均气温等）、污染气候特征（混合层、大气稳定度、风向风速频率等）以及灾害性天气（台风、沙尘暴、冰雹、干旱、洪水等）。

（4）水文 河流的污染物输送能力、自净能力与其水文条件相关，同时水资源也是农业生产不可或缺的资源。因此在进行农业环境规划时，必须对规划区水文条件进行调查。水文数据一般包括不同水文期流量、流速、水位、水深、含沙量及水质成分等方面的资料等。水文资料一般可从水利部门获取。

（5）土壤 区域土壤类型、土壤发育和分布规律与环境规划区的自然条件密切相关，同时土壤既是农业生产的基础，又是环境污染的受害者。调查了解土壤的各种特征，需要对土壤的化学特征（pH、有机质、氮、磷、钾及微量元素等含量）、物理性质（如含水状况）等进行调查。根据需要，对土壤的污染特性进行调查，如重金属污染、PCP 污染等。土壤性质的调查一般根据规划需要有针对性地进行。

（6）生物 生物方面的调查主要包括对规划区动植物资源、种类、形态特征、生态习性、分布等的调查，特别是重点保护物种及其分布。

2. 社会环境特征调查内容

（1）人口　人是环境的主体，也是一切环境问题产生的根源，同时也是解决环境问题的主要力量。人口因素调查内容主要有人口数量，包括人口总量及其分布、人口密度及分布、人口自然增长率等；人口结构，包括人口年龄结构、职业结构、文化结构；人口文化素质等。

（2）乡镇工业与能源结构　主要调查内容有：乡镇工业总产值；主要产品产量；乡镇工业企业分布；乡镇工业经济密度；乡镇工业结构，包括行业结构、产品结构、原料结构和规模结构；能源结构；乡镇工业企业清洁生产状况等。

（3）农业生产　主要调查的内容有：农业结构；经济指标有农业总产值、单位耕地面积粮食产量、单位山地面积林木产量、单位水面水产品产量；农产品商品率，劳动生产率；农业从业人员数；农业总收入、农业纯收入、人均主要农产品产量、农村人口人均年可支配收入、小城镇人均年可支配收入；农业机械化水平、全员人均用电量、耕地灌溉率；农田化肥施用强度、农田农药施用强度等。

（4）社会发展水平　主要调查人们的生活水平；科教文卫发展水平；城市基础设施状况；社会保险、社会保障水平等。

（5）其他　主要调查各类社会经济发展规划，包括农业发展规划、乡镇企业发展规划、人口发展规划、村镇建设规划等。

3. 资源开发利用现状调查　主要包括水资源、土地资源、生物资源及矿产资源的开发利用现状及其存在的问题。

（1）水资源　主要调查规划区水资源总量、水资源可开采量及实际用水量。重点对规划区各类用水指标进行调查，包括人均用水量、万元产值用水量、农田灌溉用水量、农村人均生活用水量等。

（2）土地资源　土地资源是指土地总量中，现在和可预见的将来能被人们所利用，在一定条件下能够产生经济价值的土地。土地资源是农业生产的基本生产资料，也是社会经济发展的重要基础。重点对土地利用情况进行调查，包括不同土地利用类型（耕地、林地、草地、建设用地、未利用土地等）所占比例、高产丰产田面积、盐碱耕地面积、沙化土地面积、不适宜农用耕地面积等。同时对历年耕地面积变化、水土流失情况等进行调查分析。

（3）生物资源　生物资源的开发利用主要是对森林、草原及渔业资源的开发利用，调查内容包括森林的覆盖面积、林木蓄积量、草原载蓄量、草原退化、沙化、盐碱化面积及渔业养殖面积等。

（4）矿产资源　主要对规划区矿产种类、分布及开采状况进行调查。同时调查开采过程中出现的问题，如布局不合理、生态破坏等。

4. 污染源及环境质量调查与评价

（1）污染源调查　污染源调查主要包括对乡镇工业污染源、农业污染源、农村生活污染源等进行调查。调查的主要内容包括各类污染源排放污染物质的种类、数量、排放方式、途径及污染源的类型和位置，直接关系到其影响对象、范围和程度。通过污染源调查，了解、掌握该地区主要污染源及主要污染物，为污染控制及环境质量的监控提供依据。

（2）环境质量调查　环境质量调查一般是根据现有例行监测资料，分析规划区范围内各点各季节的主要污染物的浓度值、超标倍数、变化趋势等，确认规划区主要环境问题及影响因子。如果规划范围内没有例行监测资料或例行监测资料不完全满足要求时，还需在规划范围内进行专门的环境质量现状监测。农业环境规划中环境质量调查的重点是对影响农业环境的水资源质量、大气环境质量、土壤环境质量进行调查，分析其对农业生产的影响程度。

（3）农业环境质量评价　农业环境质量评价按主要环境要素、地理单元、功能区或行政管辖范围来进行，以明确环境污染的时空界域。环境质量评价还要指出农业环境问题的原因、潜在的环境隐患等。环境质量评价的指标体系以国家环境规划指南所述的指标体系为基本要求，也可以结合农业生产需要增加其他评价指标。

5. 生态特征调查　生态特征调查主要包括生态系统调查、区域特殊保护目标调查、区域生态环境历史变迁及主要生态问题调查等。

（1）生态系统调查　生态系统调查主要调查规划区域内生态系统的类型、每种类型的特点、结构等因素。如淡水生态系统主要调查水温、流速、鱼类洄游产卵繁殖的习性等；森林生态系统主要调查森林生态系统内动植物种类、结构、数量，森林生态系统服务功能等；农业生态系统主要调查农产品、畜产品、水产品、林产品等的种类、数量、结构、化肥、农药、能源的用量等。

生态系统调查同时还要调查生态系统相关的其他环境因素，这些环境因素可促使生态系统的健康发展，也可能导致其衰退。如对淡水生态系统，调查河流是否有筑坝、建闸、引水等情况；对草原生态系统，是否有超载放牧、过量采食而导致草原植被退化的现象；对农业生态系统，是否有频繁的自然灾害影响农业生态系统的现象等。

（2）区域特殊保护目标调查　生态环境保护必须有重点地实施，或者说要重点关注一些必须重视的问题。因此须重点关注规划区域内特殊生态保护目标。规划区特殊生态保护目标一般从以下几方面入手：

地方性敏感生态目标。包括自然景观与风景名胜：水源地、水源林与集水区等；各种特有的自然物，如温泉、火山口、溶洞、地质遗迹等；特殊生物保护地，如动物园、植物园、果园、农业特产地等。

脆弱生态系统。脆弱生态系统是指那些受到外力作用后恢复十分艰难的生态系统。它的特点是生物生产力低、生态系统制约性外力强，或存在敏感的生态因子并易受外力影响。这些生态系统有岛屿生态系统、荒漠生态系统、高寒生态系统以及热带雨林生态系统等。

生态安全区。生态安全区指对区域有重要的生态安全防护作用，一旦受到破坏，常会招致区域性巨大的生态灾难。这些起着生态安全作用的生态系统主要有两类：江河源头区和对人口经济集中区有重要保护作用的地区。

（3）区域生态环境历史变迁及主要生态问题调查　一个地区的生态环境绝不是一成不变的，而是随着时间的推移，人类的活动及生态环境不断地变化着。生态环境的历史变迁对于规划工作关系重大。因此在规划前期，须对区域内生态环境历史变迁及主要生态问题进行调查，如水土流失、沙漠化及自然灾害。

（二）农业生态经济预测

农业生态经济预测是在环境现状调查评价和科学实验基础上，结合经济社会发展情况，对环境发展趋势进行的科学分析，它是科学决策的基础，也是整个规划工作的核心。其目的是为了了解环境的发展趋势，指出影响未来环境质量的主要因素，寻求改善环境及环境与经济社会协调发展的途径。

1. 预测方法　目前国内外提出的预测方法很多，由预测结果可将众多的预测方法分为定性预测技术和定量预测技术两类。

（1）定性预测技术　定性预测技术以逻辑推理为基础，依据预测者的经验、学识、专业特长、综合分析能力和获得的信息，对未来的状况定性描述，进行直观判断和交叉影响分析。这种方法主要是对未来状况做性质上的预断，而不着重于数量变化情况。定性预测方法简便易行，费用较省，多用于没有或缺少历史统计资料，或预测因素错综复杂，难以进行的数学概括和表达。常用的预测方法有专家会议法、专家调查法、主观概率法、相互影响分析法等。

（2）定量预测技术　定量预测技术以运筹学、系统论、控制论和统计学为基础，通过建立各种模型，用数学或物理模拟来进行预测的技术。该方法能够得出较准确具体的预测值，能充分发挥计算机的辅助决策作用。常用的方法有时间序列分析法、因果关系分析法、回归分析法和弹性系统法等。在选择预测方法时，应考虑6个基本要素，即预测方法的应用范围（对象、时限、条件等）、预测资料的性质、模型的类型、预测方法的精确度、适用性以及使用预测方法的费用。

2. 农业生态经济预测内容

（1）社会经济发展预测　社会经济发展预测主要预测规划区人口总数、密度、分布等的发展变化趋势，并对规划区内能源消耗、国民生产总值、工业总产值、农业总产值、经济结构及布局等进行预测。

（2）环境污染预测　环境污染预测主要对污染源发展和环境质量变化进行预测，污染源发展预测包括对乡镇企业"三废"排放量预测，主要污染物、主要行业、主要乡镇、重点污染源等的预测；乡镇生活污水、生活垃圾产生量预测；民用燃料结构及用量的预测；农药、化肥用量的预测；畜禽水产养殖污染预测。在此基础上，分别预测各类污染物在大气、水体、土壤等环境要素中的总量、浓度分布的变化，以及由于环境质量变化可能造成的各种社会和经济损失等。

（3）生态环境预测　包括农村乡镇土地利用状况预测，如耕地数量和土地质量的变化情况；水资源开发利用状况预测，如水资源储存量、可用量、消耗量、循环水量等；农业生态环境预测，如水土流失面积、强度、分布及其危害，盐碱土和盐渍土的面积、分布和变化趋势，乡村能源结构及其发展方向等；森林环境预测，如森林覆盖率、蓄积量、消耗量、增长量、森林面积及分布、森林动物资源的消长情况及变化趋势、森林的综合功能（对温度、湿度、降水、洪涝、旱情的影响）等；珍稀濒危物种和自然保护区现状及发展趋势预测；古迹和风景区的现状及变化趋势预测等。

（4）环境资源破坏和污染的经济损失预测　包括不合理开发利用资源造成的损失，环境问题引起的农业生产减产，工业加工业成本的增加、减产或停产，渔业减产，人体健康受损、建筑物受损等。

（三）农业环境区划

农业环境区划是根据各地区不同的农业自然资源条件、社会经济条件以及农业生产特征，按照区别差异性、归纳共同性的办法而划分的环境功能区域单元。农业环境区划的目的，是对农业环境质量现状进行评价和功能分区，确定不同环境区域的功能、环境质量目标，反馈给经济开发和社会发展相关部门，以提出合理的产业结构和布局安排。根据生态环境的区域性分异规律，针对不同功能的环境单元，实施因地制宜的环境管理，对实现农业环境管理现代化具有重要意义。

农业环境区划的研究对象是由光、热、水、土、气等多个自然环境要素和有关的社会经济环境要素组成的系统整体，主要任务是揭示农业环境系统整体结构与功能的区域分异规律，阐明这种规律与农业生态环境、人类开发利用过程之间的相互关系，提供"环境—资源—发展—人口"协调发展的最优化模型及实现途径，并预计建设对环境质量的可能影响。

农业环境区划的目的是科学地认识环境和合理利用与改造环境，实现地力常新，资源增殖，环境质量改善，促进环境、资源、发展、人口的协调发展。它将有利于协调各方面的力量，开展农业环境综合调查与评价；明确农业环境区域特色和地域结构，并为重点区域的立法保护提供依据；实现农业和国民经济建设的合理布局，协调环境、资源、发展、人口之间的矛盾，选择合理的投资方向和重点；有利于环境科研、规划和环境污染与破坏的整治，以及环境保护的方针、政策、法规、标准的制定，有利于改善区域管理，实现决策科学化。

1. 农业环境区划基本原则

①生态优先、经济主导、平衡发展原则：依据生态学和生态经济学的基本原理，遵循自然规律，保持农业资源开发利用方式与农村生态环境保护方向一致。注重经济发展，适当人为调控，以保持区域生态经济系统结构和功能一致，使自然资源得以充分合理的开发利用和保护，整个生态环境处于良性循环之中，从而做到资源的永续利用和经济的可持续发展。

②结构与功能一致性原则：区域农业环境质量的相似性和差异性来自自然环境的演变及其分异规律，同时叠加人类社会经济活动的影响。保持功能区内环境结构与功能一致性，可以有效地发挥其生态支持能力，保持经济活动与环境的协调性。

③各生态单元功能关联性原则：农业区域生态系统是个开放性、延续性的生态系统，既有一个相对独立的生态结构和功能，又是大区域生态系统的一个组成部分。综合考虑各生态单元内部稳定的物流和能流，同时要考虑其与周边各生态单元生态流的关联性，以保持和激发区域生态活力、构建多样化的生态结构子系统。因此农业生态区划要充分利用各生态单元关联功能，注重特色引领作用，发挥生态功能潜能。

④发生统一原则：所划分出来的任何区域都必须具有发展过程的相似性。区域发生统一性不是其组成部分或组成部分所有特点形成的同时性，而是形成该区域整体特征的历史共同性。

2. 农业环境区划方法

①在规划范围内，根据各环境要素的结构和功能特征，合理确定不同功能区块，并根据社会经济发展状况进行必要的调整。

②根据区域现实情况及整体环境保护要求，对不同功能区确立控制目标。

③根据农村的社会经济发展目标及功能区控制要求，确立合理的生活和生产整体布局。

④建立环境信息库，对功能区社会经济活动及环境保护活动进行动态监控，及时掌握各功能区社会经济环境发展状况及趋势，并通过反馈做出合理的控制决策。

3. 农业环境功能区描述

根据农业环境功能区划结果，对各功能区的区域特征进行描述，并确定各功能区的发展方向和控制目标。具体包括：

①各功能区自然地理条件和气候特征，典型的生态系统类型。

②各功能区内存在的或潜在的主要生态环境问题，引起这些问题的原因。

③各功能区生态功能特征及其与周边功能区的联系。

④各功能区生态环境保护目标、农业结构发展方向及建设内容等。

（四）环境保护目标制定

农业环境保护目标是农业环境规划的核心，在确定环境保护目标时应充分考虑目标的代表性、先进性、可实施性以及与其他社会经济发展目标相协调。

1. 农业环境保护规划目标类型

①农业经济目标：农、林、牧、副、渔五业产值，主要农产品的生产规模、增长率等。

②农业资源利用目标：人均耕地面积、用地结构、水热指数、耕地复种指数、农田旱涝保收面积、农田灌溉水平、农田化肥施用强度、森林覆盖率等。

③农业生态治理目标：水土流失面积、水土流失治理率、土地退化修复率、秸秆综合利用率、农用塑料薄膜回收率、规模化畜禽养殖场粪便资源化率等。

④农业技术应用目标：农业靠技术进步的增长量占总增长量的比例及农业机械化水平等。

⑤其他生态户、生态村个数及比例。

2. 农业环境保护规划目标制定方法 农业环境保护目标的制定，可以采取以下步骤：

①掌握信息情报：全面收集、调查、了解、掌握农业生态系统外部环境和内部条件的资料，作为确定目标的依据。外部资料包括农村政治、经济、文化等方面的情况以及区域总体环境保护的要求；内部资料则主要包括农村当地人、财、物、技术的状况、农业生产状况以及以往目标的执行和完成情况。

②确定规划目标方案：根据掌握的情况，以及区域环境保护的要求及社会经济发展趋势，确定规划目标。

③目标可行性分析：对拟定的目标进行分析论证，主要应从以下几方面进行：一是限制因素分析，分析实现每一个目标方案的各项条件是否具备，包括时间、资源、技术及其他各种内外部因素；二是综合效益分析，对每一个目标方案，要综合分析该方案所带来的种种效益，包括社会环境和经济的效益；三是潜在问题分析，对实现每一个目标方案时可能发生的问题、困难和障碍，应做出预测，并确定问题发生概率的大小。

④目标的修正：在目标可行性分析的基础上，全面权衡各方面的利弊得失，对目标进行修改补充或设计新的目标。

（五）规划方案的拟定与筛选

农业环境保护规划涉及范围很广，包括土地资源开发及保护规划、生物多样性保护及自然保护区建设规划、农林牧渔果菜生产基地保护规划、生态农业建设规划、草原保护规划、林业建设规划、渔业保护规划、畜禽污染控制规划、乡镇污染防治规划等。

农业环境保护规划方案的设计依据主要是根据环境预测及评价的结果，为达到相应的规划目标，制定和设计出合理开发、利用环境资源和防治污染的具体措施。一般包括环境规划草案的拟定、环境规划草案的优化和形成环境规划方案。

1. 农业环境保护规划方案的拟定　根据环境预测和环境保护目标，按照环境保护的技术政策和技术路线，对解决规划区环境问题提出各种有效的防治措施，如调整经济结构与布局，提高能源利用率，加强污染源治理等以及一些行政与经济措施等。

由于目前我国大部分乡镇企业存在着规模小，总体技术水平低，污染防治技术落后等特点，给农村生态环境造成了极大的破坏，局部地区污染严重。因此农村环境污染防治重点是乡镇工业的污染防治。乡镇工业的污染防治应从以下几方面入手：第一，污染的全过程控制；第二，依靠科技进步大力发展清洁生产；第三，遵循 4R 原则，合理利用资源，减少污染物排放；第四，点源治理与集中控制相结合，以集中控制优先等。

农业环境污染防治规划的重点是农业生产本身。目前我国农业生产是化学农业，大量化肥、农药的使用也给生态环境带来了极大的破坏。此外，农村畜禽养殖引起的污染也是不可忽视的一个方面，因此农业污染控制应从减少化肥农药使用量、合理利用农业废弃物、大力发展生态农业入手。

2. 环境保护规划方案可行性分析　根据农业环境保护规划目标和环境适宜性预测评价的结果，制定各种可供选择的方案，提出合理开发利用和污染防治保护的途径和具体措施。为实现规划措施与效益统一，须对规划方案进行可行性分析，主要包括：

①规划方案环保投资分析。根据规划方案，核算完成方案工程的投资总额，估算出总的环保投资，然后与同期的国民生产总值进行比较，并留有余地。另外还要结合具体经济结构，进行可行性分析。

②根据环境管理技术和污染防治技术的提高，对规划方案实施的可行性进行分析。

③分析规划方案的各类效益（社会效益、经济效益、环境效益），分析其是否能达到规划目标。

3. 农业环境保护措施

（1）土地资源开发及保护　土地是农业的基本生产资料，合理利用土地，提高土地利用率，保护土地资源质量是农业可持续发展的重要保证。在农业环境保护规划中，土地资源的开发与保护主要有两方面：

一是合理开发利用土地资源，严禁浪费，重点保护耕地。合理利用土地资源，是保证农业生产正常进行的基础，在规划措施的设计中，主要可从以下几方面进行：严格按照土地利用总体规划，实行土地用途管制制度，提高土地利用率，保护和改善生态环境，实现土地资源可持续利用。进行农业环境区划，寻求农业用地的最佳土地利用方式，制定退耕还林、退耕还草规划，保护生态环境。切实保护耕地资源，严格实行基本农田保护制度，实行耕地占补平衡制度，并采取相应的措施，提高耕地质量。

二是强化土地质量管理。控制水土流失，针对不同成因、不同区域的水土流失分别制定规划，采用生物措施与工程措施相结合的方法，实现水土流失控制与治理目标；制定有关法规及有关水土保持措施，预防和控制新的水土流失。控制土壤污染，对污水灌溉、农药、化肥的使用要加强监督管理，污水灌溉、农药使用等严格按照《农田灌溉水质标准》、《农药安全使用标准》等；科学合理地施用化肥；采用化学改良剂、生物改良等措施防治土壤重金属污染。

（2）生态农业建设规划　是以生态理论为指导，充分认识农业生态系统是复合生态系统中的一个半人工生态系统，农业生态系统不但自身处于高效稳定运转状态，而且要与其他生态系统保持协调稳定。因地制宜制定生态农业模式，充分合理利用农业内部的能源和资源，注重农、林、牧、副、渔等各业的全面发展和合理配置，促进农业生态系统的良性循环，使自然资源得以永续利用，使经济效益、社会效益和环境效益达到高度的统一。

（3）生物多样性保护和自然保护区建设规划　生物多样性包括遗传多样性、物种多样性和生态系统多样性。生物多样性是农业生产的重要资源，同时生物多样性保护也是当今自然保护工作的一个热点。保护生物多样性的最有效途径之一就是建立自然保护区。具体措施如下：

第一，根据生物多样性及自然保护区现状调查，按照建立自然保护区的条件和标准，会同有关部门共同确定保护对象及其类型级别。

第二，选择自然保护区具体地点，并划定保护范围。

第三，建立相应的管理机构，提出自然保护的要求，并制定防护措施。

（4）农业生态林建设规划　根据农业环境保护目标，对规划区域内的宜林宜草荒山、荒地、荒坡、荒滩面积进行普查统计，划出范围，利用一切可利用的地方进行绿化，提高植被覆盖率。对于水土流失、草场退化、土地沙化严重的地区，会同有关部门划出退耕还林、退耕还牧区域。对林业用地、各种防护林、道路、农田林网等采取相应的绿化措施。制定并执行有关法规，提出相应的管理措施，以保护森林植被资源，提高绿化覆盖率。

（5）农林牧渔果菜生产基地规划　根据调查资料，划定基本农田、林业生产基地、基本牧场、渔业生产基地、果、茶、桑、药生产基地和蔬菜基地的范围，制定保护措施，严禁改作他用。对其中一些重点保护的生产基地，划定保护级别、保护范围，制定污染控制标准和控制措施。

三、农业环境保护规划实施

农业环境保护规划按照法定程序审批下达后，在农业部门和环境保护部门的监督管理下，各级政府和有关部门，应根据规划中对本单位提出的任务要求，组织各方面的力量，促使规划付诸实施。

实施农业环境保护规划具体要求和关键环节如下：

（一）把农业环境规划摆到重要位置

发展经济和保护环境作为既对立又统一的整体，要充分发挥其相互促进的一面，限制其对立的一面。保证农业环境保护规划的顺利实施，各级政府在制定国民经济和社会发展计划时，必须把农业环境保护规划中提出的具体目标，作为重要内容进行综合平衡。此外，还要将农业环境保护规划作为重要的内容纳入农业发展计划中，以确保生产过程中保护其所依赖的资源环境。

（二）制定农业环境保护实施方案

年度计划是农业环境保护规划的继续和具体化，它以农业环境保护规划为依据，把规划中所确定的环境保护任务、目标进行层层分解、落实，使之成为可实施的年度计划，具体地提出每年要完成的各项环境计划指标。同时通过实施年度计划，可以发现中长期环境规划存在的一些问题，以便对规划进行修改和补充，经过调整和综合平衡，使之编制得更科学、合理和切实可行。

（三）拓展环境保护的资金渠道

落实环境保护资金渠道是保证农业环境规划有效实施的关键。农业环境保护的资金渠道，除常规基本建设项目"三同时"环境保护资金、技术更新改造投资中的保护资金、城乡基础设施建设中的环境保护资金、排污费补助用于污染治理资金、综合利用利润留成用于污染治理的资金、银行和金融机构贷款用于环境保护建设污染治理的资金、农业和环保相关部门自身建设经费、环境建设与保护专项资金外，还应建立多元化的融资机制，如银行贷款、资本运作（独资、合资、承包、租赁、拍卖）、BOT运作方式的融资等，吸引各项资金转向农业环境保护。

（四）实行环境保护的目标管理

为实现农业环境保护规划的目标和任务，仅依靠行政手段实行一般化的环境管理模式，已不能适应当前农业环境保护工作的需要，必须把农业环境保护规划目标与政府和部门领导人、乡镇企业主、农业经营户的责任制紧密结合起来，采取签订责任书的形式，具体规定出他们在任期内或经营范围内保护环境的基本控制指标和任务，从而理顺各地区、各部门和各单位在保护环境方面的关系，使农业环境保护规划目标得到层层落实。

（五）环境规划落实的检查监督

在实施农业环境保护规划的过程中，检查总结是一个不可缺少的环节。在规划的实施中，应及时了解规划目标和任务的落实情况以及存在的问题，加强对规划实施情况的监督检查，保证规划按时、按质、按量完成。检查方法主要是通过环境监测、环境统计和跟踪调查等来全面了解规划的执行情况，用考核、评比、打分的办法，定期公布规划目标和任务执行及完成的进度，总结实施规划较好单位的经验，加以推广。

第四节　农业生态环境监测

我国的环境监测事业发展很快，环境保护部门建立起了国家、省、地、市（县）四级环境监测站，农业方面成立了全国农业环境监测中心站和地方各级监测站，形成了四类三级（四类即国家环境质量要素监测网，地区横向环境管理监测网，部门、行业、军队环境管理监测网，全球环境监测系统；三级是国家级、省部级、地市级）的监测网络，具备了较强的监测能力，逐步建成了从农业部至各省、重点地县的网络系统，基本形成了以农业部环境监测总站为中心的农业环境监测网络。建立了农业环境监测三项报告制度，积极开展常规例行监测、污染事故处理、生态农业指导、基本农田保护、污灌普查、农业环境信息发布等工作。该网络通过开展农业环境常规监测工作，每年获取监测数据10万多个，是国家环境状况公报的重要信息来源。

一、农田生态环境监测

（一）农业生态环境监测对象

根据农业环境特点和环境污染物的时空分布特征，农业生态环境监测通常以农、畜、水产品和农业环境要素为对象来进行。由于农、畜、水产品与人类的生活密切相关，因此在人力、物力不足的情况下，监测对象首先是农、畜、水产品，包括粮食、蔬菜、水果、肉类、蛋类、奶类以及茶、油、蜂蜜、中药材等。第二类对象是与农业生态环境污染直接相关的环境因素，如土壤、水体、空气以及与其相关的化肥、农药、饲料等，如用于农灌、饲养的工矿、城市废水；用作农肥的城市下水污泥、垃圾、粉煤灰；以及利用工业"三废"生产的肥料；还有各种畜禽饲料和鱼类饵料等。有关污染源的监测，根据我国环境监测的分工，是由国家环保部门所属的监测站和工业部门监测站等完成，一般情况下，只需借用这些监测资料进行分析，不必重复监测。监测的主要内容包括：

1. 农业用水监测 包括农田灌溉用水、农村家畜家禽用水和水产养殖用水等。据《2022 年中国统计年鉴》，通过废水排出的重金属（Cd、Pb、Cu、Hg 等）约 41.3 t，As 约 0.9 t，酚约 51.8 t、石油类约 2.2×10^3 t。大量未经处理的工业废水和生活污水进入农田和渔业水体，会造成局部地区的严重污染。因此，对农业用水进行长期监测是十分必要的。

2. 农田大气监测 包括农田大气和乡镇村落监测。2022 年排放二氧化硫 2.7×10^6 t，氮氧化物 9.7×10^6 t，颗粒物 5.4×10^6 t，已造成局部地区的严重危害。云南、贵州、四川等地区多燃烧高硫煤，酸雨危害已相当严重，氟污染曾给南方蚕桑带来毁灭性危害，也曾给包头地区畜牧业造成巨大损失。因此，需要对大气条件进行监测，为调整当地生产结构提供数据支持。

3. 农田土壤监测 主要包括种植粮食作物、蔬菜、水果、茶叶、糖料作物、油料作物、药材、饲料用地的农田土壤。土壤生态环境是农业环境的核心，是农业生产的物质基础。环境中的有机污染物和无机污染物可以通过灌溉水、大气污染物的干、湿沉降，农用物质的投入，垃圾、污泥的施用而进入土壤生态系统。尽管土壤对污染物有一定的净化能力，但超过一定的限度，就会产生危害。此外，当重金属或难以降解的有机物质进入土壤，会带来严重的环境负面效应，并且难以将其去除。因此，要对土壤进行定期监测，及时掌握土壤环境质量状况。

（二）农业生态环境监测方法

农业生态环境监测对象尽管不同，但从监测方法上可分为化学污染监测法、物理污染监测法和生物污染监测法三类。

1. 化学污染监测法 化学污染监测法是以分析化学为基础，利用氧化还原、中和、络合、沉淀或物理分离等化学原理为基础建立起来的分析方法。依其最终测定所观察的性质可分为重量法、容量法和比色法。20 世纪初，随着电子工业的发展，利用化学原理并借助于光、热、声、电、磁、力等物理性质制造了大量分析仪器。由于分析仪器具有简便、快速、准确、灵敏的特点，而且对微量元素成分有较好的测定精度，所以发展很快，广泛应用于环境分析。仪器分析方法很多，依其原理不同，可分为以下几类：以物质的电化学理论为基础的电化学分析法，如电导法、电位法、极谱法等；以物质的光学光谱性质为基础建立起来的光谱分析法，如发射光谱法、原子吸收法、原子荧光光谱法、紫外可见光分光光度法；以物理及物理化学原理建立起来的色谱分析法，如气相色谱法、液相色谱法等。还有质谱分析法、波谱分析法、射线分析法等。

2. 物理污染监测法　物理污染监测法，目前在农业环境监测中尚未普遍开展，如噪声、放射性、电磁辐射对农业生物的影响，还有待于进一步研究，逐步展开。

3. 生物污染监测法　生物与环境不断进行物质和能量的交换，所以生物监测所反映的是自然的和综合的污染状况。由于生物对矿质元素的吸收具有选择性，并能通过食物链成千上万倍富集某些污染物质，利用生物监测，可以作为早期污染的报警器。所以生物监测法作为环境监测的主要方法，具有广阔的发展前途。

目前生物监测主要有生物群落法监测、生物残毒监测、细菌学监测、急性毒性试验和致畸、致突变试验等。

生物群落监测，实际上是生态监测的一部分。根据野外调查和室内研究，找出不同环境中的指示生物受污染所造成的群落结构变化，即种群出现频率和相对的数量变化，通过数学计算所得的简单指数来判别环境污染程度。生物群落监测法目前在水污染监测方面应用较多，如污水生物体系法、生物指数法、水生植物法等。水生生物依其种类不同，采用不同的样品处理来计数检验确定污染程度，又可分为浮游藻类监测法、浮游动物监测法和底栖动物监测法等。

生物残毒分析法，是通过测定污染物在生物体内的富集量来监测环境污染程度的方法。生物残留分析在农业环境监测中，对农、畜、水产品的污染监测具有特殊意义。生物残毒监测，对试样的采集、制备和样品预处理要有严格的规范化要求，其分析测试方法，大都采用化学或物理的方法来进行。

细菌学检验方法，目前应用较多的是细菌总数监测法和大肠杆菌监测法，根据农、畜、水产品中的细菌总数多少，反映其污染、腐败程度。

在生物监测中，利用植物监测大气污染是行之有效的。大气污染对敏感指示植物造成的危害症状显而易见且引人注目。通过进一步试验研究，编制出植物污染症状检索表和污染损害原色图谱，根据生物污染受害的可见症状，分析污染的危害程度，能达到费省效宏的目的。

（三）监测项目的选择和分析方法的确定

与农、牧、渔业生产有密切关系的污染物质种类繁多，难以对所有指标进行监测。因此在选择监测项目时，要根据不同的监测目的，选择最主要的、最具有代表性的、污染危害最严重的优先监测。选择优先监测项目的原则是：根据当地污染源的污染物排放情况，选择排放量大、危害严重、影响范围较广的污染物予以优先监测；在当地已产生污染，环境中污染物平均含量已接近或者超过环境标准，造成了危害，同时，其污染趋势还在发展和扩大的污染项目；根据研究证明，确实对农、畜、水产品有污染危害的污染项目；已有了可靠的监测方法和测试条件，并能获得准确结果的污染物；已制定了环境标准，对监测结果能做出科学解释和评价的监测项目。

我国目前已对农业生态环境要素及农、畜、水产品应监测的项目作出如下具体规定：

1. 农田灌溉水　监测项目有：水温、pH、全盐量、镉、铅、汞、砷、氟化物、氨氮、硝态氮、亚硝态氮、氯化物、硫化物、总磷、挥发酚、石油类、三氯乙醛、丙烯醛、苯、六六六、滴滴涕等高残留、毒性大的农药及致病生物等。

2. 农业土壤　监测项目有：铜、锌、铅、镉、镍、铬、汞、砷，一般项目是全磷、氮、钾、有机质、氟化物、氰化物、钼、硒、pH、硫化物、全盐量、挥发酚、石油类、苯并芘、三氯乙醛、氟乐灵、丁草胺、除草醚、绿麦隆及六六六、滴滴涕等。根据植物对矿质元素的吸收原理，对重金属的有效态监测要给予重视。

3. 空气　监测项目有：二氧化硫、氟化氢、氯气、二氧化氮、臭氧、悬浮微粒、降尘、雨水的酸度值等。

4. 渔业用水　监测项目有：悬浮物、pH、生化需氧量、溶解氧、汞、镉、铅、铬、铜、锌、镍、砷等及其化合物，氰化物、硫化物、氟化物、挥发酚、黄磷、石油类、丙烯腈、丙烯醛、六六六、滴滴涕、马拉硫磷、五氯酚钠、苯胺、对硝基氧苯、对氨基苯酚、水合肼、邻苯二甲酸二丁酯、松节油、1，2，3-三氯苯、1，2，4，5-四氯苯、放射性及致病微生物。

5. 农用污泥　监测项目有：镉、汞、铅、铬、砷、硼等及其化合物，矿物油、苯并（a）芘、铜、锌、镍等及其化合物。

6. 农用粉煤灰　监测项目有：镉、砷、钼、硒、硼、镍、铜、铅等及其化合物，全盐量、氯化物、pH等。

7. 农用垃圾　监测项目有：杂物、粒度、蛔虫卵死亡率、大肠菌值、镉、汞、铅、砷、有机质、总氮、总磷、总钾、pH等。

8. 饲料　监测项目有：六六六、滴滴涕及其他高残留、毒性大的化学农药，重金属镉、铅、汞、砷及其化合物，霉菌毒素、青贮饲料中的硝酸盐类等。

9. 粮食　监测项目有：六六六、滴滴涕及其高残留或毒性大的农药，重金属镉、铅、汞、砷、镍以及氰化物、黄曲霉毒素、致病微生物。

10. 蔬菜、水果　监测项目有：高残留或剧毒性农药，致病微生物及镉、汞、铅等重金属。

对于上述监测类别指标，实际工作中要根据监测目标区域的实际情况，通过筛选、优化后，选择合理的分析测试方法，力求所测数据达到所要求的精度，具有代表性和可参考性，同时在选择不同方法时，要特别注意监测结果的可比性、等效性和准确性。

二、农业投入品质量监测

（一）农业投入品监测

农业投入品是指在农业和农产品生产过程中使用或添加的物质，包括种子、农药、肥料、兽药、饲料、饲料添加剂等农用生产资料产品和农膜、农机、农业工程设施设备等农用工程物资产品。

农业投入品监测是指对投入品质量、安全性、环境污染等指标进行定期、全面检测和分析的活动。农业投入品监测的目的是发觉投入品存在的问题和风险，适时实行措施，保障农作物、畜禽和渔业生产安全和农产品质量安全。

1. 监测对象　农业投入品监测对象包括：化肥、农药、兽药、种子、农膜、饲料等。

2. 监测方式

①抽样检验：随机抽取市场上流通的投入品进行检验。检验机构必须符合国家资质要求，并进行合法注册。

②监控检测：对紧要品种和流通量大的投入品进行定量监控检测。

③实地检查：对投入品生产经营场所进行实地检查，了解生产过程、质量掌控等情况。

（二）农业投入品检验

农业投入品检验是通过试验室检测等手段对投入品的成分、性质、含量等参数进行测试，以检查其是否符合国家相关标准和质量要求。农业投入品检验是农业投入品监控、质量监管的紧要方式。

1. 检验方法　农业投入品检验的方法主要有物理检验、理化检验、化学检验、微生物检验、毒性检验等。

2. 检验标准　农业投入品检验标准是国家标准化组织对投入品质量和安全性要求的规定。目前国内有关的农业投入品检验标准主要有 GB、QB 等系列标准。

3. 检验对象　主要包括：

化肥和土壤改良剂：主要检验项目包括营养元素含量、含水量、pH、重金属含量等。

农药：主要检验项目包括有效成分含量、杂质、残留量等。

兽药：主要检验项目包括有效成分含量、杂质、残留量等。

种子：主要检验项目包括发芽率、纯度、杂质含量、含水量等。

饲料：主要检验项目包括营养成分含量、细菌、真菌等微生物指标、重金属含量等。

农膜：主要检验项目包括材料成分、厚度、合格率等。

（三）农业投入品评价

农业投入品评价是指对于投入品品质的检测结果以及安全性、环境污染等方面因素的综合分析和评估，以确定投入品的合格性和合理性。通过对投入品进行综合评价，能够更加全面、精准地判定投入品的质量安全问题，为科学合理地利用农业投入品提供更为科学精准的决策依据。

1. 评价指标　农业投入品综合评价指标应当包括：化学成分、规格、质量、安全性、环境保护等指标。评价指标应当依据投入品的类型、特点和作用等因素进行科学合理地设定。

2. 评价方法　农业投入品综合评价一般可以采纳试验讨论、数据统计、专家评议等方法。通过试验评价，可以更加精准、细致地了解投入品的生产、使用、残留等各环节对投入品质量安全的影响。

（四）农业投入品储存、销售监管

农业投入品储存、销售监管是指对投入品流通环节进行规范管理的活动，以确保投入品存储、销售、使用过程中质量安全。这些活动至关紧要，由于任何一个环节的质量不好都会影响到农业生产，甚至危及人类健康。

1. 储存监管　储存监管重要是指对于进入仓库或生产场所的投入品进行检查，确认杂质及污染物质未超标，同时要求实行分类储存、适时更新。

2. 销售监管　主要包括：

营业执照：投入品销售机构必须依法取得营业执照并进行合法注册，销售场所必须符合建筑、卫生等相关要求。

商品质量检测：每批投入品要通过检测后方可销售。

商品标识标注：在商品包装上标注投入品种类、含量、生产日期、保质期等相关信息。

投入品处方：向客户供给投入品时要出具明确的购买证明及条件处方。

风险提示：针对农药、饲料等人类福利和疾病因素的投入品，明确产品可能存在的有害成分，需要合理使用。

（五）农业投入品加强监管举措

1. 实行农产品生产基地准出制　在各个不同的乡镇中对于农产品的生产者应该采取"村民小组联保"的方式，互相之间对于农业投入品的合理使用进行监督，保证农产品的食品安全问题。在进行农产品的监督过程中，需要制定相应的基准法则，对其各种不同的监管方法进行全面的创新，从而有效地优化其整体的监管体系，实现农业投入品监管的多样化以及全面化。

2. 建立有奖举报制度　在进行监管的过程中，需要建立科学合理的奖惩制度，提升监督人员监督的积极性。做好互检以及自检的相关工作，最终让有奖举报制度得以全面地实施。与此同时，还要加强培训，根据各个不同生产基地的实际情况，开展农产品的质量安全知识宣传，为基层群众树立良好的监管意识，最终提升整体的监管效率。

3. 加大检测和监管力度 需要加强生产基地的抽检和自检工作，将不符合真实标准的农产品行为进行严厉的打击，将"农产品基地准出制"认真落实下来，提高生产者安全生产的法律自觉性。在进行综合检测的过程中，还要不断优化检测体系，让监管力度得到全面性的增强。

三、农产品质量监管追溯

农产品质量安全是指来源于农业的初级产品，即在农业活动中获得的植物、动物、微生物及其产品的可靠性、使用性和内在价值，包括在生产、贮存、流通和使用过程中形成、残存的营养、危害及外在的特征因子，既有等级、规格、品质等特性要求，也有对人、环境危害等级水平的要求。国际食品法典委员会制定了被世界各国普遍认可的食品安全标准。农产品质量安全的问题直接关系到国家经济的发展。

1997 年欧盟遭受疯牛病以来，对牛、牛肉以及牛肉制品建立起一个验证和注册体系，该体系包括对牛耳标签、电子数据库、动物护照、企业注册，从而保障消费者能够通过系统追踪到该牛肉产品从饲养到销售全过程中的信息，也达到及时抓住疫情信息的作用。自 2001 年以来，日本开始试行并推广农产品与食品的追踪系统。2003 年开始对牛肉实行追溯制度。2005 年年底以前已建立粮农产品认证制度。目前，日本已建立起一套较完整的农产品溯源系统，它通过对农产品绑定"身份证"，将生产和加工过程中使用的原料、农药，以及各流通环节和生产地、加工地、相关日期等记录在"身份证"上，并能通过追踪终端追踪到以上信息，保障了食品全程的信息得到覆盖。日本多地的各大超市都安装了追踪终端，方便市民对食品信息进行查询。美国的食品溯源分布于从国家安全到食品安全和食品市场管理等各方面的法律法规中。"9·11 事件"后，美国对食品溯源的重视上升至国家安全的高度。该国的农产品溯源系统主要依靠各行业协会和企业的自愿性。尤其是他们自行组织的家畜开发标识小组，共同制定并建立了家畜标识与可追溯工作计划，其目的是在发现有外来疫病威胁的情况下，能够至少在 48 h 内确定所有涉及与其有直接接触的企业。

我国的溯源系统开始于 2002 年，2009 年、2010 年、2012 年中央一号文件连续提出明确要求，实行严格的食品质量安全追溯制度、召回制度、市场准入和退出制度，推进农产品质量可追溯体系建设。2022 年 9 月 2 日，十三届全国人大常委会第三十六次会议表决通过了新修订的《中华人民共和国农产品质量安全法》，其中第十六条明确规定国家建立健全农产品质量安全标准体系，确保严格实施；第四十一条，国家对列入农产品质量安全追溯目录的农产品实施追溯管理。

（一）农产品质量安全监测制度

农产品质量安全监测制度是指针对农产品质量安全问题实施的监测制度，其主要目的是保障消费者权益和维护公共安全。政府通过制定和完善农产品质量安全监测制度来加强对农产品的监管。

1. 监测内容　农产品质量安全监测内容包括农产品产地环境监测、农产品生产过程监测、农产品质量安全检测。

产地环境：检测农产品生产的土壤、空气、水源等环境指标，防止环境因素对农产品的质量安全造成影响。

生产过程：监测种植、饲养、养殖、种苗、化肥、农药等生产过程中的质量安全指标，防止人为因素对农产品的质量安全造成影响。

质量安全：对农产品生产、流通、采购、销售等环节进行监测和严格检测，确保农产品的质量安全。

2. 监测要求　农产品质量安全监测要求主要包括监测全覆盖、监测科学化、监测公开透明化。

全覆盖：对涉及农产品生产、流通、采购、销售等环节进行全面监测，保障全过程的质量安全。

科学化：通过科学的检测手段、方法进行监测，确保检测结果准确可靠。

公开透明化：公开监测结果，让消费者了解监测结果，提高消费者对农产品质量安全的自我保护能力；同时也可以促进相关企业对农产品质量安全的重视。

3. 监测制度实施　农产品质量安全监测制度的实施需要多部门协同配合。其中，农业农村部、质检总局、食品药品监督管理局、农业部门等是实行农产品质量安全监测制度的主要部门，各部门合作开展监测任务，共享监测数据，建立相互沟通的协调机制。监测数据的共享可以排除相互不信任的情况，不断深化监测的科学化和精细化，从而保障农产品的质量安全。该制度实施对于保障消费者健康和生命安全具有积极作用。首先，它可以检验农产品是否合格，保障农产品的质量安全。其次，它也可以提高农民和生产商的生产意识和质量意识，使他们更加注重质量和安全。最后，它还可以促进农业现代化和农产品的绿色生产，促进农业产业的可持续发展。

（二）农产品质量追溯

农产品的追溯是指在农产品出现质量问题时，能够快速有效地查询到出现问题的原料或加工环节，必要时进行产品召回，实施有针对性地惩罚措施，以提高农产品质量安全水平。农产品质量安全追溯是利用信息化与非信息化等技术手段，采集记录农产品生产、流通、消费等环节信息，实现来源可查、去向可追、责任可究，强化全过程农产品质量安全管理与风险控制的有效措施。中央一号文件连续多年对农产品质量安全追溯提出工作要求，2023 年 1 月，新修订的《中华人民共和国农产品质量安全法》正式施行，要求相关部门建立食用农产品质量安全追溯目录制度，对列入食用农产品质量安全追溯目录的食用农产品实施追溯管理。

通过农产品全产业链追溯，可以强化全过程农产品质量安全管理与风险控制，保障全产业链上的农产品质量安全，这对于增强消费者的农产品消费意愿、提高农产品生产经营者管理能力、提高职能部门农产品质量安全监管水平、提高农产品全产业链信息传递能力、提高我国农产品的国际竞争力，为我国农业的标准化、规模化和产业化都有非常重要的作用。

中央一号文件连续提出明确要求，实行严格的食品质量安全追溯制度、召回制度、市场准入和退出制度，推进农产品质量可追溯体系建设。2017 年 6 月，国家农产品质量安全追溯管理信息平台上线。该平台基本实现了"产品有标识、过程有记录、信息可查询、责任可追溯"的目标。

（三）绿色投入品

农业绿色投入品作为农业绿色发展产业链中重要的一环，是农业生产资料（种子、种苗、肥料、农药等）和农用工程物资产品（农机、农业工程设施设备等）的总和，绿色农业投入品的研发、推广和使用，对于农业产业向着节本增效、环境友好目标发展具有重要的意义。目前我国绿色投入品还存在诸多问题，如绿色理念普及不够，预期效益存在风险，缺乏长期系统性政策等。面对这些问题，推动绿色投入品发展应从加强以下几方面思考：

1. 绿色农业科技创新投入力度　创新是发展绿色农业，实现农业可持续发展的关键，资金是推动科技创新的物质保障。受诸多因素限制，我国农业科技创新经费投入较低，据统计，只占到农业总产值的 0.4%，远低于西方发达国家。农业科技创新资源的严重不足，意味着农业科研进度缓慢、农业技术更新速度低下等问题，我国应逐步加大农业科技创新的资金投入，才能加快推动高效绿色农业投入品的研发、更新进度。

2. 科技成果转化和推广力度　我国农业科技成果转化率远低于发达国家水平。国内农业科技推广机构，尤其是基层队伍有待进一步建设，应制定相关的法律法规，并加大经费和人员的投入，保障推广经费稳步提升，人员素质进一步提高，从而提高绿色投入品的推广效率。

3. 农业补贴转移转化　绿色农业补贴范围可考虑，一是绿色投入品如生物农药、新型环保肥料、可降解农膜、高效智能化机械等；二是服务补偿，包括科学施肥、施药服务、专业化绿色防控、农膜回收利用等。

4. 质量安全技术标准　加强制定优良品种评价标准，包括常用肥料和土壤调理剂中有害物质及未知添加物检测分类与安全性评价技术标准、新型肥料生产质量控制技术标准、农药产品质量及检测方法标准、农药中有毒有害杂质以及隐性添加成分分类检测与安全性评价技术标准，使用农业投入品产品质量、生产质量控制和安全使用及风险评估技术规范来规范绿色农业投入品的研发、推广和应用。

（四）良好农业

1. 良好农业的提出背景 近三、四十年，农业繁荣得益于化肥、农药、良种、拖拉机等增产要素的产生，而随着整个农业生产水平的提高和这些要素日益成熟，其对增产的贡献率趋减。由于农业生产经营不当导致的生态灾难，以及大量化学物质和能源投入对环境的严重伤害，导致土壤板结，土壤肥力下降，农产品农药残留超标等现象的出现。1991 年 FAO 召开了部长级的"农业与环境会议"，发表了著名的"博斯登宣言"，提出了"可持续农业和农村发展（SARD）"的概念，得到联合国和各国的广泛支持。"可持续"已成为世界农业发展的时代要求。

"自然农业"、"生态农业"和"再生农业"，已经成为当今世界农业生产的替代方式。在保证农产品产量的同时，更好地配置资源，寻求农业生产和环境保护之间的平衡。

党的十九大提出"实施食品安全战略，让人民吃得放心"，把食品和农产品质量安全问题提高到国家治理的战略高度。2018 年 9 月，中共中央国务院印发《乡村振兴战略规划（2018—2022 年）》，2019 年 2 月，农业农村部等七部委联合印发《国家质量兴农战略规划（2018—2022 年）》，均明确提出采用国际通行的良好农业规范（GAP），实施农产品全程质量控制体系。2020 年12 月，在中央农村工作会议上，习近平总书记提出农业生产要做到"品种培优、品质提升、品牌打造和标准化生产"。2021 年 1 月，农业农村部农产品质量安全中心下发了《关于扎实做好 2021 年及"十四五"农产品质量安全与优质化相关业务技术的通知》，明确提出深入践行农业生产"三品一标"发展要求，贯彻农业高质高效发展理念，追求良种与良法相配套，充分展示农产品生产经营者良好生产行为，推动构建良好农业（GA）技术体系，跟进良好农业技术支撑体系和专家队伍建设，开展规模化农产品生产经营主体、重点村、典范乡镇开展良好农业（GA）试点，建设安全优质、营养健康、高质高效农产品试点基地。

2. 国际良好农业规范 美国、加拿大、法国、澳大利亚、马来西亚、新西兰、乌拉圭等国家制定了本国良好农业规范标准或法规；拉脱维亚、立陶宛和波兰采用了与波罗的海农业径流计划有关的良好方法；巴西的国家农业研究组织（EMBRAPA）正在与粮农组织合作，以 GAP 规范为基础为香瓜、芒果、水果和蔬菜、大田作物、乳制品、牛肉、猪肉和禽肉等制定一系列具体的技术准则，供中、小生产者和大型生产者使用；农产品生产经营企业零售商，为实现农产品质量安全保证和让消费者满意，也制定了相关良好农业规范要求。如欧洲零售商组织制定的 EUREPGAP 标准、美国零售商组织制定的 SQF/1000 标准、可持续农业举措以及 EISA 综合农业统一规范等。澳大利亚 GAP 由澳大利亚农林水产部制定，以指南形式出现，确保新鲜蔬菜生产过程中的食品安全检查和实施食品安全方案的一致性。加拿大 GAP 在加拿大农田商业管理委员会的资助下，由加拿大农业联盟会同国内畜禽协会及农业和农产品官员等共同协作，采用 HACCP 方法，建立了农田食品安全操守。

良好农业规范是指在农业生产中，遵循一定的规则和原则，通过科学合理的方式进行耕种、养殖和管理，以确保农产品的质量和生产效益，并促进农业的可持续发展。良好农业规范是农业生产中应该遵循的一项重要原则。农业是人类的重要生产活动之一，是以土地为基础、农民为主体的经济活动。在长期的生产实践中，农业生产方式和方法逐渐形成了一套规律，即良好农业规范。

良好农业规范的核心是科学种植和规范管理。科学种植是指根据土壤、气候、作物特性等因素，选择适宜的品种和合理的种植密度，科学施肥和合理用药，控制病虫害的发生和传播，提高产量和品质。规范管理是指在整个生产过程中，按照一定的农事措施和管理要求，进行田间管理、灌溉、施肥、农药使用、疫病防治等环节的规范操作。通过科学种植和规范管理，可以降低农业生产的风险，增加农民的收入，提高农产品的品质和安全性。

良好农业规范的实施需要全社会的共同努力，政府应出台相应的政策和法规，加大对农业生产的支持力度，提供相关的技术指导和培训，帮助农民提升生产能力，农业科研机构应加大农业科技研发力度，推广适用于不同地区和不同作物的农业技术和管理经验。农民应提高自身素质，学习农业科技知识，掌握良好农业规范的要求，努力提高生产技术和管理水平。消费者应加强对农产品的监督和评估，选择符合良好农业规范的农产品，为农民提供发展的动力和市场的需求。

良好农业规范的实施对农业的发展和乡村环境的改善具有重要意义。一方面，良好农业规范可以提高农产品的质量和安全性，增加产品的附加值，提高农民的收入。另一方面，良好农业规范可以降低农业生产对环境的负面影响，减少农药和化肥的使用量，保护土壤、水资源和生态环境，促进农业可持续发展的良好农业规范还可以推动农村一二三产业融合发展，带动乡村经济的繁荣。

3. 中国良好农业的工作内容　涉及农业生产的产前、产中、产后全产业链，包括全国农产品全程质量控制技术体系试点、全国生态环保优质农业投入品试点、国际良好农业规范认证咨询服务、全国名特优新农产品、特质农品等评价鉴定。具体工作内容如下：

（1）全国名特优新农产品、特质农品营养品质评价　针对区域特色农产品，面向地方农业主管部门，开展全国名特优新农产品评价服务；面向生产经营主体，开展特质农品评价服务。

（2）全国农产品全程质量控制技术体系（CAQS-GAP）试点评价　针对优势特色农产品，面向地市级、县级区域及生产经营主体，开展全国农产品全程质量控制技术体系（CAQS-GAP）试点评价服务。

（3）良好农业规范（GAP）认证　对生产经营主体的初级农产品，开展国际通用的良好农业规范（GAP）认证服务。

（4）全国生态环保优质包装标识应用试点品评价　针对农产品包装与标识，面向应用企业开展全国生态环保优质包装标识应用试点评价。

第七章　生物动力农业

生物动力农业（Biodynamic agriculture）又称生物动力平衡农业、自然活力农耕、活力有机、生命动力农业、生命能量农业等，是由奥地利科学家鲁道夫·斯坦纳（Rudolf Steiner）1924年提出的。他认为人类、地球、宇宙原本是一体的，必须借助三者的力量滋养培肥土壤，来维持生态系统的平衡和人类健康。土壤是一个具有生命的活体，是人类赖以生存的健康之本。只有健康的土壤，才能生产出营养健康的农产品。在人与自然的关系中，人类只有通过生物动力农业，才能推进自然生命进程，与自然和谐相处。解决农业问题的根本出路是综合运用科技创新与社会要素。

生物动力农业主张根据星象、季节和自然规律，倡导按计划耕种，抵制使用化肥和农药。同时，运用顺势疗法的原理，增强土壤肥力和免疫力，为此开发出具有促生、防病、促腐、降污等多功能的系列生物制剂，用于维护土壤、生物和人类健康。这些生物制剂由自然发酵的有机物质制成，可以增强土壤和生物之间和谐共生的自然动力。生物动力农业要求在能量和物质转化循环上不局限于农田生态系统，而是扩展到同畜牧业与加工业相结合，并涉及农业生产结构和分配制度改革的整个农业生态系统。

生物动力农业是利用自然资源良性循环的基础产业，也是促进社会化分工服务的新型产业。经过100多年的实践探索，逐步形成一个新兴的现代农业产业体系，已在全世界43个国家示范应用，越来越受到发达国家高度重视。实践证明，生物动力农业不仅能通过生物培肥、健康土壤维持农业产能稳定，而且可培植起可持续、高质、高效的农业生产体系。

第一节　生物动力农业基础概念

一、生物动力农业理论基础

生物动力农业遵循自然规律，减少人为干预，建立封闭的生态循环系统，以作物秸秆、畜禽粪便等农业废弃物资源化利用为核心，有效防控农业生态环境污染，以提高农业生态系统的稳定性，推进农业可持续发展。遵循因地制宜，坚持生物多样化平衡发展的原则，禁用化学投入品，充分发挥不同生态物种间的互利作用。同时，与产品加工和销售服务有效结合，形成一个自我包容循环的农业生态系统。因此，生物动力农业是通过生物培肥、土壤健康与营养调控、土壤—植物—动物保健等系列配套技术，推动种植业和养殖业生产安全高效、营养健康农产品的农业。

（一）运用系统观点

生物动力农业遵循生态系统的系统性，通过系统内各要素的相互作用、相互依赖结合成具有特定功能的有机整体，从生态系统的总体与全局上、从要素的联系与结合上研究生态系统的运动与发展，找出规律、建立秩序，实现整个生态系统的优化。

综合运用系统的观点来全面深入理解生物动力农业，扩展开拓认知视野，全面考虑影响动物、植物生长的各种因素，系统把握动物、植物的可持续发展。生物动力农业系统观点虽在不同的背景中有着不同的表述，但需把动物、植物、微生物等各种事物作为一个整体系统研究。农业生态系统平衡、循环、调控和保护需要综合考虑系统因素，这些因素决定着农业生态系统的形成、发展和变化。

（二）遵循自然规律

生物动力农业系统研究太阳、月亮、行星等天体的运行规律及不同星座对动植物的影响，需要制定一套完整的耕种日历，依照耕种日历安排农事活动，顺应大自然的节律。配合顺势疗法的运用，生物动力农业可提升农业生产的效率和质量。通过一些由天然材料制成的生物制剂为土壤和作物提供顺势治疗，以增强土壤和作物的动力和活力。

生物动力农业的实践者，通过观察、行动、分析发现自然规律。例如，太阳光线分昼夜、季节，有强弱地照射到植物上，对植物的生长发育产生影响作用。通过掌握这些规律，安排整地、播种、栽培、收获和管理，以推动作物持续高效生产。通过实践研究发现，月亏时砍伐的树木具有更强的硬度和耐腐性，月盈时种下的胡萝卜产量高且耐储存，但在同种天象条件下种下的马铃薯产量较低。

（三）挖掘生物动力

土壤是一个具有生命的活体，它的活力直接影响作物生长发育的营养健康。生物动力农业通过将作物秸秆、人畜粪便和食物残渣等有机物料制成堆肥施入土壤，使其形成稳定的腐殖质，用生物培肥土壤。同时，辅以种植轮作、植被覆盖、种植绿肥、保护性耕作等措施，完善农田林网、灌排系统等基本设施，推进沃土增产与耕地质量可持续提升。

　　土壤的自然活力是生物多样性和宇宙韵律的统一。在某个季节，将自然动物材料和植物材料按一定的配方，通过堆腐发酵浓缩制成固态和液态的生物肥料，其功效主要取决于其中的有机质、有效微生物及其代谢产物。使用这些生物肥料，既可活化土壤养分，提高土壤肥力，又可改善土壤团粒结构，增强土壤保肥供肥性能，还可防控土传病害，优化土壤根域生境。

二、生物动力农业主要特征

　　生物动力农业注重生态系统保护，通过提高生物多样性，维护生态系统的稳定性和抗逆性，构建健康的农业生态系统。同时，注重健康土壤培育，通过施用生物肥料，增加土壤有机质，改善土壤结构，增强土壤生物活性，保护自然环境和生态系统，推动农业可持续高质量发展。生物动力农业具有 6 个突出的特征表现。

（一）维护农业生态系统平衡

　　维护农业生态系统平衡是生物动力农业的理论基础。农业生态系统从自然界继承了自我调节能力，能够保持一定的稳定性；同时又在很大程度上受人类各种技术手段的调节；充分认识农业生态系统的调控机制及调控途径，有助于建立高效、稳定、整体功能良好的农业生态系统，有助于更好地利用和保护农业资源，提高系统生产力。维护农业生态系统平衡，通常需要建立合理的种植制度、耕作方式和培肥方法，一般需肥量大、耗费地力的作物，应该与需肥量小、养地的豆科作物轮作。例如，在种植玉米、马铃薯和番茄等消耗地力的作物时，需要轮作种植豆科植物等能够恢复地力的作物，以修复土壤。

（二）建立健康土壤生态系统

　　建立健康土壤生态系统是生物动力农业的物质基础。生物动力农业更注重土壤生命的基本属性，更加巧妙地运用有机物质，运用一切物质和能量的相互作用以维持土壤生命活力和健康平衡。土壤处于平衡状态时，植物可健康生长，并以食物链的形式传递物质和能量。生物动力农业注重建立健康的农业生态系统，尤其是健康的土壤生态系统。整个生态系统中，只有各部分组成"比例恰当、结构合理、相互协调"，才能形成整个生态系统的良性运转。

（三）严格控制外源物质投入

　　严格控制外源物质投入是维护土壤生态系统健康的关键措施。在保护土壤促进农业可持续发展方面，生物动力农业不仅关注氮磷钾等大量营养元素，更加关注生物制剂、生物肥料、生物源土壤调理剂等绿色投入品的应用，以及酶制剂、生长素和微量元素的应用。传统农业为提高作物产量，往往会加入化肥、化学农药等外源物质，一些外源物质含有重金属、有机磷、硝酸盐等有毒有害元素，不仅会引起农产品污染，而且会导致土壤质量下降。通过严格控制外源物质的投入，可减少其对土壤生态系统的不良影响，有助于维护土壤生态系统健康，维护农业生态系统平衡，推动农业可持续发展。

（四）引领农业高质高效发展

引领农业高质高效发展是生物动力农业的主攻方向。深入开展可持续农业的实践，探索生态农业、循环农业、绿色农业和有机农业的生产模式，严格控制外源物质的使用，减少对环境的不利影响，维护土壤生态系统平衡，推动耕地质量可持续提升。面向绿色、精品、高端，坚持以"产出高效、产品安全、资源节约、环境友好"为核心，重点发展生态农业、绿色农业、有机农业、智慧农业，生产数量更多、质量更好、营养更足、功能更强、口感更佳的高附加值农产品，引领农业实现高质高效可持续发展。

（五）技术要求高，实施难度大

技术要求高，实施难度大是发展生物动力农业的本质特征。发展生物动力农业，需要遵循生物生长规律，生物有机培肥土壤，有效提升耕地质量，基础建设投入大，回报周期长。同时，面对生态环境脆弱、病虫草害频发、产量性能不稳等现实问题，必须严格执行有机农业生产标准，禁止使用化学合成的农药、化肥、生长调节剂、饲料添加剂等物质，禁止采用基因工程获得的生物及其产物以及离子辐射技术，必须开辟"生物驱动、减施肥药、提质增效"的新路径，研发应用绿色投入品及其安全高效调控技术，来维护农业生态系统的持续高效，技术要求高，实施难度相当大。

（六）立足资源禀赋，因地制宜

立足资源禀赋，因地制宜是发展生物动力农业的客观要求。发展生物动力农业，在欧美国家形成了"基于产品安全、并不苛求产量、禁施化学肥料农药"的有机农业发展方向。客观上，要求严格执行有机农业标准，存在产量低、成本高、难度大等突出问题。然而，我国人多地少的矛盾仍然突出，保障国家粮食安全任务依然艰巨。在我国，不能照搬西方有机农业的道路，应坚持"基于产能提升、追求高质高效、禁施化学肥料农药"，探索具有中国特色有机农业的发展道路。因此，我国在现阶段发展生物动力农业，要综合考虑自然禀赋、区域特色、农时规律等要素，在一定区域内因地制宜地稳步推行。

三、生物动力农业适用技术

生物动力农业主要有四类适用技术：土壤健康与植物营养调控技术、生物动力调理剂制备与应用技术、健康土壤培育与动植物安全高效生产技术、因地制宜耕作的农艺技术。

（一）土壤健康与植物营养调控技术

土壤健康与植物营养调控技术是现代农业发展中的关键领域之一，旨在优化土壤质量和提高植物的生长发育水平。这类技术涉及的领域广泛，包括多种方法和策略，如土壤改良、施肥管理、生物防治、水资源管理和监测、植物生长调控和信息技术等具有广泛性和多样性。土壤健康与植物营养调控通过科研活动了解土壤和植物的需求，以及如何最好地满足这些需求，具有科学驱动性。随着科学和技术的发展，不断涌现新的土壤健康与植物营养调控技术，推动生物动力农业不断发展。

但该类技术尚存在一些有待改进的问题，如成本较高，需要的投资较大，对小农户来说难以实施和推广。将土壤健康与植物营养调控等技术推广并应用于现代农业中会面临许多严峻的挑战，需要健全相关法律法规和政策上的支持。总之，土壤健康与植物营养调控技术是现代农业中的关键领域，具有广泛的应用前景，但也需要谨慎管理和持续创新，以确保实现可持续、高质量、高效益的农业生产。

（二）生物动力调理剂制备与应用技术

生物动力调理剂是一种用于改善土壤生态、促进作物健壮的生物有机制品，包括农用生物制剂、生物有机肥、生物源土壤调理剂等。它既可促进土壤有益微生物代谢活动，又可改善植物营养环境，还可提升农田土壤质量。生物动力调理剂制备与应用技术，通过增加土壤有益微生物的数量和活性，改善土壤健康和植物生长，其中有效微生物发挥着降解有机质、固氮、活化土壤磷钾与中微量元素养分、拮抗土传病原菌等多重功效。

生物动力调理剂可由多种原材料制备，制备方法因材料和产品类型而异。一般的制备主要包括 4 个步骤：一是原材料选择。选择适合的有机原材料，如堆肥、腐殖质、动物粪便或植物渣滓。二是发酵工艺。将原材料放入堆肥堆或发酵装置中，与有益微生物接触，进行发酵。三是过程控制。监测发酵过程中的温度、湿度和有机物分解情况，以确保生物动力调理剂的高质量。四是粉碎造粒。将发酵完成的生物动力调理剂干燥并粉碎，制成大小适宜的颗粒。

生物动力调理剂的应用，通常根据土壤测试结果和植物需求确定适当的施用量，之后将生物动力调理剂与土壤混合或直接施用到植物的根际区域。定期施用以维持土壤和植物的健康状态，特别是在植物的生长季节。定期监测土壤和植物的状态，以评估生物动力调理剂的效果，并根据需要进行调整。生物动力调理剂的应用可以改善土壤生态系统，增强植物的抵抗力和产量，减少对化学农药和化肥的依赖。然而应用时需要综合考虑土壤类型、植物品种和环境条件，以确保最佳效果。

（三）健康土壤培育与动植物安全高效生产技术

健康土壤培育与动植物安全高效生产技术是一种关注土壤健康、动植物生长安全和生产高效的农业技术。其主要目标是维护土壤生态平衡，减少外源物质的使用，降低环境污染，旨在通过科学的管理方法和先进的技术手段，维护土壤、植物和动物的健康和安全高效生产，并促进生态系统的平衡和可持续性。

健康土壤培育与动植物安全高效生产技术主要包括5个方面：一是土壤健康管理。通过定期检测土壤质量，了解土壤肥力、酸碱度、微生物活性等指标，制定合适的施肥和灌溉方案，保持土壤具有良好的物理、化学和生物特性。二是病虫害防治。采用生物防治、物理防治和化学防治相结合的方法，控制病虫害的发生和蔓延，降低对化学农药的依赖，保护生态环境和人类健康。三是动植物生长促进。通过研究动植物的生长需求和生态习性，提供适宜的生长环境和条件，促进其生长繁殖，提高产量和品质；通过良好的饲养管理、兽医护理，遵守动物福祉标准和法规，采用动物遗传改良，以提高畜禽的抗病性、生产性能和品质。四是资源利用与生态保护。提倡循环农业，充分利用农业废弃物和有机肥料，以提高土壤的有机质含量，改善土壤结构和水分保持能力，减少环境污染，维护生态平衡。五是农业生产自动化与智能化。利用现代信息技术，实现农业生产过程的自动化和智能化，提高生产效率和管理水平。这些技术在农业、畜牧业和生态系统管理中起着关键作用，有助于保护和维护土壤、植物和动物的健康，并实现可持续农业和生态平衡。

（四）因地制宜耕作的农艺技术

因地制宜耕作的农艺技术是一种农业管理方法，它根据特定地区的土壤、气候、水资源和植被等自然条件，选择适合的品种和采用合适的农业耕作技术，以最大程度地提高农业的生产效率和可持续性。因地制宜耕作的农艺技术有助于土地产出的最大化，农民对当地条件进行深入了解，并灵活调整农业管理方法以适应这些条件，该技术有助于提高农业的可持续发展，降低农业对自然资源的不良影响。

因地制宜耕作的农艺技术包括以下5个方面：一是不同的土壤类型需要不同的耕作技术和施肥方法，农业生产前要了解土壤类型、质地、结构和质量等土壤特性。二是使用气象数据来优化农作物的种植和管理。根据降水量和水资源供应情况来决定灌溉方案。干旱地区需要高效的灌溉系统，而多雨地区则可能需要排水系统来防止水分过多。三是选择适合当地气候和土壤条件的作物品种。四是采用轮作和套种来减少土壤土传病害，维持土壤健康。五是根据区域的机械化水平和农民资源，选择合适的农业机械和工具，以提高生产效率。通过这些农艺技术提高农作物的产量和质量，以提高农民的收入水平，保护生态环境，维持生态平衡和生物多样性。

第二节 生物动力农业形成与发展

一、生物动力农业的主要历程

（一）生物动力农业的形成理念

奥地利哲学家、科学家鲁道夫·斯坦纳博士（Rudolf Steiner）于 1924 年率先提出生物动力农业的概念。在德国、波兰等国家，举办了八场倡导"生物动力农业方针"的系列讲座，针对农作物生命力、作物品种以及农业产量、种子质量和病虫害抵抗力的明显减少，提出了一种可持续发展农业的核心原理，从此生物动力农业应运而生。

鲁道夫·斯坦纳创建了德米特组织（Demeter），形成了生物活力农业的产品品牌，开创了有机农业的高端品牌标识"Demeter"。只有严格遵守该组织合同范围的合作伙伴，才被允许使用该品牌标识。要求从产地到消费全程保证产品的质量，德米特产品赢得了消费者的普遍信赖，从而生物动力农业得到迅速传播。如今，德米特已成为全球最大的商标集团组织，在全球有超过 3 500 个成员。

德米特组织倡导生产商、加工厂商、经销商和消费者之间坚守契约合作，严格履行在生态、经济以及社会方面的职责义务和公平价格，在此基础上成立了德米特国际组织，吸纳了来自欧洲、美洲、非洲和大洋洲 19 个德米特组织，加强了这些组织之间法律、经济以及社会领域的深入合作。由此，德米特国际组织代表了 35 个国家 3 000 多家德米特生产商。

德米特组织崇尚区域特色化。传承区域特色农耕文化，维护区域农业结构布局稳定，保障农产品生产安全，是德米特组织在全世界的指导原则。特色食品与某个特定地区的土壤和环境条件有着密切的联系。这种理念的核心与我国的地理标志产品不谋而合。地理标志产品是产自特定地域，所具有的质量、声誉或其他特性本质上取决于该产地的自然生态环境因素和历史人文因素，经审核批准以地理名称进行命名的产品。在国际市场上，生物动力农业的产品价格是最高的，一般比常规农产品价格提高 30％以上，尚处于供不应求的状态，前景十分广阔。

（二）生物动力农业发展形成阶段

生物动力农业的形成大致经历了 3 个阶段。第一阶段理论探索时期（20世纪 20 年代初至 40 年代初），形成生物动力农业思想理念，倡导顺应自然开发生物动力手段，维护农业生态系统健康。第二阶段实验证实时期（20 世纪40 年代初至 80 年代），开展一系列生物动力农业的实验研究，证实生物动力思想理念的正确性和功能手段的有效性，解决关于生物动力农业的学术争议，探索生物动力农业生产方式。第三阶段实践成熟时期（20 世纪 80 年代始），大力推行生物动力调控技术的研发应用，取得显著成效和重要进展，德米特组织制定了相应的德米特标准，国际有机农业运动联盟（IFOAM）引用该标准制定的农业生产标准，成为国际公认的有机农业标准，标志着生物动力农业走向成熟。

（三）我国生物动力农业思想基础

我国农耕文化的哲学思想与生物动力农业的思想理念不谋而合。"阴阳五行说"是我国农耕文化的哲学基础。阴历和阳历反映月亮和太阳周年运行的变化周期，形成了农时二十四节气、每年的季节变化，春生夏长秋收冬藏，指导农民遵循自然规律，从事农事活动。其中，《齐民要术》《王祯农书》均有记载"凡五谷，大判上旬种者全收，中旬中收，下旬下收。"《四时纂要》还记载"月半前种，实多而成；月半后种，少子而多秕。"也就是说，在上旬或中旬种庄稼收成好。生物动力农业的核心理念讲求"顺天时、应地力"，提倡在傍晚喷撒由牛粪制成的生物制剂滋阴土地，在清晨喷施由水晶粉末制成的生物制剂补阳作物，协调土壤肥力，促进作物生长发育。

二、生物动力农业的关键措施

生物动力农业是现代农业的发展趋势。它注重生态平衡和可持续性的农业方法，强调与自然的和谐共生，致力于最大程度地减少施用化肥和化学农药，生物驱动培肥，改善根域生境，建立健康的土壤生态系统，提高作物生产力。生物动力农业主要采取如下关键措施。

（一）动植物营养生物调控

动植物营养生物调控是维护农业生态系统平衡的关键措施。它是利用生物活性物质对动植物生长和发育进行调控的措施，可以改善动植物的营养状况和生产性能。这些生物活性物质包括激素、酶、抗生素等。土壤微生物通过改变土壤理化性质，改变凋落物分解的潜在土壤微环境，使得各种大小的土壤团聚体不断形成或分解，影响土壤的理化性质，释放营养物质，提高土壤有机质周转率。土壤动物与微生物互作，小型土壤动物通过对微生物的选择性取食作用，调控微生物种群的数量和作用范围，间接影响凋落物的分解。同时，土壤动物的排泄物又在一定范围内刺激微生物的生长。综合运用多种方法进行调控，使用营养生长调节剂，利用生物防治、合理农艺措施、优化饲料配方等措施，配合环境调控来调节其动植物营养生长。生物动力农业通过对动植物营养进行生物调控，维护"植物—动物—微生物"系统的平衡稳定，提高整个生态系统的稳定性。

（二）动植物病虫害绿色防控

病虫害绿色防控是维护农业生态系统健康的关键措施。动植物病虫害绿色防控是以确保农业生产、农产品质量和农业生态环境安全为目标，以减少化学农药使用为目的，优先采取生态控制、生物防治和物理防治等环境友好型技术措施。采取推广抗病虫品种、优化作物布局、培育健康种苗、改善水肥管理等健康栽培措施，并结合农田生态工程、果园生草覆盖、作物间套种、天敌诱集带等生物多样性调控与自然天敌保护利用，改造病虫害发生源头及滋生环境，增强自然控害能力和作物抗病虫能力。采取以虫治虫、以螨治螨、以菌治虫、以菌治菌等生物防治关键措施，应用高效、低毒、低残留、环境友好型农药及其精准安全施药技术，降低农药使用引起的不良后果。

（三）健康土壤定向培育

健康土壤定向培育是推进农业可持续发展的关键措施。培育健康土壤有利于改善耕地质量，提升作物产量，实现产能稳定、营养健康、生态涵养，促进农业可持续发展。通过投入生物制剂、增施有机肥、多样化种植、种植覆盖作物等来发挥功能植物和微生物的调控作用，实现生物定向培肥。具体来说，主要是通过畜禽粪便与秸秆腐熟还田、研发绿色投入品及其配套应用等生物培肥措施，削减土壤障碍提升地力，培育高质量良田。采用合理的作物残茬、植被覆盖、农林复合、固氮植物等保护性耕作，扩大土壤碳氮库容，提高土壤生物多样性，维护生态系统平衡。

（四）绿色农艺措施调控

绿色农艺措施调控是推行生物动力农业的关键措施。在生产过程中，选用高产、优质、抗逆、高效的动植物优良品种，结合喷灌、滴灌、渗灌等灌溉方式，采用水肥一体化提高水肥利用效率，利用生物制剂、土壤调理剂等改良土壤，沃土增产，采取轮作、间作、套作等耕作制度，以及施用有机肥、绿肥等，提高土壤肥力和作物产量，利用天敌、病原菌等生物手段防治病虫害，减少化学农药的使用。同时，利用太阳光的自然能量，保证作物生长发育所需要的有效积温和光合作用需要，促进光温水肥协同高效，是绿色调控的有效措施。

三、生物动力农业基本单元

2007 年，德国农场主卡尔·恩斯特·奥斯陶斯出版了《生物动力农场》，倡导"生物动力农场是全面发展的有机体"，可作为生物动力农业的基本单元，通过生命力、活力、动力和物质能量的相互作用、相互转化，维护农业生产系统平衡与健康。在生产过程中，依赖各种充满生物动力的农艺措施，通过物质转化能量循环产生生物动力，提升农业生态系统物质和能量转化的效能。

生物动力农场内部生命有机体的不同组分有其自身发展特性，根据其农场的资源特点，形成一个由土壤生物、农作物生产和动物养殖生态循环的农业系统。在这个系统中，禁止使用化肥、化学农药、催熟剂、生长素、储藏药剂、抗生素等人工合成的投入品。通过堆肥、绿肥、作物种植和动物养殖，在农场系统内生产所需的食物、肥料和饲料。通过种植多种不同类型的作物，有利于保证生物多样性，维持农场内部区域生态系统的平衡。根据天文节律，安排种植、管理和收获等农事活动，以提高农作物的质量和产量。一般生物动力农场呈现规模小、多样性强、自给自足、封闭循环等特点，从而维持土壤、植物和动物的可持续健康发展。

四、国外生物动力农业实践

（一）德国飞燕农场

飞燕农场（Finca Golondrina）是德国生物动力农业典型的家庭农场。飞燕农场位于德国玻利维亚卡拉纳维省，采用种养农工贸一体化的经营方式，成为生物动力农业最基本的单元。它利用 68 hm^2 的牧场，饲养了 70 头牛，其中 33 头为奶牛，产出的牛粪作为 53 hm^2 农田作物的主要肥源，主要生产牛奶、肉牛、黑麦、小麦、马铃薯及洋葱等农产品。农产品主要通过农场商店出售，并通过周末市区的摊档售出，赢得了良好的质量信誉，其售价也较高。自农场开办至今，农场接收过 38 位学徒，80 位实习生。想学习生物动力农业的年轻人在农场做中学，学中做。学徒和实习生在很大程度上支持着农场的工作。每年都有年轻人进来学习生物动力农业，学成以后成为各地生物动力农业有力的实践者和支持者。与此同时，农场每年还组织 6 次 14 d 的有机农耕实践营活动，接待年龄在 14～16 岁的中学生，加入农耕实践。在实践营中，学生分成几组轮流参与到农场的各项工作，喂牛、挤奶、加工奶制品、砍树、劈柴、烤面包、耕作、收获、打理农场商店等。

（二）德国多顿菲尔德霍夫生态集体农庄

多顿菲尔德霍夫生态集体农庄（Dottenfelderhof）是德国著名的生物动力农业典型农庄。该生态集体农庄成立于 1974 年，长期坚持绿色有机的生产方式，在动物养殖、蔬菜种植、水果生产、花卉培育和景观设计等领域，探索出生物动力农业的生产模式，已建成德国国家认可的生物动力农业学校，开展多种多样的生物动力农业培训。2018 年被德国联邦粮食和农业部授予联邦有机农业奖。一般到德国考察生物动力农业，必然选择参观多顿菲尔德霍夫生态集体农庄。

该农场采用会员制，消费者与农场在互相信任的基础上发展会员，消费者需缴纳 1 500 欧元入会费方可入会。会员每年需缴纳 41 欧元的年费，便可获得德米特标准的农产品 100 kg。会员可参与田间管理，体验耕作的乐趣，如除草、移栽、收获，保护在农场栖息地的野生动物及施用生物调理剂等。农庄得到会员的信赖和支持，自然会全心全意地发展生物动力农业。此外，该生态集体农庄拥有自己的研究所，研发应用生物动力农业的新技术，推动了该农庄生物动力农业的快速成功发展。

（三）瑞典罗森戴尔庄园

罗森戴尔庄园（Rosendals Biodynamic Garden）是瑞典世界著名的有机农场、生态园区的先导性样板。该庄园位于瑞典首都斯德哥尔摩近郊，自 1982年一直由一个完全自给自足的基金会管理，现在是一个向公众开放的花园，在展示不同文化对园艺影响的同时实践生物动力农业。庄园内面积最大的单元是种植蔬菜为主的生物动力农场，还配有不同生态功能区，如面包房、玫瑰园、葡萄园、苹果园和自助餐厅等。罗森戴尔庄园十分注重农产品质量，融汇土壤与动植物的内在能量、自然动力与自我修复能力，探索出一套依靠自然生物动力来从事农牧生产的农耕方法。在收获后，通过自然堆肥的方式把农作物废弃物返回土壤，使土壤具有可持续的肥力。它以有机农耕为基础业务，以多种经营为增值业务，以生物动力农业为特色，成为世界著名的生物动力农业示范基地。在此基础上，开展园艺、花卉、有机烹饪、休闲旅游、现场观摩与教育培训等多种服务，培育高素质的从业人员，着力提升生态庄园的品位与管理水平。同时，注重田园生态景观构建，使农场始终呈现鲜花盛开，花田与菜田错落相间，使菜园变花园。花卉与蔬菜间作套种，吸引有益昆虫与蝴蝶帮助蔬菜授粉繁育，种植吸引病虫天敌的花卉起到生物防治的作用。同时，种植花卉使农场景色宜人，吸引游客流连忘返，提升种植业的附加值。

（四）美国邦尼顿葡萄酒庄

邦尼顿葡萄酒庄（Bonny Doon Vineyard）是美国通过德米特认证的著名酒庄。该酒庄位于美国加利福尼亚州的纳帕谷，由美国生物动力农业成员格雷厄姆创建。格雷厄姆根据生物动力农业理念和原则，选择在山腰缓坡上时令栽种新黑比诺葡萄，既考虑光热资源、土壤质量和灌排条件，也考虑不同季节气候节律的变化。充分利用这些因素来协调葡萄整枝修剪、水肥调控等田间管理。邦尼顿葡萄酒庄注重生物动力农业实践，维护葡萄生长的自然环境，尽可能减少对生长环境的人为影响。综合运用生物动力农业技术，包括土壤健康与植物营养调控、生物动力调理剂制备、健康土壤培育与动植物安全高效生产和因地制宜耕作等农艺措施。利用健康土壤培育和土壤本身的生命活力，禁止使用任何来自农场以外的物质，种植葡萄酿造葡萄酒。在葡萄酒酿造过程中，采用先进的酿酒技术装备，使葡萄酒的口感更加浓郁、层次更加分明。这样利用自然资源特点种植葡萄，酿造的葡萄酒风味独特、口感醇厚，具有天然特色，在市场上火爆畅销，由于生产数量较少，虽然价格昂贵仍供不应求。

五、国内生物动力农业实践

（一）北京凤凰有机农场

北京凤凰农场是我国首家生物动力农业社区。它是由北京耕读国际农业科技有限公司创建的第一个德米特有机农场，位于北京海淀区凤凰岭自然风景区，始建于 2007 年，占地面积 13.6 hm^2。凤凰农场遵循自然规律，因地制宜稳步推行生物动力农业。在规划建设上，综合考虑当地自然禀赋、区域特色、农时规律等要素，坚持生物有机培肥土壤，有效提升耕地质量，促进作物种植与自然和谐共生。在运行管理上，不仅考虑农场企业自身的发展，在考虑土地、植物、动物、农民的同时，还考虑把消费者融入农业系统。因为在德米特体系中，当地顾客被视为农场的一部分。在经销市场上，最重要的是本地市场，在满足当地社区的需求后，再向更远地方流通。

凤凰农场遵循"健康的土地—健康的植物—健康的食物—健康的人类"的理念，依"医农同根，药食同源"之学说特设食药中心，享用有机果蔬康养食品。所在区域土壤富含钙和钾，为偏碱的土质，特有的"龙泉""神泉"山泉水源，独有的硅石山崖释放负氧离子，使这里拥有绝佳的疗养环境，植被丰富、环境清洁、空气清新，游客可在不同季节品尝有机素食，体验农耕文化的感觉，感受诗意田园生活。已建成北京市农学会生物科技试验基地和海淀区科普教育基地，设农场开放日，提供参观和农耕体验服务。

（二）河北丰宁国家有机产品认证示范县

河北丰宁满族自治县是"全国有机农业示范基地""国家有机产品认证示范县"。丰宁依托"天蓝、地绿、水清、土净"的独特资源优势，自 2015 年启动建设"全国有机农业示范基地"，已建成小米、奶业、蔬菜、特色养殖等有机园区，成为"国家有机产品认证示范县"，全县有 32 家企业通过有机产品认证，有机种植认证面积达到 13 000 多 hm^2，其中，丰宁满族自治县黄旗皇种植有限公司专注发展有机小米，种植规模已达 400 hm^2，始终坚持有机耕作，黄旗小米采用隔年轮作，两年一个种植周期，一般第二年与葵花或豆类轮作养地。其中，采用自留常规品种、精耕细作、自然成熟等农艺措施。同时，采用测土配方施肥、病虫害绿色防控、精准施药、节水灌溉等先进技术，每年减施化肥 1.5 万 t，减用化学农药 100 t，不仅保障了黄旗小米品质优良、营养丰富，而且有效防控产地环境污染，提升小米产品质量，切实保障"黄旗皇小米"达到有机标准。2016 年被列为国家级地理标志保护产品，成功注册了黄旗小米地理标志商标。2017 年"黄旗皇 1 号"荣获第十五届中国国际农产品交易会金奖。

（三）山东日照金星农业园区

山东省日照金星农业园区是我国山东省日照金星农业有限公司以循环农业为核心打造的生物动力农业示范园区。该园区坐落于岚山区碑廓镇，始建于2012年，占地面积25 hm²。该园区的发展建设以循环农业为核心，开辟了新旧动能转换发展绿色农业的新路径，以农业废弃物肥料化高效利用为突破口，塑造一、二、三产业融合发展的新动能，着力打造生物动力农业示范园区。其中，分为生态养殖、生物有机肥料生产、有机农业种植3个功能区，生物驱动、生态循环、高效利用。首先生态养殖为生物有机肥料生产提供原料，同时用生物有机肥发展绿色有机种植，然后用种植的作物秸秆及绿肥再发展生态养殖。这样，运用生物培肥地力、配制生物调理剂、严格农时操作等关键技术，结合旱作节水、精准施肥、生物防治、保护性耕作等绿色农艺措施，构建生态循环、自我发展的农业生态系统，取得了显著成效。例如，该园区生产的草莓，香甜可口、适口性强、果肉细腻、无畸形果，无农药和激素污染，其维生素C、糖类、蛋白质、有机酸等营养物质含量显著提高。同时，土壤有机质含量增加，水稳性团聚体增多，水肥保蓄能力增强，通透性变好，土壤性能显著改善。

（四）四川江油大康有机农场

四川江油大康有机农场是我国四川奥特丝开创有机蚕桑蚕丝的成功实践。中德合资企业四川奥特丝纺织有限公司，1998年由德国生物动力农业专家朱利斯·奥伯迈尔博士（Julius Obermaier）和史蒂芬·安德烈教授（Stephan. Andrae）考察选址规划指导，严格按照国际生物动力农业标准建成，2001年通过欧盟有机认证。该农场面积80 hm²，种植桑树70万株，分别建有牛羊养殖场、堆肥场、蚕房、收烘房、原材料库、员工宿舍、办公休闲等设施3 000 m²。常年生态养殖存栏牛20多头、羊50多只，收集牛粪、羊粪、蚕沙、绿肥和作物秸秆等农业废弃物制作堆肥700余t，作为优质有机肥料培肥有机桑园。

应用生物动力调理剂是该农场生物动力农业的技术核心，并专门选派技术人员赴德国生物动力农场，学习生物动力调理剂制备技术，成功栽植调理剂原料，制备500牛角粪与501硅粉这两种喷洒型生物调理剂，还自主制作了503甘菊花、504荨麻、505橡树皮、506蒲公英花与507缬草花堆肥型生物调理剂。将这几种生物调理剂应用于有机蚕桑生产，取得了良好效果。既激发了土壤活性，增强了桑树新陈代谢能力，又增强了桑树抗畸形和抵御真菌病害的能力，提升了有机蚕茧的产量及品质。

第三节　有机农业的探索实践

一、有机农业的发展特点

有机农业贯穿生物动力农业的发展理念，遵循生物动力农业的发展原理。有机农业强调"与自然秩序相和谐"、"天人合一，物土不二"，适应自然而不干预自然。在哲学上，贯彻了生物动力农业"科学与精神的结合""增加食品的活力""资源的再生"的"三元哲学思想"。有机农业的发展理念，维护农业生态系统的生物多样性和良性循环，推进农业可持续发展，与生物动力农业维护农业生态平衡的系统观点一脉相承。

有机农业采用生物动力农业的方法手段。有机农业的生产方法，均以采取农业系统内部物质能量循环，最大限度地高效利用系统内养分资源，包括利用农业有机废弃物、种植绿肥、合理耕作轮作、多样化种植等关键技术。采用生物培肥土壤、选用抗性品种、病虫害生物防治与物理防治等绿色农艺措施，优化作物生长的根域生境，满足作物健康生长的条件，提高农业系统的自我调控能力。这些方法措施，与生物动力农业注重与自然和谐共生，维护生态平衡健康，推进农业可持续发展的方法手段异曲同工。

有机农业推进了生物动力农业的标准化。在产地选址上，严格执行有机农产品的产地质量环境标准。在生产过程中，必须严格执行有机农业的生产标准，不采用基因工程获得的生物及其产物，不使用化学合成的农药、化肥、生长调节剂、饲料添加剂等物质，遵循自然规律和生态学原理，协调种植业和养殖业的平衡。采用一系列可持续发展的绿色农业技术，维持农业生产系统安全高效运行。在产品经营上，必须通过国际有机食品认证机构或国家有机食品认证机构的认证，在销售中必须使用有机食品认证的标识。这些标准的执行，有力地推动了生物动力农业的规范化、制度化、标准化。

有机农业是生物动力农业的成功实践。有机农业在一定的社会历史文化背景下诞生，针对农业可持续高质量发展，既吸纳传统农业的精髓，还运用农业生态学的科学原理，注重摒弃石油农业产生的弊端，开辟生物驱动的新路径，解决现代农业遇到的一系列难题。例如，农业生态环境脆弱、病虫草等自然灾害频发、水土资源约束趋紧、土壤肥力退化、施肥用药污染凸显、生物多样性减少和耕地质量下降。有机农业践行生物动力农业的发展理念，采取生物驱动的技术手段，通过生物培肥、生物防控、生态涵养等有机农业措施的创新实践，步入了生物动力农业深入发展的阶段，积累了生物动力农业的成功经验，创立了一批生物动力农业的典型样板。

二、国外有机农业的发展

20 世纪 70 年代以来,以生态环境保护和安全农产品生产为主要目的,有机农业在欧、美、日以及部分发展中国家得到快速发展。国外有机农业的发展模式主要有 3 种。一是技术资金密集型。美国、澳大利亚、德国、日本等发达国家借助其在科学技术上的优势,充分应用现代科学技术成果,推进有机农业的发展。美国形成了一套农业科研、教学、生产"三位一体"的有机农业发展模式,有效提高现代农业技术在有机农业生产中的应用。二是劳动密集型。有机农业具有劳动密集型的特点。2008—2009 年,印度尤特兰克州依靠丰富的劳动力资源推进有机农业,实现了有机农业面积以 39% 的速度快速增长。其中,主要靠人力开发利用作物秸秆、畜禽粪便作肥料,生产有机农产品。三是自然资源密集型。利用区域自然资源优势,成功发展有机农业的代表有阿根廷、巴西、意大利及欧洲一些国家。阿根廷通过大力发展有机农业,已跃居世界有机食品的主要生产国,生产规模达 3.0×10^6 hm^2。其中,80%～90% 的有机食品远销国外,成为世界有机食品的出口大国之一。

(一)德国有机农业发展

德国是欧盟有机农业发展最快、要求最严的国家之一。政府规定从传统型转向生态型农业必须持续 2～3 年。根据德国联邦有机农业局(BLE)的统计,截止到 2021 年,德国有机农业面积已达 1.2×10^6 hm^2,占全国农业种植面积的 3.5%,有机农业生产者约有 2.7 万家,其中包括农户、合作社和中小企业。有机农产品的市场份额逐年上升,根据德国有机食品贸易协会(BIO Deutschland)统计,2020 年德国有机食品销售额达到 126 亿欧元,约占食品总销售额的 6%。德国属技术资金密集型有机农业,多个小型农场联合组成合作社,通过技术和资金的投入,共同生产和销售有机产品,来降低成本和提高效率。德国支持发展有机农业的政策措施得力,研发推广投入力度较大。

1. 健全有机农业法律法规 健全法律法规是德国政府发展有机农业的法律保障。政府制定了一系列促进有机农业发展的法律、法规,如《生态农业法》《种子法》《物种保护法》《肥料使用法》。其中,《生态农业法》要求必须清楚标明生产有机产品的土地、厂房和生产设备,要求必须详细登记农庄、生产企业出售的所有产品。同时,建立起一套质量监测监督体系,包括给予地方监督机构更多权限,减少层层上报的烦琐环节,保证监督机构能够及时对重大问题作出反应。

2. 制定有机农业补贴政策 实施补贴扶持政策是德国发展有机农业的资金保障。2009—2010 年,根据联邦农业部制定的有机农业补贴金额,各州制定了 20%～30% 的补贴政策。为保证有机农业的健康发展,在农业生产性保护政策、农业贸易保护政策等方面制定了具体扶持政策。启动了《有机农业联邦计划》，包括有机农业的宣传措施、信息服务措施、职业培训措施、有机农业的科学研究、成果转化等，以作为对已实施扶持政策的补充。

3. 组建有机农业协会　组建有机农业协会是德国发展有机农业的组织保障。一般有机农业协会由 30～40 家有机农场或牧场自愿组成。即使有机农业协会的一些指导条款严于欧盟标准，发展有机农业的农户也都会依托一个或两个有机农业协会。有机农业协会不仅有统一的有机农产品标识，规范有机农产品的生产模式，定期对企业进行抽查，还为农场企业提供免费咨询、技术支持、有机认证和市场营销等工作。

4. 构建市场营销网络　构建市场营销网络是德国发展有机农业的流通保障。德国有机农产品市场是欧洲最大的有机农产品市场。有机农产品市场的营销渠道日趋多元化，如农户直销约占有机农产品市场份额 20％，约 1/3 的有机水果、蔬菜和家禽通过农户市场直接销售；有机农产品专卖店约占有机农产品市场份额 35％。德国有机农业发展成功的基础依赖于多元化的营销渠道、完善的市场营销网络体系。

（二）美国有机农业发展

美国拥有世界上最大的有机农产品市场。美国有机农业的种植面积不断增长。根据美国有机贸易协会（OTA）的统计，截至 2021 年，美国有机农场的数量约为 1.6 万个，有机种植面积已达 4.0×10^6 hm^2。截至 2020 年美国有机食品销售额达到 55 亿美元，占美国食品市场总额的 5.5％。美国属技术资金密集与自然资源密集并重型有机农业，许多高校和科研机构开展有机农业研究，推广有机农业生产技术。同时，美国一些非营利组织也在推动有机农业的发展，提高农民对有机农业的认知和实践水平。美国政府非常重视有机农业的发展，由国会立法规范有机农业发展，直接把有机农业纳入联邦监管法典。

1. 建立健全有机农业法律法规　美国政府通过制定有机农业相关政策，推动有机农业的发展。例如，美国农业部（USDA）制定了有机农业的生产和认证标准，并对有机农产品进行标识管理。

2. 健全多元化有机农业支持政策　美国政府对发展有机农业和有机食品贸易的多元化政策支持在短期内取得了很好的效应，减少了有机农业进入者成本，创造了就业，提高了有机农业生产者净收入；对消费者来说，有机农产品和有机食品供给增加驱动价格下降，扩大了有效需求，拉动了美国有机食品贸易的持续增长。

3. 注重控制有机产品生产过程　美国有机农业标准要求一种产品在生产、加工和运输等各个环节都要严格按照国家有机标准执行，则该产品可以获得有机认证。有机农业要求重点控制有机产品的生产、加工和运输过程。

由于美国强调生产环境条件，也就是对生产源头进行控制，这样的标准体系在实施过程中易于管理，管理成本低于对终端产品在上市前进行分析化验的管理体系。

4. 制定有机农业技术规范 美国有机农场采用规范化的技术措施，主要包括应用现代农业机械，选用作物新品种，采用现代畜禽饲养管理方法。完全不用或极少使用化肥、化学农药、生长调节剂和饲料添加剂等化学物质。采用豆科绿肥和覆盖作物为基础的轮作，通常豆科作物占总面积的 30%～50%。采用梯田、带状或等高种植等种植制度，加强山地水土保持。氮素营养主要依赖豆科固氮、畜禽粪便和作物秸秆降解转化，只对特别需氮的作物有限度地施用少量氮肥。农田杂草主要通过轮作、耕作和中耕除草来控制，极少使用除草剂。

（三）日本有机农业发展

日本是与美国和欧盟并列的全球三大有机食品的生产国和消费国。有机农产品种类超过 130 种，其中 40 多种出口到欧美国家。有机农业在日本的普及程度较高，从事有机农业的农户占全国农户总数的 30% 以上。日本有机农业经营中小规模农场和农户占多数，有机农业主要以农作物栽培为主，有机畜牧业发展相对比较薄弱。在实行有机栽培的作物中，有机稻米占 50%，有机蔬菜占 35%，其余为有机水果、有机茶和有机奶肉蛋等。日本属技术资金密集型有机农业，规模相对较小，但发展迅速。

1. 健全有机农业法律法规 日本政府颁布了很多政策、法规并不断完善，如《农药取缔法》《土壤污染防治法》《有机农业推进相关法》等法律法规，提倡减农药、减化肥的生产方式，鼓励有机农业发展，注重精耕细作，合理负载，限制产量，减少土壤产出，追求农产品的高品质和环境保护。

2. 完善有机农业补贴政策 日本政府通过提供现金补贴、政府贴息、税收减免等优惠政策，鼓励农民减少农药施用。对于"环境保全型农业"，政府提供专用资金无息贷款。

3. 规范有机农业技术标准 日本有机农业生产采用国际通用的有机农业技术标准，且制定了《有机农产品认证制度》，对有机农产品的生产、加工、销售和进口进行规范。

（四）印度有机农业发展

印度属典型的劳动密集型有机农业。根据印度有机农业促进协会（Indian Organic Farming Promotion Association）的统计，2015—2019 年，印度有机农业的种植面积由 1.3×10^6 hm² 增加到 2.0×10^6 hm²。根据印度农业和农民福利部的统计，2018—2019 年，印度有机农产品的出口额达到 4.9 亿美元，同比增长 30%。印度政府推出了一系列政策措施，如设立有机农业基金、提供补贴和税收优惠等，以鼓励农民转向有机农业。然而，印度有机农业的发展也面临着一些挑战，如缺乏有机肥料和农药的供应、市场需求不稳定、农民培训不足、技术缺乏、市场价格波动等。

1. 采用人工、生物调控 丰富的劳动力资源使得有机农业生产过程中的劳动力成本相对较低，大量的劳动力投入有机农业生产中，进行人工耕作、人工播种、人工收割等环节，减少了外源物质引入的可能性。有机农业强调自然农法，通过合理利用劳动力，优化有机种植、养殖结构，使用畜禽粪便和作物秸秆等有机肥料培肥地力，利用合理轮作和生物防控防治病虫害，以维护土壤健康，维持农业生态平衡和提升有机产品质量。有机农业是传统农业与现代科技有效融合的劳动密集型产业，在产前、产中、产后等环节的专业分工上均需要大量劳动力的投入，建立配套的有机食品加工业，延长有机农业生产链，使有机农产品向精、深加工方向发展。

2. 加强有机农业认证 印度有一些有机农业认证机构，如印度有机认证机构（COAI）等，负责对有机产品进行认证。农民可以通过这个认证体系获得有机农产品的认证，从而提高其产品的市场价值。

（五）瑞士有机农业发展

瑞士有机农业在国内外市场上具有较高的声誉。瑞典属自然资源密集型有机农业，因土地资源有限，农业生产注重资源集约发展。瑞士有机农业生产的农产品包括粮食、蔬菜、水果、肉类、奶制品等，生产时遵循严格的生态原则，注重保护土壤、水源和生物多样性。

1. 制定法律法规体系 瑞士政府制定了严格的有机农业法规和认证体系，确保有机农产品的质量和真实性。有机农场进行农业生产必须遵循一系列的规定，如禁止使用化学合成肥料、农药、生长激素和转基因技术等。

2. 制定政府支持政策 瑞士政府提供财政支持、有机农业的补贴和奖励计划，鼓励农民采用有机农业实践。此外，政府还设立了一系列有机农业研究和推广项目，以提高有机农业的生产技术和市场竞争力。

3. 挖掘生态旅游功能 生态旅游不仅是享受大自然的美景，还包括了解和体验当地文化和传统生活方式。有机农业作为一种传统的农业生产方式，可以为游客提供丰富的体验和教育机会。游客可以参观有机农场，了解有机种植的技术和方法，还可以参加农事活动，亲手种植、收割有机农作物。这些活动可以让游客更深入地了解有机农业和生态旅游的理念，同时也可以提高游客的环保意识和健康意识。瑞士许多有机农场为游客提供参观、体验和住宿等服务，展示瑞士农业的传统文化和生态价值。同时，通过向生态旅游者提供有机农产品，有机农业可以扩大销售渠道，提高品牌知名度。

三、国内有机农业的发展

自 20 世纪 90 年代，我国开始注重有机农业的发展，大致经历了 3 个阶段。一是起步阶段，有机农业的理念开始引入我国，逐渐得到各级政府和农民的广泛关注。一些企业和农民开始尝试种植有机农产品，有机农业的生产、加工、销售等逐步发展。二是成长阶段，有机农产品的产量和销售额逐年增长，有机农业的发展区域不断扩大，逐渐向规模化、标准化、品牌化、国际化的方向发展。三是成熟阶段，我国有机农业向着品牌化、国际化的方向发展，同时加强监管，整治市场，地方政府正确引导与扶持，加强认证管理体系建设等。

（一）发展模式

我国有机农业经过 30 多年不断地探索，根据不同地区的自然资源优势和技术条件，构成了我国有机农业的主要发展模式，因地制宜地推进了我国有机农业的发展。

1. 政府引导型 有机农业的发展涉及农业、环保、国土等多个部门，政府主导成为有机农业发展最普遍的模式。政府协调各部门对有机农业给予政策、资金、技术等方面的支持，通过宣传、示范、效益吸引等措施调动农民和企业发展有机农业的积极性，拓展市场，着力打造当地特色有机产品品牌，有力推动农业发展方式转变。例如，宁夏回族自治区银川市将有机大米确定为重点培育的"四新"产业之一。在区域布局、土地流转、鼓励有机认证、有机企业扩大生产规模、品牌拓展、科技服务等方面都给予了政策扶持。在永宁已建成有机农业（水稻）示范基地，主推旱育稀植、稻蟹（鸭）种养技术，示范基地年有机水稻产量 3 260 t，水稻、蟹、鸭、鱼总产值 2 426 万元，提升了大米品质，打造了永宁有机大米品牌，取得了显著的经济效益和社会效益。

2. 企业带动型 龙头企业为了扩大影响力，获得更高的生产效益，重点围绕一种或几种有机产品的生产、加工、销售，与生产基地和农户实行有机的联合，进行一体化经营，形成"风险共担，利益共享"经济共同体的有机农业发展模式。通过企业与生产基地、合作社或农户签订产销合同，规定签约双方的责、权、利，将企业与农产品生产基地和农户结成紧密的贸工农一体化生产体系。企业对基地和农户有明确的扶持政策，提供全程服务，设立产品最低保证，并保证优先收购；农户定时定量向企业交售优质产品，由公司企业加工，出售成品。这种模式又称为"有机订单农业"，包括订单式、合作社式和反租倒包式。例如，广西壮族自治区百色市乐业县顾氏茶有限公司生产的有机茶就是采用订单式生产，品牌效益明显，该公司有机茶基地出产的鲜叶比周边常规茶叶鲜叶价格高 8～10 倍，带动周边 300 个农户参与有机茶种植和加工。参与有机茶生产的农民人均年收入 8 900 多元，是其他农民年收入的 3 倍，实现了企业、财政、群众共同增收的目标。

3. 特色产业型　有机农产品在提升传统特色农产品品质，升级产品结构，打造高端品牌，提高产品竞争力，增强抗风险能力，扩大出口等方面体现出了明显效果。从传统农业向现代农业发展中，形成了特色产业升级带动有机农业发展，有机农业发展又推动特色产业的新路径。例如，山东省金乡县是大蒜种植之乡，面对国内外大蒜种植面积不断扩大、市场竞争日趋激烈的严峻形势，金乡县以产业转型升级为主攻方向，以有机大蒜为着力点，走"生态立县、有机富农"之路，在全国率先实施有机大蒜种植和推广。全县有机大蒜示范基地面积 1 333.33 hm²，高标准示范基地 133.33 hm²，有机大蒜在价格和出口量方面都体现出较强的稳定性和竞争力。另外，江苏溧阳白茶、山东沂源苹果等大批特色鲜明、类型多样、竞争力强的知名有机产品和生产基地，有效增强了当地特色产业的发展活力，实现了农业发展的高质高效。四川省成都市郊新津县兴义镇结合当地特色，以有机农业为抓手，发展休闲观光农业，打造"有机生态小镇"，有效促进了当地农村生产生活环境条件的改善，实现了农民生产、生活方式的转变，成为乡村振兴的一个有益尝试。

4. 环保驱动型　环保驱动型有机农业发展是一种以环保和可持续发展为核心理念的农业发展模式。强调在农业生产过程中，尽量减少化学合成物质的使用，保护生态环境，提高农产品质量，促进农业的可持续发展。例如，辽宁省大洼县养猪场发展了水生饲料"三级净化、四步利用"的生态养殖模式，即将猪粪尿同冲洗猪舍的肥水分级引入水葫芦池塘、细绿萍池塘、鱼虾蟹池塘，三级净化后，引入稻田灌溉，经稻田土壤沉淀净化，再作为冲洗猪舍的水源再次利用，而水葫芦和水稻加工副产品是非常好的猪饲料。这一循环过程使能量、物质得到充分利用，生产的有机水稻、有机猪肉品质和价格都较高，同时有效解决了养猪带来的环境问题。

（二）生产模式

有机农业发展根据生产的品种类型、生产链的长短等，分为以下 3 种主要生产模式：单项有机食品生产模式、农牧结合有机生产模式和三产融合有机生产模式。

1. 单项有机食品生产模式　该种模式与传统农业发展模式相似，种植业、养殖业各自独立，呈线性结构。国内大多数的有机种植和养殖生产采用这种模式，尽管在有机农业中，对于外来输入的生产资料有严格的要求，但依旧是以某种经济作物为主，或种植其他一种或多种作物为辅的生产模式。

2. 农牧结合有机生产模式　围绕推进绿色种植和健康养殖的有机结合，搭建农业废弃物肥料化、饲料化、能源化、无害化处理的专业服务平台。利用当地资源优势，种植业与养殖业相结合，以畜牧业产生的有机肥替代化肥，为种植业提供肥料，又以种植业的作物秸秆为养殖业提供饲料等，提供农业生态循环发展。我国南方地区有机农业生产的稻鸭共作模式、桑基鱼塘、稻田养蟹模式、畜沼果鱼模式以及猪—沼—茶生态模式都属于该类型。

3. 三产融合有机生产模式 以农业废弃物的资源化利用为核心，围绕生产、生态、生活"三生同步"，一产、二产、三产"三产融合"，发展绿色种植业、生态养殖业、营养健康加工业，催生特色餐饮业和生态旅游业，培植区域有机农业产业集群。

（三）发展前景

1. 产品绿色高端 面向产品营养、健康、绿色、精品、高端，立足农业资源紧缺，生态环境脆弱、用工成本提高的实际，坚持生物动力农业的发展理念，开辟"基于产能提升，追求高质高效，生物有机驱动，减施化肥农药"的有机农业新路径。通过生物有机培肥土壤，绿色防控病虫害，改善耕地质量，生产更多、更安全、食用营养更足、功能更强、口感更好的有机农产品，培植具有区域特色安全高效的有机农业。

2. 产业高质高效 在有机农业的生产过程中，通过遵循自然规律和生态平衡，生产出健康、安全、高品质的农产品，同时实现资源利用高效、环境友好和可持续发展。有机农业强调资源利用的合理化、高效化、功能化和高值化，通过循环经济、生态农业等技术，提高资源利用效率和农业生产效率，从而实现有机农业产业的高质高效发展。

3. 生态环境友好 培育健康生态系统，提高生态服务功能，包括土壤改良、废物循环利用、碳截留、养分循环利用、授粉和根域生境等。有机农业的核心是培育健康的农业生态系统，禁止使用合成化学肥料和农药，采用有机肥料和利用生物多样性如轮作、间作、建立缓冲带和减少耕作等措施，从而建立生态系统稳定平衡，保持和提高生态系统的生产率，减少环境污染。有机农业注重生态平衡，提倡循环农业和生物多样性，减少化学物质污染，保护土壤、水源和空气质量，实现生态环境友好。

4. 发展前景广阔 随着人们对食品安全和环境保护的日益重视，有机农业在全球范围内得到了广泛的认可和支持。有机农业强调生态友好、资源节约和可持续发展，符合全球绿色发展的趋势。此外，随着科技的不断进步，有机农业的技术水平和生产效率也在不断提高，进一步推动了有机农业的发展。国际市场对中国有机农产品的需求在逐年增加，像有机稻米、茶叶、杂粮等农副产品和山茶油、核桃油、蜂蜜等加工产品在国际市场上供不应求，有机农产品市场潜力巨大，有机农业产业发展前景十分广阔。

参 考 文 献

安佰果，房祥国，魏玉荣.2013.山东省日照市生物动力农业初探［J］.北京农业（24）：5.

鲍广灵，陶荣浩，杨庆波，等.2022.微生物修复农田土壤重金属污染技术研究进展［J］.中国农学通报，38（6）：69-74.

才让吉.2022.农药污染对土壤的影响及防治措施［J］.农业科学（1）：157-159.

蔡晓明，尚玉昌.1995.普通生态学［M］.北京：北京大学出版社.

曹冰.2018.机械深施化肥技术的优势及要点分析［J］.农民致富之友（1）：131.

曹凑贵.2006.生态学概论［M］.北京：高等教育出版社.

曹志伟.2021.生态养殖与畜牧业可持续发展研究［J］.畜禽业，32（4）：12.

常晓红.2022.畜禽粪便与秸秆焚烧的环境污染现状及综合治理技术研究［J］.清洗世界，38（9）：114-116.

陈辉.2005.生物动力农业培训营［J］.农村实用工程技术绿色食品：7-8.

陈开辉，李时玉，蒋碧桂，等.2015.生态健康养殖探讨［J］.现代农业科技（14）：265.

程序，曾晓光，王尔大.1997.可持续农业导论［M］.北京：中国农业出版社.

程正康.1989.环境法［M］.北京：高等教育出版社.

楚君.2022.农业化肥污染与环境保护的策略探讨［J］.农村科学实验（13）：19-21.

丛宏斌，沈玉君，孟海波，等.2020.农业固体废物分类及其污染风险识别和处理路径［J］.农业工程学报，36（14）：28-36.

邓梦雪.2020.内江市生态农业问题及对策研究［D］.成都：四川农业大学.

第二次全国污染源普查公报［J］.环境保护，2020，48（18）：8-10.

杜娟.2014.我国农业生态环境保护法律对策探析［J］.辽宁农业科学（5）：53-57.

杜军起.2023.探析常态下农田土壤污染防治关键问题［J］.自然科学（6）：152-155.

杜艳平.2015.我国水土流失及防治对策［J］.北京农业（15）：182.

方玉东.2011.我国农田污水灌溉现状、危害及防治对策研究［J］.农业环境与发展，28（5）：1-6.

傅明阳.2022.畜禽粪便和秸秆资源化利用途径［J］.中国动物保健，24（2）：72-73.

傅元辉.2005.农业的选择——有机农业的生物动力方法［J］.农业环境与发展：50-51.

甘良本.2023.生态养殖与畜牧业可持续发展探讨［J］.畜牧兽医科技信息（4）：32-34.

胡伟和.2011.德国生物动力农场、华德福学校参观记（上）［J］.环境与生活：28-31.

胡伟和.2011.这里让人找到生活的本源——德国生物动力农场印象［J］.环境与生活：83-85.

胡伟和.2013.天变于上物应于下有机农业中的生物动力农业［J］.中国农村科技：76-77.

胡焱. 2005. 污水灌溉对土壤环境的污染及对策 [J]. 山西水利科技 (2)：59-61.

华峰. 2018. 湖南生态农业发展现状及模式研究 [D]. 长沙：中南林业科技大学.

季明川. 1991. 关于农业环境区划几个基本问题的探讨 [J]. 农业环境科学学报 (4)：189-190.

蒋菊香. 2022. 畜禽粪污资源化利用及养殖污染防治探究 [J]. 农家参谋 (7)：99-101.

蒋先军, 骆永明, 赵其国. 2000. 土壤重金属污染的植物提取修复技术及其应用前景 [J]. 农业环境保护 (3)：179-183.

孔红梅, 赵景柱, 马克明, 等. 2002. 生态系统健康评价方法初探 [J]. 应用生态学报 (4)：486-490.

旷爱萍, 谢凯承. 2022. 我国化肥施用量影响因素研究 [J]. 北方农业学报, 50 (6)：40-49.

李金才, 张士功, 邱建军, 等. 2008. 我国生态农业模式分类研究 [J]. 中国生态农业学报 (5)：1275-1278.

李金荣. 2022. 畜禽粪便污染现状与治理对策分析 [J]. 管理学家 (8)：94-96.

李艳芳. 2005. 我国土地退化的成因与防治法律制度的完善 [J]. 环境保护, 2 (5)：24-27.

李燕, 卢楠. 2021. 土地盐碱化成因及整治对策研究 [J]. 河南农业, 8 (29)：61-62.

李元. 2008. 农业环境学 [M]. 北京：中国农业出版社.

李志刚, 周志华, 古添发, 等. 2011. 深圳市冬、夏两季大气中有机氯农药的研究 [J]. 中国环境科学, 31 (5)：724-728.

李志强. 2014. 浅谈森林对大气污染的净化作用 [J]. 农业开发与装备 (7)：92.

梁小倩, 黄淑梅. 2023. 论农田土壤有机农药污染现状及检测技术 [J]. 自然科学 (3)：154-157.

刘树林, 马丽文. 2023. 农村秸秆焚烧带来的危害及如何综合利用 [J]. 农村实用技术 (3)：116-117.

刘志培, 陈晓明, 秦光明, 等. 2017. 生态农业综述 [J]. 现代园艺 (15)：47, 186.

陆刚. 2022. 农作物秸秆饲料化的利用技术 [J]. 浙江畜牧兽医, 47 (5)：26-27, 31.

逯青鹤. 2016. 水土流失现状与综合治理对策 [J]. 科技创新与应用 (12)：163.

路则栋, 杜睿, 杜鹏瑞, 等. 2015. 农垦对草甸草原生态系统温室气体（CH_4 和 N_2O）的影响 [J]. 中国环境科学, 35 (4)：1047-1055.

吕贻忠. 2008. 土壤学 [M]. 北京：中国农业出版社.

骆世明, 陈拿华, 严斧. 1987. 农业生态学 [M]. 长沙：湖南科学技术出版社.

骆世明. 2017. 农业生态学 [M]. 北京：中国农业出版社.

马进华. 2022. 高效节水灌溉技术应用措施探析 [J]. 农业科技与信息 (11)：60-62.

马黎霞. 2021. 农田土壤化肥污染及应对措施 [J]. 农业开发与装备 (12)：155-156.

马明, 李小婷, 唐翠平. 2014. 荒漠化的现状、成因及防止对策 [J]. 现代园艺 (8)：154-155.

马彦, 杨虎德, 冯丹妮, 等. 2022. 甘肃省农田残膜高效回收及综合利用技术规程 [J].

现代农业科技（14）：124-127.

茅飞鸿，杨桦.2022.我国内源性农业污染治理研究［J］.农村经济与科技，33（17）：59-61.

孟祥海.2016.我国农田氮素污染现状及研究趋势分析［J］.现代农业科技（22）：175，177.

潘冬梅，张晓燕.2023.保护地辣椒主要土传病害的发生规律及绿色防控技术［J］.农业科技与信息（9）：114-116，121.

曲京辉.2023.磷肥种类对重金属污染土壤修复效果研究［J］.地下水，45（2）：239-241.

尚洁澄.2011.生物动力农业入门（二）［J］.农业环境与发展（28）：27-29.

尚洁澄.2011.生物动力农业入门（三）［J］.农业环境与发展（28）：17-20.

尚洁澄.2011.生物动力农业入门（四）［J］.农业环境与发展（28）：35-37.

尚洁澄.2011.生物动力农业入门（一）［J］.农业环境与发展（28）：26-28.

邵孝侯.2005.农业环境学［M］.南京：河海大学出版社.

沈立.2013.有机花园——瑞典罗森戴尔庄园［J］.中国乡镇企业：80-82.

沈仁芳，周健民.2013.土壤学大辞典［M］.北京：科学出版社.

沈玥，梁春玲，刘永，等.2023.我国农膜使用现状及污染防治措施［J］.现代农业科技（12）：147-151，159.

石嫣，程存旺，朱艺，等.2011.中国农业源污染防治的制度创新与组织创新——兼析《第一次全国污染源普查公报》［J］.农业经济与管理（2）：27-37.

史可，薛建良，胡术刚.2018.农业固体废弃物的处理与利用［J］.世界环境（5）：19-22.

苏玉明.2002.土地盐碱化成因的定量分析［J］.水利水电技术（5）：28-30，64.

汪梅.2023.土壤重金属污染治理及植物修复技术分析［J］.农村科学实验（11）：31-33.

王欢，朱一星.2019.固废拆解污染土壤的修复技术研究（综述）［C］//重庆市第二届生态环境技术大会暨重庆市环境科学学会2019年学术年会论文集：235-238.

王敬国，林杉，李保国.2016.氮循环与中国农业氮管理［J］.中国农业科学，49（3）：503-517.

王留芳.1994.农业生态学［M］.西安：陕西科学技术出版社.

王涛，马军伟，王颖霞.2020.固体废弃物对农业环境的危害与防治措施［J］.农业工程技术，40（14）：50.

王新，张亚楠，葛玲.2022.复配农药污染土壤的微生物修复研究进展［J］.环境化学，41（10）：3244-3253.

王玉璐.2017.水土流失现状及综合防治分析［J］.居舍（35）：174.

王志秋，任亮.2022.习近平生态文明思想的创新性贡献［J］.哈尔滨学院学报，43（2）：1-3.

魏海燕，胡方彩.2014.我国荒漠化的现状及防治对策［J］.贵州科学，32（6）：83-87.

吴育发，孙建武.2013.畜牧业生态健康养殖与可持续发展探析［J］.现代农业科技（15）：291，294.

习近平.2019.推动我国生态文明建设迈上新台阶［J］.求是（3）：4-19.

辛亚军．2023．有机肥与氮肥配施对枸杞产量和品质的影响［D］．杨凌：西北农林科技大学．

邢献予．2022．土壤农药污染的危害及修复技术［J］．现代农村科技（4）：99-100．

徐璇．2023．土壤动物对杨树人工林凋落叶分解和土壤呼吸的影响［D］．南京：南京林业大学．

杨宝林．2015．农业生态与环境保护［M］．北京：中国轻工业出版社．

杨曼，赵丽娅，钟金梅，等．2023．铜污染土壤中植物修复技术的应用研究进展［J］．现代农业科技（3）：159-164，692．

杨巧云，方梦荧．2021．化肥农药过量使用与农业面源污染防治［J］．农家参谋（24）：66-67．

姚刚．2022．农业固废污染物分析与资源化利用的研究［J］．现代农业研究，28（5）：133-135．

叶斌，刘小丽．2022．新时代环境影响评价发展方向探析［J］．环境保护，50（20）：37-39．

张东荣．2023．试析农业水利工程中高效节水灌溉技术［J］．农业开发与装备（6）：106-108．

张季中．2007．农业生态与环境保护［M］．北京：中国农业大学出版社．

张健．2022．土壤农药污染现状调查及修复技术研究进展［J］．自然科学（6）：87-89．

张军平，于艳青，赵彦斌．2020．土壤污染成因及防治措施［J］．现代农村科技（5）：49．

张可达．2023．农业大气污染来源与防治技术［J］．河北农机（7）：124-126．

张立成，董文江，郑建勋，等．1983．湘江水体中六六六的化学地理特征［J］．环境科学（5）：8-13．

张美，刘金铜，付同刚，等．2023．农田残留地膜累积生态效应研究进展［J］．生态毒理学报，18（3）：223-237．

张聘．2022．基于氮平衡的冬小麦减氮增效策略及相关机制研究［D］．保定：河北农业大学．

张玉龙．2004．农业环境保护［M］．北京：中国农业出版社．

赵静，苏金华，张爱，等．2011．农业规划环境影响评价关键技术方法探析［J］．农业环境与发展，28（5）：97-101．

赵余莉．2022．土壤污染治理中植物修复技术应用研究［J］．农村经济与科技，33（6）：39-41．

朱源．2020．构建"六位一体"生态环境管理体系［N］．中国环境报．

Anastasiou E，Lorentz KO，Stein GJ，et al. 2014. Prehistoric schistosomiasis parasite found in the Middle East［J］. The Lancet Infectious Diseases，14（7）：553-554．

Anna P. Hocus pocus. 2021. Spirituality and soil care in biodynamic agriculture［J］. Environment and Planning E：Nature and Space，4（4）：1665-1686．

Barbassa J，卢广忠．2010．生物动力农业：农民随地球节律而动［J］．英语文摘：35-37．

Clement CR. 2011. Adaptation that Contributes tomitigation［J］. BioScience，61（10）：3．

Diest SGV. 2019. Could biodynamics help bridge the gap in developing farmer intuition？［J］. Open Agriculture，4（1）：391-399.

Francesco SA. 2012. Informational therapy of food-related inflammation：immune，metabolic and hormonal effects of nutritional signals［J］. European Journal of Integrative Medicine，4：108.

Karlson P，Butenandt A. 1959. Pheromones（ectohormones）in insects［J］. Annual Review of Entomology，4（1）：39-58.

Ma RY，Zou JW，Han ZQ，et al. 2020. Global soil-derived ammonia emissions from agricultural nitrogen fertilizer application：a refinement based on regional and crop-specific emission factors［J］. Global change biology，27（4）：855-867.

Massimo B，Maurizio P，Andrea DB，et al. 2012. Nutrition and biodynamic agriculture：risk for health［J］. European Journal of Integrative Medicine，4：107-108.

Mccarthy B，Schurmann A. 2018. Risky business：growers＇perceptions of organic and biodynamic farming in the tropics［J］. Rural Society，27（3）：177-191.

Michael R，Gui D，Geoffrey W. 2021. Bringing biodynamic agriculture to New Zealand in the 1920s and 1930s［J］. Kōtuitui：New Zealand Journal of Social Sciences Online，16（1）：86-99.

Oregon BG，尚洁澄. 2009. 生物动力学：一篇精短的面向实践的介绍［J］. 农业环境与发展（26）：19-22.

Poştaru M，Kloetzer L，Cheptea C，et al. 2015. Nonconventional methods for biosynthetic products separation：Synergic extraction of pantothenic acid［J］. Journal of Biotechnology，208（S）：48-50.

Reeve JR，Carpenter BL，Reganold JP，et al. 2010. Influence of biodynamic preparations on compost development and resultant compost extracts on wheat seedling growth［J］. Bioresource Technology，101（14）：5658-5666.

Rita BA. 2012. Herbal drugs，herbal drug preparations and medicinal products：quality standards according to European Pharmacopoeia［J］. European Journal of Integrative Medicine，4：108-109.

Schinasi L，Horton RA，Guidry VT，et al. 2011. Air pollution，lung function，and physical symptoms in communities near concentrated Swine feeding operations［J］. Epidemiology（Cambridge，Mass.），22（2）：208-215.

Spaccini R，Mazzei P，Squartini A，et al. 2012. Molecular properties of a fermented manure preparation used as field spray in biodynamic agriculture［J］. Environmental Science and Pollution Research International，19（9）：4214-4225.

Steiner R，张小强，张建华，等. 2008. 生物动力农业［J］. 四川农业科技：59.

Turinek M，Grobelnik MS，Bavec M，et al. 2009. Biodynamic agriculture research progress and priorities［J］. Renewable Agriculture and Food Systems，24（2）：146-154.

Vanessa A，Annabel L，Anaïs A，et al. 2018. Chemical composition and antifungal activity of plant extracts traditionally used in organic and biodynamic farming [J] . Environmental Science and Pollution Research International, 25 (30): 29971-29982.

Vlašicová E, Náglová Z. 2015. Differences in the financial management of conventional, organic, and biodynamic farms [J] . Scientia Agriculturae Bohemica, 46 (3): 106-111.

图书在版编目（CIP）数据

农业生态环境概论 / 李博文，赵邦宏主编． -- 北京：
中国农业出版社，2024．9． -- ISBN 978-7-109-32218-9

Ⅰ．S181.3

中国国家版本馆 CIP 数据核字第 2024X1M679 号

农业生态环境概论

NONGYE SHENGTAI HUANJING GAILUN

中国农业出版社出版

地址：北京市朝阳区麦子店街 18 号楼
邮编：100125
策划编辑：贺志清
责任编辑：史佳丽　贺志清
版式设计：王　晨　　责任校对：吴丽婷
印刷：北京中兴印刷有限公司
版次：2024 年 9 月第 1 版
印次：2024 年 9 月北京第 1 次印刷
发行：新华书店北京发行所
开本：700mm×1000mm　1/16
印张：14.25
字数：270 千字
定价：68.00 元